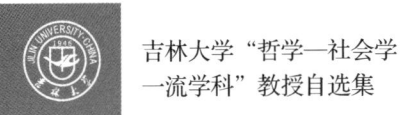
吉林大学"哲学—社会学一流学科"教授自选集

从历史的观点看
——对马克思主义伦理学及其当代性的探究

曲红梅 著

From a Historical Viewpoint
A Study on Marxist Ethics and Its Contemporary Significance

中国社会科学出版社

图书在版编目（CIP）数据

从历史的观点看：对马克思主义伦理学及其当代性的探究/曲红梅著.—北京：中国社会科学出版社，2021.4
（吉林大学"哲学—社会学一流学科"教授自选集）
ISBN 978-7-5203-8270-0

Ⅰ.①从… Ⅱ.①曲… Ⅲ.①马克思主义—伦理学—文集 Ⅳ.①B82-53

中国版本图书馆 CIP 数据核字（2021）第 066908 号

出 版 人	赵剑英
责任编辑	朱华彬
责任校对	张爱华
责任印制	张雪娇
出　　版	中国社会科学出版社
社　　址	北京鼓楼西大街甲 158 号
邮　　编	100720
网　　址	http://www.csspw.cn
发 行 部	010-84083685
门 市 部	010-84029450
经　　销	新华书店及其他书店
印刷装订	北京市十月印刷有限公司
版　　次	2021 年 4 月第 1 版
印　　次	2021 年 4 月第 1 次印刷
开　　本	710×1000　1/16
印　　张	20.5
插　　页	2
字　　数	345 千字
定　　价	128.00 元

凡购买中国社会科学出版社图书，如有质量问题请与本社营销中心联系调换
电话：010-84083683
版权所有　侵权必究

目 录

前言 ··· 1

第一编　马克思主义伦理学基础研究

从"分析的观点"到"历史的观点"：当代马克思道德理论
　　解读方式的转变 ··· 3
当代中国马克思主义伦理学研究的核心问题 ··············· 20
为什么马克思的道德理论不是一种功利主义？ ············ 25
历史唯物主义与道德：对马克思道德理论研究理路的探寻 ···· 38
马克思哲学：一种反形而上学的新人道主义 ··············· 48
马克思与道德
　　——对马克思道德理论研究史的总结和评价 ·········· 57

第二编　马克思主义伦理思想史研究

20世纪上半叶马克思主义伦理思想的焦点问题 ············ 67
马克思的道德悖论与20世纪早期中国的解决方案 ········· 81
自由、人的本质与人道主义
　　——论"社会主义的人道主义者"对马克思伦理观的解读 ····· 94
早期马克思主义者论"马克思主义与道德" ··············· 107
略论分析的马克思主义学派对马克思伦理思想的分析和建构 ········ 121

《哲学通论》与当代中国的马克思主义哲学研究 …………… 134

第三编　世界历史与世界图景研究

儒家的世界主义与斯多葛学派的世界公民主义 …………… 143
古代世界公民主义与现代世界公民主义 …………………… 154
康德世界公民思想的四个焦点问题 ………………………… 164
文化多元背景下的社会文化建构与道德治理 ……………… 179
理论自信何以可能 …………………………………………… 186
马克思的世界历史理论
　　——一种新的思维方式 ………………………………… 193
马克思世界历史理论的基本内涵和理论特征 ……………… 207

第四编　社会伦理与人类发展研究

西方环境伦理学研究的理论基础和当代转向 ……………… 219
环境问题中的理论与实践 …………………………………… 233
人工设计生命所引发的哲学和伦理问题 …………………… 241
人类发展范式的价值取向之比较 …………………………… 248
公民道德建设与高等教育中的道德治理 …………………… 255
可持续发展的伦理承诺
　　——发展伦理学述评 …………………………………… 270
哲学论文写作及其涉及的美德 ……………………………… 276

附录 …………………………………………………………… 289
　　1. Marxian Humanism: From the Historical Viewpoint …… 289
　　2. A Comparative Study on Confucius's and Chrysippus's
　　　 Cosmopolitan Theories ……………………………… 307

前　言

本书是一本自选集，收录了作者从 2000 年到 2020 年的大部分学术研究成果（包括 26 篇中文论文、2 篇英文论文），主要集中于讨论马克思的道德理论、马克思主义伦理思想史、人类社会发展、应用伦理学和世界图景等方面的内容。但所有这些讨论的背后都显示了作者始终坚持的"历史的观点"。

所谓"历史的观点"，是指马克思在哲学观上实现的革命，即在对人的理解上实现了从抽象的人到现实的人的转变。作者把马克思的新哲学观称为"历史的观点"，它的出发点就是追求着生存价值的现实的人。从现实的人出发，"历史的观点"为我们提供了不同于以往哲学的全新解释原则和思维方式。对于马克思而言，对人的追问不在于理解黑格尔意义上的"人的意识"，也不在于理解费尔巴哈意义上的"人的类本质"，最重要的问题在于如何在历史中理解人的存在，也就是如何理解人的生存。因为人是一个非确定性的存在，他是以历史的方式存在着，所以我们对人、人性、人的终极理想和终极关怀的理解都应该是历史的，也就是说，不同的历史条件下的人有着不同的特点，表现出不同的理想和追求。

基于"历史的观点"，作者在讨论马克思与道德、马克思主义与伦理学、康德的世界公民主义与古代世界主义、个体道德与社会伦理、人类发展与科学进步、道德教育和公民道德建设等问题时，都体现了一致的方法论原则，也展现了作者独特的研究风格。

第一编　马克思主义伦理学基础研究

从"分析的观点"到"历史的观点":
当代马克思道德理论解读方式的转变

西方学界研究马克思道德理论的主流是以"分析的观点"重新审视和框定马克思主义思想中的道德内容。一批亲欧陆哲学的学者认为,"分析的观点"不能够理解马克思伦理思想的真实内涵,主张回到黑格尔哲学的框架中重新理解马克思。当代中国马克思主义哲学研究的成果为我们从马克思自身的思想中寻求理解道德理论的方法论奠定了基础。以历史唯物主义为思想基础的"历史的观点"不仅可以消解所谓的"马克思道德悖论",而且更能够给我们提供一种全新的哲学观和伦理观。

20世纪70年代以来,随着越来越多的西方学者开始以分析哲学的方法研究马克思主义哲学的问题,"分析的观点"成为马克思主义哲学研究的主要方法论。随着分析学派的马克思主义日益强大,一股研究马克思道德理论的热潮在西方学界涌起,正如英国著名的马克思主义哲学家肖恩·塞耶斯(Sean Sayers)所说:"(马克思主义的道德观)已经成为分析的马克思主义者们的一个主要讨论话题。"[1] 以"分析的观点"研究马克思主义,特别是其中与道德有关的话题作为西方学界占主流的一种方式已经取得了非常重要的成绩。相当多的研究成果成为全世界范围内的学者们在思考马克思主义伦理学时都必须面对的理论资源。

自20世纪90年代以后,中国的马克思主义哲学研究进入了一个崭新的时期,借用孙正聿教授的说法,是进入了"后教科书时代"[2]:大部分马克思主义研究者已经摆脱了传统教科书思维模式的影响;很多学者通过译介或原文阅读了解了西方马克思主义研究的脉络和最新发展状况;同时,有相当一部分学者开始了具有鲜明中国特色的关于马克思主义哲

---

[1] Sean Sayers, *Marxism and Human Nature*, London and New York: Routledge, 1998, p.112.
[2] 孙正聿:《〈哲学通论〉与当代中国哲学》,《现代哲学》2004年第1期。

学的独立思考。自那时起，当代中国的马克思主义研究取得了丰硕的成果，学者们也进而对马克思主义伦理学或者说马克思关于道德的观点提出了自己的看法。在这些研究成果中，我们可以看到一种完全不同于"分析的观点"的方法论。我称之为"历史的观点"，并且这种"历史的观点"直接决定了人们对马克思思想转变的判断，也极为有力地促进了人们对马克思主义伦理学的判定和理解，从而超越了西方学者以"分析的观点"理解马克思主义的范式。

一

分析的马克思主义者们虽然不像此前的西方马克思主义者们一样形成了一个固定的学派，但他们也具备共同的特征：以分析的方法进行马克思主义研究。具体来说，分析的马克思主义者们都强调对概念的阐释和注释，注重句子含义和论证细节，关心意义的丰富性和明晰性。因此，他们都试图以一种非教条的态度解读马克思，挖掘马克思思想的源头，从而规范有关马克思理论的哲学研究。特别值得注意的是，他们对"马克思主义与道德"的关系提出了各自不同的解读方式。分析的马克思主义者们对马克思道德理论性质的判定，值得借鉴和思考，更需要深刻反思。他们以分析哲学的思维方式针对马克思主义在道德领域的矛盾、冲突、匮乏和潜在的思想指向所提出的各种理论问题都是有价值的理论问题。就像 G. E. 摩尔（G. E. Moore）在 1903 年针对传统规范伦理学存在的"自然主义谬误"提出质疑之后，任何一种当代规范伦理理论在建构自己的理论体系时，都不得不慎重地面对摩尔提出的问题，给出自己的回应和解决方式。我们在当代若要研究马克思的道德理论，并试图确立马克思道德理论的性质，也不得不面对分析的马克思主义者们所关心的问题，并给出合理的回答。

分析的马克思主义者对马克思主义伦理学的分析主要集中在以下几个问题上。

首先，分析的马克思主义者们对是否存在马克思主义伦理学这一问题极为关注。由于马克思主义理论体系的庞大以及马克思主义思想在不同时期存在变化，"具有鲜明科学性的马克思主义是否有伦理学，以及如果有，是什么样的伦理学"这一问题长期以来一直存在争论。分析马克思主义对"马克思学与马克思主义""马克思与伦理学""马克思主义与伦理学""马克思的伦理学与马克思主义伦理学"等概念及其相互关系的分析显示了分析方法应用于马克思主义研究所表现出的细致入微。与此同时，分析的马克思主义将此前以隐性的、模糊的状态存在的"马克思道德悖论"清晰地阐释出来，即：马克思早期思想中以人的类本质为基础的人道主义与后来确立的历史唯物主义的对立，马克思的著作中对资本主义的道德谴责与他从《德意志意识形态》开始将道德判定为意识形态之间的对立，以及马克思主义思想中对阶级社会道德的批判与对"共产主义道德"作用的判定之间的矛盾。①

其次，针对所谓的"马克思道德悖论"，分析的马克思主义者提出了不同的表达方式和解决方式。比如，史蒂文·卢克斯（Steven Lukes）通过区分"法权（Recht）的道德"和"解放的道德"来解决"马克思道德悖论"。在他看来，法权的道德在马克思那里是一种意识形态，是应该被抛弃的过时的东西，而解放的道德才是真正的应该被提倡的道德观点。② 另外，菲利普·凯因（Philip Kain）通过对马克思伦理思想的三个时期进行划分说明"马克思道德悖论"可以解决；道格拉斯·凯尔纳（Douglas Kellner）的解决方法是区分关于马克思主义的科学主义解释和人道主义解释；阿尔文·古尔德纳（Alvin Gouldner）提出了"两个马克思"的观点等③。理解、分析和解决"马克思道德悖论"是当代马克思主义伦理学研究中一个不可回避的大问题。

再次，分析的马克思主义者们具体分析了马克思主义与功利主义的关系。"马克思主义是否是一种功利主义"这个问题，在马克思和恩格斯在世的时候，以及在其后相当长的一段时间里，都不被看作一个有价值的理论问题。这是因为，马克思在其著作中已经鲜明地表达了对功利主义的批判，他自然不是一个功利主义者。但是，在分析的马克思主义深

---

① 曲红梅：《马克思主义、道德和历史》，中国社会科学出版社2016年版，第90页。
② ［美］史蒂文·卢克斯：《马克思主义与道德》，袁聚录译，高等教育出版社2009年版，第37页。
③ 参见 Philip Kain, *Marx and Ethics*, Oxford: Clarendon Press, 1988; Douglas Kellner, "Marxism, Morality and Ideology", *Canadian Journal of Philosophy*, Suplementary, Vol. 7, 1981; Alvin Gouldner, *The Two Marxisms: Contradictions and Anomalies in the Development of Theory*, London: Macmillan, 1980.

入仔细、丰富多元的解读中,马克思主义与功利主义的关系问题就变成了一个非常重要且迫切需要解决的问题。乔治·布伦克特(George Brenkert)有这样一个判断:"对马克思的功利主义解释在当今许多学者中间最为盛行。"① 分析的马克思主义密切关注的相关问题包括:(1)尽管马克思本人并不承认自己是功利主义者,他也没有使用功利主义的语言,但他是否使用了和功利主义一样的论证方式?②(2)如果马克思连功利主义的论证方式也没有使用,那他是否作出了与功利主义一致的道德判断?③(3)即便马克思批判他的时代的功利主义并与其划清界限,我们可否在当代功利主义的视野内重新审视马克思的道德理论并确认其功利主义的性质?(4)如果马克思的道德理论不是一种功利主义,那它是否是一种后果论?分析的马克思主义者对马克思思想的功利主义因素以及后果论的细致分析,并非无意义的假问题。这种研究提醒我们加深对马克思的道德理论与当代伦理学关系的理解,促进我们进一步发掘马克思道德理论的当代性问题,也要求我们更为客观地面对马克思的共产主义思想,从而进一步确认马克思道德理论的思想基础。

最后,分析的马克思主义者还着重分析了马克思思想中道德与意识形态的关系问题。从马克思的经典著作中,我们可以发现,马克思在早期思想中以人道主义的立场批判资产阶级剥削无产阶级的不道德性与他从《德意志意识形态》开始弃绝道德并把道德贬斥为意识形态之间存在一种冲突。在分析的马克思主义者们看来,关于意识形态与道德之间的冲突还关联到其他一些问题:是否存在一个一般性、中性的意识形态,在这个概念中,马克思的道德理论也是一种意识形态吗?是否存在超阶级的道德,它可以成为评价阶级社会的道德的标准吗?马克思对共产主义道德和无产阶级道德的论述是否一致?罗德尼·佩弗(Rodney Peffer)和道格拉斯·凯尔纳都试图对马克思思想中道德与意识形态的冲突给出自己的解决方式。在实现方式上,他们都不是放弃一个、保留另一个,

---

① George Brenkert, "Marx's Critique of Utilitarianism", *Canadian Journal of Philosophy*, Supplementary, 1981: 7.

② 参见 Derek Allen, "The Utilitarianism of Marx and Engels", *American Philosophical Quarterly*, Vol. 10, No. 3, 1973.

③ 参见 John McMurtry, *The Structure of Marx's World-view*, Princeton: Princeton University Press, 1978.

而是要实现道德与意识形态的和解。① 关于马克思主义理论中道德与意识形态的关系问题，不仅涉及马克思的理论是关于道德的批判性观点还是一种全新的道德理论的问题，也涉及在马克思的立场和视角上如何审视当代伦理学的发展问题。这些都是我们需要认真对待和思考的问题。

二

虽然分析的马克思主义者们在研究马克思主义伦理学的过程中提出了非常尖锐而有价值的理论问题，但他们解决问题的方式却需要我们审慎地对待。分析的马克思主义在理解马克思道德理论时表现出的片面性、肢解性和局部治疗，导致马克思道德理论核心精神的丧失。比如，德里克·艾伦（Derek Allen）等人在对待功利主义与马克思主义的关系问题上，虽然显现出了对马克思文本的精细分析，但缺乏对整体马克思的一个宏观的把握以及对马克思所表达的时代精神的深切共鸣，无法从马克思著作的片段中理解马克思道德理论的整体气质。再比如，在如何理解意识形态与马克思主义哲学的关系问题上，佩弗把意识形态具体划分为十一种。这种清晰的划分让我们对意识形态理论本身有了明确的认识，却不能够理解马克思主义哲学有关意识形态的真正内涵。分析的马克思主义在观察马克思主义与道德的关系方面像仪器检查一样细致入微。在实际经验中，CT 或核磁共振可以帮我们查出疾病，让我们认真对待病情，但我们却不能因此将人的身体切开、分段，保留其中有用的、没有被感染的，去除病变的、没有价值的部分。因此，用"头痛医头，脚痛医脚"的局部治疗的方式对待马克思主义研究是有问题的。

我们之所以得出上述判断，主要是根据分析的马克思主义所具备的两个特征。第一，分析的马克思主义是反黑格尔的或者更直接地说是反辩证法的，是非历史的。G. A. 科恩（G. A. Cohen）在《卡尔·马克思的历史理论——一个辩护》的新版"导言"中这样总结：分析的马克思主

---

① 参见［美］R. G. 佩弗《马克思主义、道德与社会正义》，吕梁山译，高等教育出版社 2010 年版；Douglas Kellner, "Marxism, Morality and Ideology", *Canadian Journal of Philosophy*, Supplementary, Vol. 7, 1981.

义在广义上是要反对"辩证思维";在狭义上是要反对"整体性思维"。辩证方法因其模棱两可而无法与分析方法抗衡;而整体性思维又因其缺乏微观分析而遭到质疑。① 科恩用一个比喻表达了他对人们可能的反驳的一种回应:如果在化学元素结构没有被揭开之前,你作为一个化学家声称自己是个整体主义者是没有问题的;如果在化学研究上已经取得长足进步的今天,你还声称自己是一个整体主义的化学家,你就是蒙昧主义者了。② 这种对整体性的批判与分析的方法所强调的"微观分析"直接指向的是黑格尔式的辩证法和历史方法。塞耶斯就曾经指出,分析哲学长期敌视和漠视黑格尔思想,分析的马克思主义者们更是没有讨论黑格尔哲学关注的那些主要话题,他们的观点"不仅是非历史的,实际上更是反历史的"③。

第二,分析的马克思主义者们是以分析的方法"重建"马克思主义。在他们看来,马克思主义本身缺乏有价值的方法,因此,马克思主义哲学研究需要求助于当代西方哲学和社会科学的"分析方法"。分析的马克思主义者首先要为马克思主义理论辩护;但在辩护的过程中,如果马克思主义理论中的某些论题无法经受分析方法的检验,它们就将被淘汰,马克思主义也就不可避免地在发展中被"重建"。也就是说,在"分析的马克思主义"这个术语中,"分析"是关键词,"马克思主义"是被分析的对象。正如科恩所言:"在我们的著作中,受到质疑的总是马克思主义,而不是分析,分析是用来质疑马克思主义的。"④

如果针对上述两个特征,我们对分析的马克思主义分析和判断马克思道德理论性质的合法性有所怀疑,我们还需要回答这样的问题:1. 分析的方法在研究马克思主义,特别是马克思主义有关道德的理论时为什么是不足的? 2. 如果分析的方法不足以研究马克思主义,我们是否要回到黑格尔那里去?上述两个问题是相互关联的,是一个问题的两个方面。也就是说,黑格尔哲学与分析哲学的差别直接反映着大陆哲学与英美哲

---

① G. A. Cohen, *Karl Marx's Theory of History: A Defense*, Princeton: Princeton University Press, 2000, p. xxii – xxiii.

② G. A. Cohen, *Karl Marx's Theory of History: A Defense*, Princeton: Princeton University Press, 2000, p. xxvi.

③ Sean Sayers, *Marxism and Human Nature*, London and New York: Routledge, 1998, p. 125.

④ G. A. Cohen, *Karl Marx's Theory of History: A Defense*, Princeton: Princeton University Press, 2000, p. xxiv.

学的差别,或者说反映着观念论和经验主义的差别,两者是非此即彼的关系。分析哲学自20世纪兴盛以来就是针对黑格尔哲学的一种反应,具体来说,是针对黑格尔思想的一种批判。我们在摩尔、罗素等分析哲学家那里可以明显地看到他们对唯心主义,特别是黑格尔的绝对唯心主义的厌恶和蔑视。

但是,分析哲学在当代出现了一种向黑格尔回归的潮流,使得"要么分析哲学、要么黑格尔式"的选择变得暧昧含混,不禁让人展望这样一种哲学前景:我们是否可以在一种既包含分析哲学又包含黑格尔思想的哲学大同之中考察马克思主义哲学及其道德理论呢?以威尔弗里德·塞拉斯(Wilfrid Sellars)、罗伯特·布兰顿(Robert Brandom)和约翰·麦克道尔(John McDowell)等人为代表的"匹兹堡学派"比较旗帜鲜明地开启了分析哲学家对黑格尔思想的回归。这种回归一方面反映了早期分析哲学家对黑格尔思想的忽视和误解,以及通过英国黑格尔主义了解黑格尔思想这种间接方式所存在的问题;另一方面学者们也开始思考黑格尔思想中与分析哲学可以互相借鉴的地方。尽管布兰顿和麦克道尔在理解黑格尔与分析哲学的关系上采取了不同的路径,但其中表现出的目标是一致的:那就是,"将分析哲学从康德阶段推向黑格尔阶段"①。

然而,在这种潮流和趋势中我们该如何看待分析哲学与黑格尔哲学的关系呢?分析哲学对黑格尔哲学重新感兴趣并不代表分析哲学与黑格尔哲学,或者说经验主义与观念论之间在哲学气质上的差别可以被忽略。毕竟,在分析哲学家们中间,愿意承认黑格尔哲学可以为分析哲学提供资源的人还是少数,而且以"匹兹堡学派"为代表的这些少数对黑格尔和分析哲学的关系也持有一种保守的态度:他们更倾向于认为成熟的分析哲学可以对黑格尔哲学进行解读,不用再像以往那样厌弃和远离它。这表明,分析哲学仍是以一种主导地位对待黑格尔哲学,就像分析哲学要"分析"马克思主义一样,黑格尔思想中与分析哲学格格不入的历史性仍然是要被忽略或排除掉的。汤姆·洛克莫尔(Tom Rockmore)就曾经指出,当代分析哲学以实用主义的方式向黑格尔的回归是继摩尔对黑格尔哲学的误解之后的又一次误解,其根本原因在于分析哲学家们不具备历史头脑,始终忽略了黑格尔哲学的历史维度。他认为:"很可能除了

---

① 陈亚军:《值得关注的匹兹堡学派》,《中国社会科学报》2012年2月13日B01版。

麦克道尔之外，所有的分析哲学家，经验主义者，实在论者，新实用主义者，以及情境主义者都一致认为知识是非历史的，后者则从社会境域中理解知识。然而，黑格尔则明确地知道对真理和知识的断言完全是历史的，它们不但存在于社会境域中，也存在于历史中。"① 乔治·麦卡锡（George McCarthy）也认为分析哲学与黑格尔哲学的主要差别在于历史性和社会性，他借用查尔斯·泰勒（Charles Taylor）的话说："这种关于社会思想的德国哲学传统（即黑格尔的传统）让英美哲学家理解起来非常困难。"②

根据上述讨论，分析哲学与德国观念论在哲学思维方式和方法论上依然存在的明显差异，我们似乎只有两种选择：要么以分析哲学的方法处理马克思主义，使马克思主义理论在分析中"去伪存真"，留下合适的、在分析哲学看来是合理的部分；要么把马克思主义放在德国观念论的传统中，考察马克思对黑格尔以及更早的哲学家们的思想继承。对于前一种道路，亲欧陆哲学的当代学者会认为，尽管分析的马克思主义对马克思主义表示了一定程度的同情和尊重，为马克思主义的当代性贡献了相当多的思想和观点，但他们因为对历史的否认或者说缺乏历史性思维而不能展示马克思思想的真实样貌。从马克思主义者的立场上，无论想要挖掘马克思思想的原义还是彰显其现代价值，用分析的方法重构马克思主义都不是一条合理的道路。分析马克思主义的最大价值在于，他们从另外一个立场和视角针对马克思主义的某些方面提出了非常尖锐的质疑。在当代研究马克思主义，是不应该对这些质疑视而不见的。然而，他们对马克思道德理论性质的判断以及他们改造马克思主义的方式都没有保持马克思思想的完整性和特殊性，因而不仅是非历史的，更是非马克思主义的。

这是否意味着我们只能回归德国古典哲学的源流，在这种传统之中理解和解读马克思的道德理论呢？

---

① ［美］汤姆·洛克莫尔：《分析哲学和向黑格尔的回归（续）》，《世界哲学》2006年第2期。

② Charles Taylor, "Marxism and Empiricism", in Bernard Williams and Alan Monterfiore, eds, *British Analytic Philosophy*, London: Routledge and Kagan Paul, 1966.

三

对马克思与黑格尔思想渊源的考察一直以来都是马克思主义研究的主要课题,包括恩格斯、列宁、卢卡奇等人在内的众多马克思研究者都对这一课题表现出了浓厚的理论兴趣。当代西方学术界对马克思思想中黑格尔根源的研究已经日益成为马克思研究的主题,正如洛克莫尔所言:"在21世纪的开端,对海德格尔的兴趣的消退和分析哲学的缓慢而持续的衰落,其他哲学主题和任务——包括德国古典观念论——开始获得了越来越大的空间。对黑格尔的兴趣在持续增长,谢林、费希特乃至马克思都在这个变化中受惠。"[①] 当代学术界对黑格尔与马克思关联的重新关注与20世纪以卢卡奇为代表的西方马克思主义并不完全相同,这是建立在反对"分析马克思主义"的基础上,因为后者的主要特征是以分析的方法取消黑格尔哲学的思辨方法的合法性。

在众多的强调马克思与黑格尔渊源的思想家中,加拿大学者大卫·麦克格雷格(David MacGregor)是一个典型。他提出,马克思的"革命实践"(Revolutionary Practice)就是黑格尔的"理想性"(Ideality)。在麦克格雷格看来,黑格尔的思想和辩证方法立足于一个通过理想性或革命化的实践而形成的有关主体和客体知识的统一体;正是有意识的人类实践或者说理想性取消了主客观之间的对立。[②] 基于这种理解,麦克格雷格认为,黑格尔的辩证法非常适合马克思的社会理论,其中当然包括马克思的剩余价值观念和共产主义理论。因此,辩证逻辑就是一种基本的社会逻辑,是一种对社会关系和社会结构的思想重建。麦克格雷格甚至认为,黑格尔在他的《法哲学原理》中提出社会分析的逻辑含义,从而表达了他有关现代资本主义社会的理论,而这种方式对当代的影响可能

[①] [美]汤姆·罗克摩尔:《黑格尔:之前和之后》,柯小刚译,北京大学出版社2005年版,第8页。

[②] David MacGregor, *The Communist Ideal in Hegel and Marx*, Toronto: University of Toronto Press, 1984, p. 236.

超过了马克思的《资本论》。① 在麦克格雷格看来，马克思和黑格尔对于资本主义社会的这种动态的斗争的理解是一致的，因为他们都认为这种资产阶级财产关系是剥削性的，而这种财产关系必将随着无产阶级具有阶级意识的政治行动而被取代。总之，麦克格雷格相信，黑格尔在对现代德国社会问题的理解上已经达到了相当高深的程度，即使在马克思表示不同于黑格尔的地方，也体现了马克思对黑格尔思想的继承，只不过这种继承没有得到马克思的直接确认；我们通过深入剖析马克思的理论内涵，还是可以发现二者的一致性的。

塞耶斯则是从另一个方面来说明马克思与黑格尔的关联。他强调说，马克思以其历史理论批判资本主义、倡导社会主义，从而体现出他在道德理论方面的看法。但从根本上说，马克思的历史理论是来源于黑格尔的。塞耶斯认为，马克思在对人性的解释上继承了黑格尔的历史理论。在对马克思主义人性观的理解中存在一种争论：一部分人认为，马克思是反对人性理论的，这直接体现了他的反人道主义和反本质主义态度；另一部分人认为，马克思主义中必须存有关于人的类本质和永恒人性的理论。"人们认为只存在上述两种选择，并常常在两条死胡同里选择一条。"② 塞耶斯明确表示，这种关于马克思人性理论的极端对立立场，在分析的马克思主义者那里有着非常明显的表现。与此相反，塞耶斯提出："马克思主义包含一种黑格尔式的历史主义的人性观。这种人性观反对从普遍人性中寻求启蒙方案，但也不是简单地质疑甚至否定人性的'反人道主义'。"③ 塞耶斯进一步指出，马克思对黑格尔历史主义的人性论的继承集中表现在他的"类存在"概念中。"类存在"概念与黑格尔的"精神"概念有着密切联系，马克思是通过"类存在"这个概念来阐述他对人性、人类劳动、异化以及人性复归等话题的观点。但马克思的这些哲学观点在他存世的著作中只有片段的表达，要想对马克思的这些观点做出完善的解释必然要回到这些思想的源头——黑格尔那里。

麦卡锡则认为马克思的所有著作都是建立在一种基本的道德哲学的基础上——这种道德哲学是从黑格尔那里继承来的社会伦理思想。麦卡

---

① David MacGregor, *The Communist Ideal in Hegel and Marx*, Toronto: University of Toronto Press, 1984, p. 3.

② Sean Sayers, *Marxism and Human Nature*, London and New York: Routledge, 1998, p. 3.

③ Sean Sayers, *Marxism and Human Nature*, London and New York: Routledge, 1998, p. 3.

锡认为，马克思整个的认识论和方法论都是立足于道德的。从《巴黎手稿》到《资本论》，不管他的方法是人类学的批判、内在批判还是对政治经济学概念的批判，马克思总是在伦理体系的立场上去对资本主义进行道德批判。这是一种建立在康德和黑格尔伦理思想上的道德，它们共同的根源是古希腊和基督教传统。这样就可以证明，《资本论》既是一部经济学和社会学著作，也是一部伦理学著作，其中表达的是一种建立在黑格尔伦理思想上的道德。在麦卡锡看来，作为社会存在的人是马克思社会伦理的基础，这个概念融合了他的哲学、社会学和经济学。而所有这些都得益于从黑格尔那里继承的存在于抽象权利、道德和伦理学（家庭、市民社会和国家）等理论中的具体普遍的社会伦理。麦卡锡评论说："黑格尔的道德哲学是从对康德的个人主义和抽象主义的批判发展而来的，而马克思的道德哲学是黑格尔的继续，不过是在一种批判的和物质的框架中而已。"①

上述几位哲学家都着力于强调马克思在道德理论上对黑格尔的继承，而这种继承则主要聚焦于黑格尔的历史主义，正如阿拉斯戴尔·麦金太尔（Alasdair MacIntyre）所评价的，"黑格尔是第一个理解到不存在一个永恒不变的道德问题的著述家"②。但是，在面对黑格尔与马克思在道德理论上的关系时，我们需要澄清的最重要的问题是马克思与黑格尔到底不同在哪里。麦金太尔以一种间接的方式阐明了他对这个问题的看法。在他看来，黑格尔强调不存在永恒不变的道德问题的主要原因，是他认为，历史性的思路可以表明"哲学的历史是哲学之中心所在"③。黑格尔讨论道德的历史性的最终目的，是强调概念是以某种方式独立于不断变化的现实世界潮流的永恒实体，这与马克思强调从人的现实生活出发理解人的生存状态的观点有着明显的区别。

在讨论马克思与黑格尔在道德理论的关联上，上述哲学家还一致认为，马克思晚期在《资本论》中存在对黑格尔思想继承的回归。这一方面可能因为马克思在《资本论》中想要纠正人们对待黑格尔思想的不公

---

① George McCarthy, "Marx's Social Ethics and the Critique of Traditional Morality", *Studies in Soviet Thought*, 1985 (3).
② [美] 阿拉斯戴尔·麦金太尔:《伦理学简史》，龚群译，商务印书馆2003年版，第264页。
③ [美] 阿拉斯戴尔·麦金太尔:《伦理学简史》，龚群译，商务印书馆2003年版，第264—265页。

正态度；另一方面因为马克思在晚期不断以道德话语提及资本家对工人的剥削。这就导致很多人相信，马克思一生的理论都和黑格尔有着紧密的联系，正如英国马克思主义研究者戴维·麦克莱伦（David McLellan）所指出的："马克思的同辈们可能都不太能够理解黑格尔，但马克思本人却从未丧失对黑格尔哲学的兴趣。而且，很明显，马克思哲学思想的统一性问题与他对黑格尔的继承紧密关联。"①

可以说，强调马克思思想的黑格尔来源的学者们有一个基本的理论预设：或者马克思本人或者马克思之后的马克思主义者们没有真正理解和超越黑格尔。这是他们能够解释为什么马克思如此强烈地批判黑格尔而他们更多地发现马克思思想中的黑格尔根源的主要原因。然而，马克思对黑格尔思想以及德国古典哲学的继承更大程度上表现在他想要脱离原有的思想逻辑，展示一种不同的样貌，这也是马克思甚至不愿意再使用"哲学"这一名称来称呼其唯物主义观点的主要原因。德国古典哲学与马克思主义哲学的关系，就像马克思对不同时代的道德理论的评价一样，后者应该是对前者的扬弃或超越而不是完全跳脱。

在对待马克思的思想根源上，我们应该有明确的立场：揭示马克思思想的创新性和革命性以区分马克思哲学与传统哲学。马丁·海德格尔（Martin Heidegger）说："如果没有黑格尔，马克思是不可以改变世界的。"② 如果从马克思对黑格尔乃至更多前人思想的批判性继承这一方面来看，海德格尔的说法并没有错（不过海德格尔是把马克思思想放在同黑格尔哲学具有同样形而上学性质的意义上才这样说的）。但从马克思在对传统的"形而上学"反思基础上开创了崭新的哲学路径和视野的意义上看，我们更可以说："如果只有黑格尔，马克思也是不可能改变世界的。"③ 对于马克思这样具有划时代意义的思想家来说，我们更应该关注的是作为新思想开启者的他。应该说，马克思哲学的出现，得益于在马克思之前的哲学史乃至思想史。但更重要的是，马克思的出现改变了历史，因为他所要做的并非在观念的历史中加进紧密贴合的一环，而是要

---

① David McLellan, *Marx before Marxism*, London：MacMillan and Co. Ltd., 1970, p. 215.

② [法] F. 费迪耶：《晚期海德格尔的三天讨论班纪要》，丁耘摘，《哲学译丛》2001 年第 3 期。

③ 王金林：《历史生产与虚无主义的极致——评后期海德格尔论马克思》，《哲学研究》2007 年第 12 期。

改变人们看待历史和观念的方式。我们更应该关注马克思的与众不同之处，找到体现马克思思想创新性的地方，从而真正地维护马克思以及马克思主义的价值和尊严。

因此，当代的马克思道德理论研究并非只有两条路：要么以分析的方法研究马克思主义伦理思想，理顺和整全它的合理部分，使其看上去前后融贯，却不再是马克思主义；要么将马克思放在德国古典哲学家的行列，表明马克思与费尔巴哈、黑格尔、康德的相似之处，貌似让马克思回归正统，实际上忽略了马克思的"标新立异"。我们还有第三条道路：以马克思的方式理解和判断马克思的伦理思想。

四

"以马克思的方式理解和判断马克思的伦理思想"涉及两个极为关键的问题：1. 马克思提出了什么样的方法论？2. 马克思的新方法论优势在哪里？

20世纪90年代以来，中国马克思主义哲学研究的突出贡献表现在对历史唯物主义地位和意义的理解上达到了前所未有的高度：历史唯物主义成为整体把握和理解马克思主义哲学的金钥匙。学者们从不同视角表达了对马克思主义的判定上的共识：马克思主义哲学的新唯物主义是历史唯物主义；历史唯物主义不仅是马克思哲学的历史观还是它的世界观。在此基础上，学者们就马克思前后期思想转变的性质以及统一的可能性提出了不同的看法，为我们在当代研究马克思思想中的人道主义维度进而判断马克思道德理论的性质和方法提供了丰富的理论资源。比如，俞吾金将马克思思想的转变总结为"从道德评价优先的视角转换为历史评价优先的视角"；徐长福以"人的价值本质与事实价值的辩证整合"来判断马克思一生的思想转变；南京大学马克思主义哲学研究团队则提出"两条逻辑互相消长"的观点，强调对马克思思想的"复调式"解读。①

---

① 参见俞吾金《从"道德评价优先"到"历史评价优先"》，《中国社会科学》2003年第2期；徐长福《人的价值本质与事实本质的辩证整合——马克思关于人的本质的思想及其解释过程新探》，《中山大学学报》2003年第5期；仰海锋《从"独白"式研究到"复调"式解读——马克思哲学研究的一个方法论思考》，《求索》1997年第6期。

中国马克思主义工作者不仅有着庞大的队伍，也有着对马克思深沉的敬重和深刻的理解。当代对马克思思想的研究取得如此重大的进展与人们开始重视对历史唯物主义的研究密切相关。我们同样可以看出，这种研究上的进展同样深刻地影响着对马克思道德理论的研究。马克思通过历史唯物主义创立了一套全新的不同于旧哲学的哲学解释原则和思维方式，它就是作为生存论哲学的历史唯物主义，也就是马克思的新哲学观，这是在当代中国丰富而活跃的马克思主义研究中获得的一种总结和提升。

马克思的新哲学观作为一种方法论可以被称为"历史的观点"，它的出发点就是追求着生存价值的"现实的人"。对于"现实的人"，马克思是这样阐述的："这些个人是从事活动的，进行物质生产的，因而是在一定的物质的、不受他们任意支配的界限、前提和条件下活动着的。"[①] 从"现实的人"出发，"历史的观点"为我们提供了不同于以往哲学的全新解释原则和思维方式。首先，"现实的人"就是在一定的历史条件下存在的人。对于马克思而言，对人的追问不在于理解黑格尔意义上的"人的意识"，也不在于理解费尔巴哈意义上的"人的类本质"，最重要的问题在于如何在历史中理解人的存在，也就是如何理解人的生存。其次，"现实的人"是在发展变化着的人。"现实的人"不仅在具体的条件下存在，还具有否定现存条件、进入新的特定条件的革命性。最后，"现实的人"是在社会中生存着的人，是处于一定社会关系之中的。人一定是在自己与他人之间的联系中生存的。在这种联系中，人的生存的理想性与现实性，必然性与自由以及合目的性与合规律性都能够得到合理的解释。从"现实的人"的生存出发，以全部历史的现实基础来解释人与自然以及人与人之间的关系，形成了马克思的"历史的观点"。"历史的观点"表明人的生存具有历史性，具体来说也就是生存的条件性、生成性和社会性。这样理解的人就不再是抽象的人，而是有血有肉的真实存在，稳定与变动、保守与革命、受条件约束与超越条件、继承与发展是存在于"现实的人"身上永恒的变奏。

通过"历史的观点"，马克思找到了解决唯物主义与人道主义之间矛盾的方法，也为我们展现了他哲学中全新的人道主义基础。马克思所表达的人道主义已不再关注"人的本质"的抽象和普遍的特征，而是关注

[①] 《马克思恩格斯选集》（第 1 卷），人民出版社 2012 年版，第 151 页。

人在社会生活中的存在状态。这是一种在深刻认识了人的存在特征的基础上对人的生存利益和生存价值的关注、反思和追问，从而实现了对"人道的尺度"的认识上的飞跃，并同时摆脱了以科学理性设定"人的本质"的形而上学的虚幻。在马克思看来，每一种社会形态都有它自己的人道主义标准，不变的是，每一个人道主义标准都不能违背人的生存利益。马克思的人道主义观点之所以是全新的就是因为人道主义在这里是与历史唯物主义结合在一起的。马克思对道德哲学的贡献就在于他开启了从社会历史的基础出发理解"人的本质"的先河。在这里，人类生活的人道尺度依然是马克思的关注点，却不再像《巴黎手稿》里那样立足于人的抽象本性（自由自觉的能动性）去解释共产主义理论和人类解放的理论。人道在这里表达的是人的生存之道，是有关人的生存状态的价值评判。

从"历史的观点"出发，我们会发现马克思的"道德悖论"只存在于现代道德哲学框架之内；马克思为我们提供的是一种人之为人的生活方式和相互关系，在其中，原有的道德概念都需要重新定义和理解，随之而来的将是所谓的"马克思的道德悖论"的瓦解。

我们从马克思的文本中就可以看出，他的思想中对传统人道主义的弃绝或者说对旧哲学的放弃以及他对崭新的哲学观和人道主义观念的建立与他在无产阶级革命和共产主义的实现道路上的选择是一致的。在早期阶段，除了我们熟知的《巴黎手稿》中对共产主义的论述以外，恩格斯在回答如何实现社会革命和共产主义的问题时就直截了当地指出："我们首先就得采取措施，使我们能够在实现社会关系变革的时候避免使用暴力和流血。要达到这个目的只有一种办法。就是和平实现共产主义，或者至少是和平准备共产主义。"[①] 尽管恩格斯在1845年初所做的这个演说是针对友好的资产阶级，但我们也可以看出，无论马克思还是恩格斯在思想上发生根本转变之前都是根据人性、根据传统人道主义原则来阐发他们的世界观和革命观，因而无产阶级革命的道路，在当时的他们看来是一条渐进地、和平地实现共产主义理想的道路。这与从《德意志意识形态》开始要求"立即的、全部的世界范围内的共产主义"的革命道路有着根本的不同。在马克思主义思想中，论证资本主义灭亡的必然性

---

① 《马克思恩格斯全集》（第2卷），人民出版社1957年版，第625页。

的理论与寻找实现共产主义的道路是自始至终的目标。青年马克思以人道主义的立场批判资本主义，得出社会革命的必然性，这样的立场决定共产主义只能渐进地实现，因为共产主义需要资本主义听从人道主义而逐渐发生转变，从而实现所有人都获得自由和解放的理想的（合理的）社会；在成熟的马克思那里，资本主义灭亡和共产主义实现的必然性是通过社会规律证明的（即马克思发现了他自己的政治经济学），共产主义社会为个人的独创和自由发展提供了条件，解放是通过个人之间的联系达到了以下三个方面才得以实现的：经济前提（即生产力的发展）、一切人的自由发展的必要的团结一致以及在现有生产力基础上的个人的共同活动方式。

与上述科学规律同时存在的是一种新的生存论哲学解释原则：从人现实的生存活动中去解释一切。共产主义革命是个人自由发展的条件，而个人全面的发展是消灭私有制的前提，这不是两个问题，或者一个问题的两个方面，个人的全面发展与共产主义的实现就是同一个事情。因此，那种所谓设定理想状态并通过思想转化来实现这种理想的方法是行不通的。马克思相信，生产力和交往形式发展到一定的程度，共产主义以及人的自由发展就是必然发生的革命性变革。共产主义的实现表达了一种新的人道主义，其中体现出成熟的马克思哲学的两重性：历史的维度和人道的维度的统一。正是在这种统一中，我们可以坦然面对人们对马克思思想中存在道德悖论的指责和人们对共产主义具有乌托邦性质的嘲讽。

尽管对共产主义的追求是马克思一生的努力，但马克思认识和实现这一追求的方式相较于以往发生了根本性的变化。或者我们可以说，马克思主义的很多论题在马克思早期思想中都以萌芽的形态存在着，只不过不同阶段的论证方式不同、论证背后的哲学解释原则不同从而造成对问题理解上的根本不同。马克思虽然后来摆脱并批判了他在《巴黎手稿》中所受的费尔巴哈的影响，但这并不是说马克思从此不再考虑人道主义问题。相反，马克思是通过一种新的唯物主义观点，即历史唯物主义的建立，实现了新的哲学解释原则，解决了人道主义与唯物主义的矛盾；或者说，马克思发展了一种蕴涵着人道维度的新唯物主义即历史唯物主义；又或者说，马克思的新唯物主义实际上是一种新人道主义。"历史的观点"不仅是马克思理解前资本主义社会的一个根本原则，更是他剖析资本主义社会，力求实现无产阶级革命胜利的根本原则。

总之，马克思从现实的人出发所阐发的思想不仅是他独特的哲学思维方式，更是他具体剖析和解决资本主义社会问题的一个根本原则。"历史的观点"既是一种马克思用来理解和批判他人观点的方法，也是一种别人可以用来阅读他的著作、评价他的思想的方法。这种方法因其对人的生存状态的历史性和现实性的关注而具有巨大的理论价值和生命力。具有这样一种哲学观、历史观和道德观在马克思那里已经足够了，毕竟他的人生目标和价值理想不是像康德或黑格尔那样建立严密的哲学体系，而是全世界无产阶级的解放。从这一点出发，我们或许可以针对马克思关于道德评价作出推论，提出马克思道德理论所具备的某种性质；也可以不必这样做，因为前者常常会一不小心又把马克思拖入传统哲学的浑水之中，让我们无法看清马克思思想的真实价值。

（原载《齐鲁学刊》2018年第4期，《中国社会科学文摘》2020年第1期转载）

当代中国马克思主义伦理学研究的核心问题

在马克思主义伦理思想史上,马克思的伦理观研究一直是一个容易被忽视的问题。产生这个问题的原因主要有三个方面:一是马克思的著作浩繁,涉猎广泛,并且他对道德问题的研究与其他领域的研究混合在一起,使得研究者们常常只能通过只言片语来理解他的思想,难免"管中窥豹,只见一斑"。二是从表面上看来,马克思在他的一生中对道德伦理的看法发生过重大的变化,马克思之后的学者们常常就这些变化及其背后的原因展开争论,并产生了解释马克思伦理思想的不同方式。三是马克思的过早逝世使得他思想的很多方面没有得到明确阐发。在道德理论方面,我们更可以确定地说,马克思没有为我们提供一种像他之前的思想家(比如康德)那样完备、规范的伦理学体系(或者说是道德形而上学)。这也给很多马克思的批判者落下了口实。有不少学者指责马克思的理论存在先天缺陷,难以解决实际的道德问题。那么,马克思的道德语系是否真的如此匮乏?我们从马克思已经呈现给我们的思想轨迹中能否探察出一种道德哲学的表达?归根结底,我们该如何理解马克思的伦理观?至此,对"马克思的伦理观"的研究已经成为当代马克思主义伦理学研究的核心问题。我们只有从确立马克思的伦理观出发来明晰马克思主义伦理学研究的内容、范围和方法,才不会脱离马克思的原著及其彰显的精神气质,不会脱离马克思主义哲学本身,不会形成片段式的、肢解式的马克思主义伦理思想研究。

一

为了确保我们准确找到合适的道路,在探寻马克思的伦理观的过程中,有几个方面需要我们格外注意。

第一，马克思主义伦理学研究的主要理论困难——所谓的"马克思道德悖论问题"是不可回避的。在马克思之后的关于马克思道德理论研究的领域内，有一个长期存在的理论困难：人们发现马克思在其著作中，一方面认为道德是意识形态应被弃绝；另一方面又从道德上谴责资本家对工人的剥削和压榨。20世纪初期的爱德华·伯恩施坦（Eduard Bernstein）、卡尔·考茨基（Karl Kautsky）以及奥地利的马克思主义者，三四十年代的人道主义的马克思主义者和科学主义的马克思主义者都意识到这个问题并提出了解释路径。马克思主义进入中国后，李大钊和瞿秋白也注意到了这个问题。纵观马克思道德理论的阐释史，我们可以看到人们以不同的形式阐述所谓的"马克思道德悖论"：（1）以人的类本质为基础的人道主义与后来的历史唯物主义的对立；（2）对资本主义的道德谴责与道德被判定是意识形态之间的对立；（3）阶级社会的道德与"共产主义道德"之间的矛盾。这是马克思主义伦理学研究中最为重要的理论问题，是任何一个马克思主义伦理学研究者都需要面对的理论困难。想要正确认识继而解决这一理论困难，除了回到马克思那里，具体分析其有关道德问题的不同文本的情境，揭示其中的内在关联，更为重要的是，要从根本上明确马克思的伦理观。当我们可以充分把握马克思有关伦理道德问题的根本看法，对马克思的伦理观有了明确认识，我们才可以分析、解决或者批判这个所谓的"马克思的道德悖论"，为马克思主义伦理学正名。实际上，这个理论难题只存在于现代道德哲学的解释框架之内。马克思为我们提供的是以历史唯物主义为哲学观和方法论来理解人之为人的生活方式和相互关系，其中，原有的道德概念——"人道主义""正义""平等""自由"等都需要重新定义和理解，所谓的"马克思的道德悖论"也将瓦解。

第二，以非马克思主义的方式理解和重构马克思主义伦理理论是有问题的。西方学界在20世纪70年代兴起的分析的马克思主义，对马克思的道德理论作出了诸多阐释。比如，他们要求厘清功利主义与马克思主义的关系；他们要求正面回答"无产阶级道德是不是意识形态"这个问题；他们期望在马克思主义中探寻个人道德存在的可能性。这些问题的提出具有重大意义。我们在当代研究马克思主义的伦理思想，必须面对并回答上述问题。但是，分析的马克思主义解决问题的方式需要我们审慎地对待。分析的马克思主义者们是以分析的方法"重建"马克思的伦理思想。在他们看来，马克思主义本身缺乏有价值的方法，需要求助于当代西方哲学和社会科学的"分析方法"。在"分析的马克思主义"这个术语中，"分析"是关键词，"马克思主义"是被分析的对象。在此，马克思主义只是一堆等待加工的材料，它有无伦理观都不重要。分析的马克思主义者以分析哲学的方法重新加工马克思主义伦理思想，使其具有"分析的精神"。但这种方式在理解马克思道德理论时表现出的片面性、肢解性和局部治疗，导致马克思道德理论核心精神的丧失。分析的马克思主义者过多关注对马克思文本的精细分析，缺乏对整体马克思伦理思想的总体把握以及对马克思所表达的时代精神的深切共鸣，无法理解马克思道德理论的整体气质。

基于分析的马克思主义所存在的问题，也有学者认为我们需要从德国古典哲学，特别是黑格尔哲学那里寻找马克思伦理思想的基本原则。这仍是有问题的。马克思的伦理观表达的是马克思主义伦理学不同于其他伦理理论的独特性。须知，马克思的思想并非哲学史链条上紧密咬合的一环，而是改弦更张的变音。揭示马克思思想的创新性和革命性以区分马克思哲学与传统哲学是马克思主义者必须完成的任务。对于马克思这样具有划时代意义的思想家来说，我们更应该关注的是作为新思想开启者的他。应该说，马克思哲学的出现，得益于在马克思之前的哲学史乃至思想史。但更重要的是，马克思的出现改变了历史，因为他所要做的并非是在观念的历史中加进紧密贴合的一环，而是要改变人们看待历史和观念的方式。因此，以黑格尔、康德、卢梭乃至亚里士多德的伦理观来分析和理解马克思主义伦理思想并不是研究马克思主义伦理学的合理路径，我们更应该关注马克思自己的伦理观，它有助于我们维护马克思以及马克思主义的价值和尊严，而不是被人们当作粗俗的经济主义弃如敝屣。

第三，在当代西方伦理学的框架内寻找马克思主义伦理学的准则是不可行的。众所周知，道德哲学包括元伦理学和规范伦理学两部分。在摩尔之前的伦理学传统主要以美德伦理学、义务论伦理学和功利主义伦理学为代表。大多数的规范伦理理论旨在发现隐藏在道德实践背后的一般道德原则，并以此来指导和规定人们的道德生活。但摩尔提出了元伦理学，试图打破规范伦理学的传统，对"善""应当""正当"等这样一些道德概念的意义作出科学分析，从价值中立的立场获得对伦理学的重新定位。摩尔之后的伦理学研究，在理论建构中基本上体现为如下情况：要么由于反对传统规范伦理学、倡导元伦理学而表现为一种形式主义；要么由于反对传统价值和历史主义，注重个体自由和自我创造而表现为一种相对主义和非历史主义。这样的特征表明，当代西方伦理学的各个流派大多已经摒弃了传统伦理学的绝对主义方法和曾经包含的合理的历史主义洞见，它们漠视道德传统的连续和承继，强调道德的创造性和更新性，否认道德普遍性，注重主观情感和愿望的表达，使道德理论体现为不同程度的主观化和相对化。这同时表明，当代西方的道德研究主要表现在历史维度与人道维度的对立。而解决历史维度与人道维度的对立正是马克思伦理观的核心任务。因此，当代西方的伦理学研究可以为马克思主义伦理学提供诸多研究资源和素材，却不能构建马克思的伦理观。不仅如此，我们确立了马克思的伦理观，反过来会对当代伦理学理论的发展起到重大的推动作用。马克思的伦理观作为马克思道德哲学的元理论，可以为当代西方道德哲学的观点纷争提供一种方法论。

二

基于上述几个方面，我们可以得出关于马克思伦理观的以下两条结论：

首先，马克思的伦理观的形成经历了一个历史性演进的过程。马克思主义伦理学的很多论题在马克思早期思想中都以萌芽的形态存在着，但马克思在其人生的不同阶段采取了不同的论证道德问题的方式。马克思的伦理观是马克思的思想发展到成熟阶段，随着历史唯物主义的创立才完全确立起来的，是真正表达马克思主义革命精神的伦理观。

其次，马克思的伦理观不是固化的。无论是以分析哲学的方式、德国古典哲学的方式、亚里士多德的方式还是当代西方伦理学的方式确立马克思的伦理观，都是以一种确定无疑的、固化的伦理原则为基础解释道德现象和伦理问题。在马克思那里，不存在固定的伦理原则。马克思提供给我们的是一种理解和批判伦理道德问题的视角和方法论，却从来没有提供给我们一个可以用来解释一切道德现象的抽象原则。

在理解和吸收当代中国马克思主义哲学研究的丰富成果和中国社会

实践的宝贵经验的基础上,发展中国化的马克思主义伦理学、探寻中国式的"马克思主义伦理观"的研究路向,不仅能够正确看待马克思主义伦理学与当代西方伦理学的关系,更能够确立马克思主义伦理学与当代中国马克思主义哲学的关系以及马克思主义伦理学与当代中国现实的关系。一旦确立了马克思的伦理观,马克思伦理思想转变的性质、马克思道德理论中存在的矛盾以及马克思主义伦理学的价值和意义都将得到合理的解答。

(原载《光明日报》2018年9月10日)

为什么马克思的道德理论不是一种功利主义？

由德里克·艾伦和乔治·布伦克特发起的争论产生了一个当今西方学界非常关注的问题：马克思的道德理论是否是一种功利主义？对这个问题的澄清和回答关系到一个更为根本的问题：如何理解马克思的伦理观？从马克思的原初思想来看，马克思的道德理论不是一种功利主义。这一方面表现为马克思的道德理论不是后果论的；另一方面表现为马克思的道德理论不是普遍主义的。"马克思的伦理观"并非与其他规范理论的伦理观相并列的一种观点，而是以历史唯物主义评价其他规范理论的价值原则、思考和解决现实社会问题的独特视角和方法。

20 世纪七八十年代以来，西方学界对马克思主义与功利主义关系的讨论非常热烈，布伦克特评价认为："对马克思的功利主义解释在当今许多学者中间最为盛行。"[1] 为什么马克思主义与功利主义的关系会成为一个热门话题？在这个话题中人们争论的核心问题是什么？马克思主义对此可以作出什么样的回应？其中反映的马克思的伦理观是什么？这是本文关注的重点。

一

在马克思和恩格斯在世时以及其后相当长的一段时间里，马克思主义与功利主义的关系都不是人们关注的重点，"马克思主义是否是一种功利主义"这个问题就更是一个没有理论价值的假问题。这是因为，马克思在其著作中已经鲜明地表达了对功利主义的批判，他自然不是一个功

---

[1] George B., "Marx's critique of utilitarianism", *Canadian Journal of Philosophy*, Supplementary. Vol. 7, 1981, p. 193.

利主义者。我们在《德意志意识形态》中可以看到马克思和恩格斯对霍布斯（Thomas Hobbes）、洛克（John Locke）、爱尔维修（Claude Adrien Helvétius）、霍尔巴赫（Heinrich Diefrich Holbach）以及边沁（Jeremy Bentham）和詹姆斯·穆勒（James Mill）等人所表达的不同阶段的功利主义理论的严厉批判，认为他们将"一切现存的关系都完全从属于功利关系，而这种功利关系被无条件地推崇为其他一切关系的唯一内容"①。在《资本论》中，马克思更是深刻批判了效用原则的抽象性，因为这一原则成了评价人的一切行为、运动和关系等等的标准，成了评价过去、现在和将来的尺度。② 在第二国际的正统马克思主义者那里，马克思主义要么像考茨基所认为的，在理论上是科学的、自足的，不需要任何伦理学上的扩展和补充③；要么像伯恩施坦所认为的，可以把康德伦理学加进马克思的思想以补充其哲学和道德理论的缺乏④。但无论马克思主义是否缺乏道德体系，在正统的马克思主义者看来，马克思主义都是作为一种反功利主义的理论而存在的。

但自20世纪70年代以来，逐渐兴盛的英美马克思主义开启了对马克思主义极为细致入微、丰富多元的解读，来自不同学术立场的研究者们尝试从各种理论资源阐发马克思的伦理观⑤。至此，马克思主义与功利主义的关系成为人们关注的重点。产生这一现象的原因主要包括以下几个方面：

第一，马克思主义思想的丰富性和复杂性日益彰显。对于马克思主义而言，改造世界的冲动和科学方法的旨趣是它与其他一切传统哲学存在的重要差别。⑥ 作为一种与现实联系紧密又充满自我批评精神的理论，

---

① 《马克思恩格斯全集》（第3卷），人民出版社1960年版，第483页。
② 马克思：《资本论》（第1卷），人民出版社2000年版，第704页。
③ 参见 Karl Kautsky, *Ethics and the Materialist Conception of History*, Chicago: Charles H. Kerr & Company, 1906, http://www.marxists.org/archive/kautsky/1906/ethics/ch05b.htm <2019 – 06 – 15 >。
④ 参见［德］爱德华·伯恩斯坦《社会主义的前提和社会民主党的任务》，殷叙彝译，生活·读书·新知三联书店1958年版。
⑤ 我们都知道，马克思的思想里不存在严格意义上的伦理学或者道德体系，却有着丰富的关于伦理和道德的评价和批判。因此，这里所说的"马克思的伦理观"是指从某种视角和立场对马克思道德理论进行整体性的判定，并对马克思的道德理论做出具体阐释的尝试。
⑥ 张一兵、胡大平：《西方马克思主义哲学的历史逻辑》，南京大学出版社2003年版，第5页。

马克思主义在20世纪后半期发生了巨大而复杂的变化。我们看到，马克思和恩格斯的著作不断以各种语言被整理出版，在世界范围内广泛传播；马克思主义其他经典作家的作品相继问世，不断丰富和发展着马克思主义；无产阶级革命在一些地区取得了胜利，但随着苏联的解体和东欧一些社会主义国家的制度变革，无产阶级革命也遭受了打击；无论是马克思主义的追随者还是反对者都希望从这场运动的发起人——马克思那里寻找到支撑他们观点或信念的有用信息，"回到马克思"成为人们经常提及的一个主题。基于上述几个方面，以什么样的方法解读如此丰富而复杂的马克思主义就成为一个重要问题。

第二，相当多的研究者开始使用"分析的方法"来重新理解和建构马克思主义。在他们看来，马克思主义本身缺乏有价值的方法，马克思主义哲学研究需要求助于当代西方哲学和社会科学的"分析方法"。"分析"与马克思主义的关系是：分析没有问题，有问题的是马克思主义；分析就是用来澄清马克思主义的[1]。这些分析哲学家都强调对概念的阐释、注重句子的含义和论证细节、关心意义的丰富性和明晰性。因此，他们都试图以一种非教条的态度解读马克思，挖掘马克思思想的源头，从而规范有关马克思理论的哲学研究，特别是有关马克思道德理论的研究。

第三，当代功利主义理论提出了更为精致的版本，以应对美德伦理学、义务论和元伦理学的批评。以约翰·罗尔斯（John Rawls）为代表的当代道德哲学家们对古典功利主义进行了严厉的批判，对"善"和"应当"的关系作出全新的回答。一些功利主义的支持者提出了更为严密的版本以应对这种批判，比如理查德·布兰特（Richard Brandt）的规则功利主义、拉塞尔·哈丁（Russell Hardin）的制度功利主义、詹姆斯·格里芬（James Griffin）的客观列表功利主义等。基于功利主义的当代进展，很多马克思主义研究者在从学理的、思想史的角度来看待马克思及其有关伦理道德的思想时，会认为尽管马克思本人并不承认自己是功利主义者，他也没有使用功利主义的语言，但他使用了和功利主义一样的论证

---

[1] Cohen G. A., *Karl Marx's Theory of History: A Defense*, Princeton: Princeton University Press, 2000, p. xxiii.

方式①。还有人认为，马克思连功利主义的论证方式也没有使用，但他做出了与功利主义一致的道德判断②。这些人认为，如果我们在这个意义上理解马克思与功利主义的关系，可以得出"马克思是功利主义者"的判断。

基于上述理由，人们可能会产生这样的问题：即便马克思批判他的时代的功利主义并与其划清界限，我们是否可以在当代功利主义的视野内重新审视马克思的道德理论并确认其功利主义的性质？这成为当代马克思道德理论研究不能回避、必须解决的一个问题。

二

在关于马克思主义与功利主义关系的当代解读中，人们聚焦的首要问题是：马克思主义是否是一种功利主义？有一些学者认为我们在当代道德哲学的背景中可以确认马克思主义是一种功利主义。在这些人看来，马克思虽然批判了以边沁和詹姆斯·穆勒为代表的古典行为功利主义思想，并与他们划清界限，但马克思没有特别了解约翰·穆勒（John Stuart Mill）对功利主义的改良，更不知道当代功利主义的全新变化（而这些新的功利主义理论的提出，就是要通过对行为功利主义的反省和检视来完善功利主义原则），所以马克思实际上达到了小穆勒或者当代功利主义的水准，因而可以判断他是一个功利主义者。

基于这种回答，我们可能会进一步追问持有上述观点的人：如果马克思主义是一种功利主义，它是一种怎样的功利主义？马克思思想在哪个方面体现了功利主义的原则？按照人们对马克思思想所关注的方面，我们可以将认为"马克思主义是一种功利主义"的人分为两组：（1）那些关注马克思对资本主义社会的批判以及对无产者的同情的人，认为马克思为我们提供了一个消极的功利主义理论。也就是说，马克思是从批判资本主义社会非人的方面（即从否定的方面）表达了人类社会的完善

---

① 参见 Derek Allen, "The Utilitarianism of Marx and Engels", *American Philosophical Quarterly*, Vol. 10, No. 3, 1973, pp. 189–199.

② 参见 John McMurtry, *The Structure of Marx's World-view*, Princeton：Princeton University Press, 1978.

福祉应该是何种样貌。阿尔弗雷德·施密特（Alfred Schmidt）就认为：
"马克思的唯物主义主要是为了消除这个世界上的饥饿和苦难，这种看法与伦理传统中的唯物主义的幸福论如出一辙。"① 那些关注马克思关于共产主义的论述的人，认为马克思为我们提供了积极的功利主义理论。也就是说，马克思通过对共产主义社会的正面描述直接表达了人类社会的完善福祉是什么样貌。相当多的学者持有这种看法，比如亚当·沙夫（Adam Schaff）认为，马克思主义的理论可以被看作一种"社会幸福论"。它不是一种关于幸福的意义或幸福的主观构成的抽象的思考，而是一种改造社会关系的革命思想，它使得通过清除社会障碍而创造幸福生活的条件成为可能。② 在这一点上，沙夫认为，马克思的思想已经超越了古典行为功利主义以量化的行为后果为判断准则的思想，开启了从实践出发追求人类幸福的功利主义新途径。总体来说，这些学者认为，无论是通过批判资本主义还是描述共产主义，马克思所关注的是人类社会的完善福祉，这是一种明显的功利主义倾向。

上述划分提示我们，在当代道德哲学的视域中讨论马克思主义是否是功利主义，要重点关注的问题包括以下两点：（1）马克思对资本主义的批判和对共产主义的倡导是否体现了一种功利主义的倾向？（2）马克思主义伦理思想是否与现代功利主义的版本相容？在这一方面，德里克·艾伦的观点非常具有代表性。我们可以通过重点分析艾伦对"马克思主义是功利主义"这一判断的解释，看清在上述观点中存在的焦点问题。

艾伦的基本判断是：马克思主义虽然没有使用功利主义的术语，却提供了一种与功利主义相同的论证。他重点关注了两个问题，这也是现代功利主义关注的问题：首先是对行为者的不偏不倚性的强调。功利主义的核心思想认为："道德的本质在于把任何人的任何欲求都看作是应该满足的首要价值。"③ 这涉及功利主义所坚持的行为者中立的道德立场。但通常人们认为，马克思是为了无产阶级的利益而提倡进行社会革命，所以马克思想要满足的是无产阶级的欲求，这与功利主义的想法是不同

---

① Schmidt A., *The Concept of Nature in Marx*, London: New Left Books, 1971, p. 70.
② ［波兰］亚当·沙夫:《人的哲学》，赵海峰译，黑龙江大学出版社2014年版，第112页。
③ Narveson J., *Morality and Utility*, Baltimore: The John Hopkins Press, 1967, p. 288.

的。在这个意义上，想要论证马克思主义是功利主义，一个首要的问题就是要说明马克思如何看待"行为者的不偏不倚性"。艾伦认为："对马克思而言，最大的善好不是无产者的幸福，而是每一个个体作为个体本身的幸福。"[1] 马克思作为功利主义者把所有人的利益（既包括无产阶级也包括资产阶级）都看作值得满足的显见价值。尽管马克思和恩格斯区分了作为个人的个体和作为阶级的个体，并强调资产阶级的剥削是一种显见的恶，但并不代表资产阶级所有的个体利益都不值得追求。我们应该把个体仅仅看作人，而不是某个阶级或群体的一员。马克思追求的是全人类的解放，因此共产主义革命将使所有个体的利益都得到满足。

其次是对共产主义社会中人的自我实现或自我决定的理解。我们都知道，功利主义追求的是行为的结果，即人们的幸福生活。因此，判断一个人是否是功利主义者，就要判断他/她是否追求某种意义上的至善和幸福。那么对于马克思来说，什么是善（好）生活呢？善（好）的生活是符合人的本质的应该，还是每一个个体的偏好得以充分实现呢？这是确定马克思是否是一个功利主义者的关键。艾伦认为：马克思并非像那些本质主义者一样区分"本质性的自我"和"非本质性的自我"，从而依据于这种关于人的本质的先验理论来判断人应该做什么；相反，马克思通过历史的分析，以现实的人类个体为出发点，表明人的自由发展在后资本主义社会中表现为个体的确定偏好，这是一种功利主义的考虑。这是因为，根据功利主义原理，"一个人实现其自身发展在道德上是正当的"[2]，这是人以自身为目的的追求，而不是人根据其本质而表现出的"应该"。艾伦进一步强调，为了个人的充分发展而强迫个体选择不同于维持生存的高级活动，只能说是一种抽象的绝对的发展，并非个体的自我发展。总起来说，艾伦确认马克思是一个功利主义者，人在共产主义社会中的充分自我发展，是人的幸福的重要组成部分。个体作为人，在充分发展其能力时，产生了一种更加美好的状态；个人充分的自我发展是道德上的善（好）。以上两点是确认马克思是功利主义者的主要依据。

---

[1] Allen D., "The Utilitarianism of Marx and Engels", *American Philosophical Quarterly*, Vol. 10, No. 3, 1973, p. 193.

[2] Allen D., "Reply to Brenkert's 'Marx & Utilitarianism'", *Canadian Journal of Philosophy*, Vol. 6, No. 3, 1976, p. 532.

三

对于上述判断,马克思主义者可以作出什么样的回应呢?从传统的观点来看,我们可以说,马克思主义根本不是一种道德哲学,因而马克思主义是否是一种功利主义就是一个假问题。马克思确实没有像康德那样给我们提供非常明确、系统的道德哲学体系。然而,我们不仅在马克思的著作中经常看到他对道德本身的态度以及他关于现实问题的道德判断,从而确定马克思是有道德理论的(至于这种道德理论具有什么样的特征和性质,则是可以进一步讨论的问题);而且,马克思主义作为一个不断自我批判、自我发展的理论,面对当代道德哲学的新进展和新挑战,做出思考和回应也是题中应有之义。在这样的前提下,如果"马克思主义是一种道德理论,且不是一种功利主义",我们可以进一步提问:马克思主义是一种什么样的道德理论?判断马克思不是功利主义者的主要依据是什么?对上述问题的回答从根本上反映了我们对马克思的伦理观的看法。

乔治·布伦克特为我们提供了一个范例。他反对把马克思看作功利主义者,并提出马克思的道德理论是一种"混合的义务论"(Mixed Deontology)。他通过与艾伦前后两个回合的商榷与回应,就艾伦所关注的两个问题作出了回应。

(1)关于马克思道德理论中的道德主体问题,布伦克特坚持认为马克思是为了无产阶级的利益而非所有人的利益来反对资本主义、赞成共产主义的。布伦克特认为马克思在其著作中非常鲜明地批判了资产阶级的贪婪和对无产阶级的剥削,因此,像艾伦那样认为马克思也考虑资产阶级的利益是很奇怪的。而且马克思在《共产党宣言》中明确表示:在他的时代,"整个社会日益分裂为两大敌对的阵营,分裂为两大相互直接对立的阶级:资产阶级和无产阶级"[①]。在马克思的著作中,像资产阶级、无产阶级、工资劳动这样的概念都是负载价值的,马克思在其道德理论中对道德主体的判断并不存在不偏不倚性。布伦克特据此得出结论:"马克思并没有把资产阶级概念看作一个价值中立的概念,因此也没有把资

---

① 马克思、恩格斯:《共产党宣言》,人民出版社2014年版,第28页。

产阶级的欲求看作值得满足的显见价值。"① 即便马克思承认共产主义革命将惠及所有人（包括作为无产阶级的个体和作为资产阶级的个体），但并不代表那些与阶级利益对立的私人性利益也是值得满足的。为了回应艾伦认为"马克思关注的是作为个体本身而存在的个体的欲求"这一看法，布伦克特进一步指出，马克思批判了功利主义的保守性，认为它是为资本主义社会的劳动分工和私有财产观念辩护，而这一辩护的立足点就在于功利主义者认为市民社会具有一种个体性的特征。马克思也是从这一前提出发，认为功利主义涉及的个人是各自界定自身及其生活方式的自私自利的个体，而非社会性的个体。因此，布伦克特认为："马克思反对自私自利的个体，因为这些个体体现了个体之间以及个体与社会之间的一种错误的、异化的关系。"② 与此相反，马克思所坚持的是一个社会性的、人道的个体。在这个意义上，共同的善不再像功利主义者所认为的那样，是所有个体的利益和欲求的总和，而是由不同个体以不同方式所反映出的共同的行为方式和生活方式，也就是说，每个个体的善在本质上都表征着共同的善，这是一种典型的义务论的看法。

（2）布伦克特认为，从马克思的观点看，人的本性在共产主义社会的充分发展具有道德上的正当性，这是人之为人的特征。这种"人之为人"的特征并非像功利主义者所倡导的，让人更好地实现其欲望；恰恰相反，它是让一个人道德地（即人道地）表现其自身，并和他人发生关联。因此，"人之为人"的特征是在行为和关系中体现出来的，而不是由外在于人的行为目的和结果所体现的。马克思在《1844 年经济学哲学手稿》中阐述了人之为人的特征得以实现时的状态："我们现在假定人就是人，而人对世界的关系是一种人的关系，那么你就只能用爱来交换爱，只能用信任来交换信任，等等。如果你想得到艺术的享受，那你就必须是一个有艺术修养的人。如果你想感化别人，那你就必须是一个实际上能鼓舞和推动别人前进的人。你对人和对自然界的一切关系，都必须是你的现实的个人生活的、与你的意志的对象相符合的特定表现。"③ 在此基础上，

---

① Brenkert G. , "Marx and Utilitarianism", *Canadian Journal of Philosophy*, Vol. 7, No. 3, 1975, p. 427.

② Brenkert G. , "Marx's Critique of Utilitarianism", *Canadian Journal of Philosophy*, Supplementary, Vol. 7, 1981, p. 200.

③ 马克思：《1844 年经济学哲学手稿》，人民出版社 2000 年版，第 146 页。

布伦克特认为，马克思在《资本论》中谈到必然王国和自由王国的关系时，已经表明了他在伦理学上的义务论倾向，即真正的自由王国是在必然王国的彼岸，是"作为目的本身的人类能力的发展"①。当然，马克思也有考虑行为后果的时候，他也会考虑人的需要和利益，但这并不表示马克思是一个功利主义者，因为对于马克思来说，一个人在行为上的对与错不是由行为是否使内在善（好）最大化来决定，而是一个人作为人的本质所决定。因此，布伦克特得出结论：马克思不是一个功利主义者，而是一个混合的义务论者，只不过他的思想中仍保留着功利主义的暗流。②

至此，我们看到，布伦克特和艾伦针对马克思的相同文本提出了完全不同的对于马克思伦理观的解读。这样的现象在通常的道德哲学家那里也时有发生，却没有像在马克思这里这么明显。这和马克思思想的发展本身有关：从表面上看，一方面，马克思的著作浩繁，涉猎广泛，并且他对道德问题的研究与其他领域的研究混合在一起，并没有系统地表达；另一方面，马克思在他的一生中对伦理道德的看法发生过（一次或几次）重大的变化，人们就哪一阶段最能代表马克思的本真思想争论不休。布伦克特与艾伦的争论再一次表明，若要思考马克思主义与功利主义的关系，有两个前提性的问题必须解决：首先，我们如何理解当代功利主义及其基本原则？其次，我们如何理解马克思的伦理观及其当代价值？

四

功利主义是哲学史上具有重要影响的规范伦理理论之一。尽管在当代，特别是在罗尔斯针对功利主义提出了严厉批评之后，功利主义发展出更为完善的版本，但当代的功利主义理论之所以沿用功利主义之名，是因为其基本原则仍然是后果论和不偏不倚性，而这两个原则最终要服务于"道德和政治的核心是（也应当是）关于促进幸福的"③ 这一功利主义的伦理观：后果论在于表明道德行为的判断标准在于行为后果是否提升了幸福，

---

① 马克思：《资本论》（第3卷），人民出版社2004年版，第929页。
② 参见 Brenkert G., "Marx and Utilitarianism", *Canadian Journal of Philosophy*, Vol. 7, No. 3, 1975, pp. 430–431.
③ [英] 蒂姆·摩尔根：《理解功利主义》，谭志福译，山东人民出版社2012年版，第3页。

而不偏不倚性在于表明每一个利益相关者的幸福被平等地考虑。

布伦克特和艾伦针锋相对的争论背后也表现出他们对功利主义伦理原则本身在理解上的一致。艾伦在谈到布伦克特对马克思道德理论的判定时表达了自己对功利主义的基本看法："我认为功利主义作为一种规范伦理理论是普遍主义的后果论。"① 艾伦在 1973 年的文章中隐含地表达了马克思的道德理论是一种"幸福主义的功利主义"（Eudaimonisitic Utilitarianism），而在 1976 年针对布伦克特的批评中，他又提出了在马克思的道德理论中存在一种"非幸福主义的功利主义"（Non-eudaimonisitic Utilitarianism）的可能性。这种从幸福主义到非幸福主义的转变表明：艾伦虽然承认马克思与他同时代的功利主义者的不同，但他始终以后果作为评价标准判断马克思的道德理论是一种功利主义。布伦克特正是考虑到功利主义与后果论的亲密关系，才从根本上判断马克思是一个义务论者，不是一个后果论者，更不是一个功利主义者。不过，面对马克思对共产主义的倡导和为实现共产主义而采取的措施，布伦克特不得不以"目的论"作为他判断马克思是义务论者的辅助手段，承认马克思思想存在着功利主义的暗流。而"目的论"在当今的伦理学语境中，已经不单纯指向亚里士多德式的美德理论，更多地成为一种不同于义务论的结果主义（特别是功利主义）的代名词。② 布伦克特的这种"混合的义务论"的论断不免给艾伦留下把柄，认为他可以批评"幸福主义的功利主义"，却无法指责"非幸福主义的功利主义"。这也从一个侧面反映了布伦克特也承认，功利主义伦理原则对后果的强调在马克思的伦理思想中也有所体现。以上两种观点提示我们，经过小穆勒和后来的功利主义者的修订和完善，当代的功利主义伦理原则具有最为鲜明的两个特征：一个是后果论（包括幸福主义的功利主义也包括非幸福主义的功利主义），这使得功利主义与美德理论纠缠在一起；另一个是普遍主义（不偏不倚性），这使得功利主义与义务论具有相似性。从马克思主义的立场回应"马克思的道德理论是否是功利主义"这一问题，也就是要回答马克思的伦理观是否涉及普遍主义和后果论的问题。

---

① Allen D., "Reply to Brenkert's 'Marx & Utilitarianism'", *Canadian Journal of Philosophy*, Vol. 6, No. 3, 1976, p. 519.

② 参见李明辉《儒家、康德与德行伦理学》，《哲学研究》2012 年第 10 期。

马克思的道德理论不是一种功利主义，这首先表现在马克思的道德理论不是后果论的。在功利主义者看来，如果在一个存在着剥削和压迫的社会里，最大多数人的最大幸福可以得到保障，这样的社会也是合理的。马克思显然是反对这种论证的。但是，马克思为什么会反对这种论证呢？他反对的是这种论证背后的价值原则。功利主义的价值原则认为，最大限度地增加某些非道德意义的善的行为（比如人的快乐、繁荣、福祉等）是道德上正当的行为。即便是当代功利主义的新形式——规则功利主义、制度功利主义等，也不过是通过行为规则、社会制度等方式的改善最终实现非道德意义的善的最大增加。从根本上说，这是一种认为可以将道德意义的善与非道德意义上的善进行置换的原则。克里斯蒂娜·科尔斯戈德（Christine M. Korsgaard）在《规范性的来源》里则通过区分行动（action）和行为（act）对这个原则做了直接的批判：行动是一个完整的事情，包含了能动者的思考、目的和行为，因此行动才是道德评价的单位和道德价值的载体；而行为只是体现了一个结果，是生产性的力量的原因[①]。功利主义很显然是以行为作为道德价值的单位，是一种行为者中立（Agent-neutral）的伦理理论。这就削弱了人作为行为者的能动性，从而将人与人的关系、人与社会的关系化约为物的关系。而这正是马克思批判资本主义社会的核心所在。

马克思的道德理论不是一种功利主义，还表现在马克思的道德理论不是普遍主义的。通常理解的不偏不倚性，是指把受影响的各方平等地考虑在内。但具体分析的话，依据人们不同的关注点和对平等的不同理解，不偏不倚性具有不同的含义。功利主义的不偏不倚性指向一种积聚性（Aggregative）的解释：我们考虑的是作为理性行动者的受影响各方的理性，在必要的情况下，我们会把某些群体获得的利益和其他群体遭受的伤害进行平衡，以此获得从理性能动性的角度看总体上最佳的结果。义务论的不偏不倚性则不同。不偏不倚性在义务论者那里可以理解为要求全体一致，即以一种恰当的意义上可以让每个受影响的行动者接受的方式，来分配利益和伤害。[②] 我们可以确定，马克思不是依赖于上述任何

---

① 参见［美］克里斯蒂娜·科尔斯戈德《规范性的来源》，杨顺利译，上海译文出版社2010年版，第304—305页。

② 参见 David Brink, "Kantian Rationalism: Inescapability, Authority, and Supremacy", *Ethics and Practical Reason*, G. Cullity and B. Gaut, eds., Oxford: Oxford University Press, 1997, p. 277.

一种关于不偏不倚性的理解来展开他的思想批判和革命运动的。

更为关键的是,马克思对功利主义价值原则的批判,不是以道德哲学的传统方式进行的。也就是说,如果是马克思本人回应当代西方学界关于"马克思主义是功利主义"的看法,他所采取的方法不是来自道德哲学研究内部的任何一种规范伦理理论,而是马克思自己独有的理解和评价道德现象的方法,也就是历史唯物主义的方法。历史唯物主义方法包含着一种看待人与人、人与社会关系的价值原则,但它并不单单是一种价值原则。因此,在这个意义上,马克思并非是用另外一种价值原则直接地反对功利主义的价值原则,而是用一种理解人的社会及其历史的"科学"来批判功利主义的价值原则并论证取消其存在的现实条件。

历史唯物主义的出发点就是追求着生存价值的"现实的人"。根据马克思对现实的人的理解,我们可以断定马克思主义不是一种功利主义。首先,"现实的人"是在一定的历史条件下存在的人。不同的历史条件下的人有着不同的特点,表现出不同的理想和追求。不同的历史条件下的人也处于不同的生产关系之中,如同马克思直言不讳地表达:"以一定的方式进行生产活动的一定个人,发生一定的社会关系和政治关系。"[①] 这就表明,像功利主义那样把人看作聚集或分散的相同个体,把人的幸福看作是可以加减和通约的同质性福利,是对人以及人与人之间关系的多样性和复杂性的否定。其次,"现实的人"是在发展变化着的人。"现实的人"不仅在具体的条件下存在,还具有否定现存条件、进入新的特定条件的革命性。这种革命性正是体现了人作为行为主体的能动性。像功利主义那样以"第三人称的视角"看待人的行动及其结果,是完全不符合马克思思想的原意的。第三,"现实的人"是在社会中生存着的人。"现实的人"不是孤立的、与世隔绝的人,而是处于一定社会关系之中的。个人由于他的生存需要以及满足需要的方式而必然发生相互关系。马克思认为,个人之间"不是作为纯粹的我,而是作为处在生产力和需要的一定发展阶段上的个人而发生交往的,同时由于这种交往又决定着生产和需要,所以正是个人相互间的这种私人的个人的关系、他们作为个人的相互关系,创立了——并且每天都在重新创立着——现存的关

[①] 《马克思恩格斯选集》(第1卷),人民出版社2012年版,第151页。

系"①。个人从自己出发所具有的社会性是历史性最主要的表现形式，它揭示了人独特的生存方式，马克思的描述是："一个人的发展取决于和他直接或间接进行交往的其他一切人的发展；彼此发生关系的个人的世世代代是相互联系的。"② 正是在这个意义上，以功利主义式的不偏不倚和义务论式的不偏不倚理解马克思所理解的个人，都是有问题的。马克思强调，个体一定是在自己与他人之间的联系中生存的，而且正是在这种联系中，人的生存的理想性与现实性，必然性与自由以及合目的性与合规律性才能够得到合理的解释。从"现实的人"的生存出发，以全部历史的现实基础来解释个体与自然以及个体之间的关系，形成了马克思独特的道德理论视角，或者叫作"马克思的伦理观"。这种伦理观表明马克思强调人的生存的历史性，具体来说也就是人的生存的条件性、生成性和社会性。这样理解的人就不再是功利主义所理解的无差别的、抽象的个体，而是有血有肉的真实存在。

最后，需要着重强调的一点是，思考马克思的伦理观问题与建构马克思的道德哲学体系是两个问题。马克思的伦理观问题是一个我们需要认真对待的问题，马克思在其著作中没有明确表达其道德理论的体系是什么，但他明确表达了我们该如何理解道德，道德具有什么作用，我们对道德应采取什么样的态度。也就是说，我们可以明确知道马克思的道德理论不是什么，马克思的道德理论反对什么。"马克思的伦理观"并非与其他规范理论的伦理观相并列的一种伦理观，而是以历史唯物主义来评价其他规范理论的价值原则、思考和解决现实社会问题的独特视角和方法。在这个意义上，断定马克思的道德理论不是一种功利主义，是依据于马克思的原初思想也就是马克思的伦理观作出的判断，是一项具有重要理论价值的基础性研究。这种研究既有助于加深我们对马克思的道德理论与当代伦理学关系的了解，促进我们进一步发掘马克思道德理论的当代价值和意义，也有助于我们用更为科学的态度面对马克思的无产阶级解放思想和共产主义思想，从而进一步发展马克思主义伦理学。

（原载《吉林大学社会科学学报》2020年第2期）

---

① 《马克思恩格斯全集》（第3卷），人民出版社1960年版，第515页。
② 《马克思恩格斯全集》（第3卷），人民出版社1960年版，第515页。

历史唯物主义与道德：对马克思道德理论研究理路的探寻

马克思伦理思想的研究历史表明，对马克思思想中的科学与伦理（人道）关系的不同解释是同人们对马克思哲学总体性质的不同理解直接相关的。只有对马克思的新唯物主义哲学作出合理的判断，才能合理地解释马克思思想中的唯物主义同人道主义的关系，也才能合理地解释马克思思想中的科学尺度同伦理尺度的关系。唯物主义与人道、科学与伦理的内在统一是马克思的新唯物主义哲学——历史唯物主义的主要特征。马克思的新唯物主义也不同于西方传统的旧唯物主义，同样，马克思哲学中的人道思想不同于西方传统的人道主义。

自马克思逝世以来，国内外马克思主义研究者对"具有鲜明科学性的马克思主义是否有伦理学，以及如果有，是什么样的伦理学"的争论就始终没有停止过。如何理解马克思哲学中"科学与伦理（人道）"的关系问题贯穿于马克思道德理论研究的始终。本文认为，对这个问题的理解始终是同人们对马克思的历史唯物主义的解释密切相关的。这种马克思道德理论与历史唯物主义的纠缠自马克思理论诞生之后就从未停止。因此，清理马克思道德理论研究的内在理路，探寻历史唯物主义与这种研究的内在关联，对于当代马克思主义伦理学的研究有着非常重要的意义。

一 马克思道德理论的缺失与历史唯物主义的教条化

马克思道德理论研究中的一个典型观点认为马克思是一个非道德哲学家，马克思的理论中并没有道德元素。作为修正主义者的伯恩施坦与作为正统马克思主义者的考茨基对这个问题的看法是一致的。伯恩施坦指出，马克思在他的思想中弃绝了道德诉求、拒斥从道德原则出发推导社会主义。伯恩施坦同时发现，马克思理论上的反道德主义与他的理论在实际中的应用相抵触：在马克思的著作中，每当涉及资本主义社会对工人阶级的残酷剥削，很多言论都属于道德判断。这样的观察促使伯施斯坦提出了修改马克思主义的方案。他提出把康德的"绝对命令"应用在政治经济学领域中以革新马克思主义，从而赋予社会主义以伦理和人道主义的基础。考茨基则坚定地认为历史唯物主义只与必然性相关；马克思主义在理论上是自足的，不需要伦理学上的补充和扩展。在这个意义上，马克思是一个彻底的非道德主义者。在考茨基看来，"唯物史观第一次完完全全地弃绝了虚幻的道德理念，使它不再是社会进化的主要因素，而教会我们只是从物质基础来推演我们的社会目的"[①]。也就是说，科学社会主义的道德目的已经转变成经济目的，道德理想（即阶级的消除）其实是经济发展的必然结果。很明显，以上双方在对马克思思想的判定方面并没有实质上的差异：他们都把历史唯物主义看作经济决定主义并确信马克思由此证明社会主义的必然性；因此他们都认为马克思在道德哲学史上是缺席的。他们的不同只是在于采取什么措施面对马克思思想中道德理论的缺乏。修正主义者期冀从康德伦理学中有所借鉴，而正统的马克思主义者则始终坚持马克思主义独立的科学性。

那么，为什么马克思被看成一个非道德主义者呢？这与人们对历史唯物主义的理解息息相关。在此，历史唯物主义被看成"历史"的唯物主义规律，它作为规律是同自然规律没有本质区别的规律，它作为历史科学是同自然科学具有同样性质的科学。自考茨基和布哈林传播开来的经济决定论（或历史的经济解释）本质上认为全部社会历史的发展是一个自发形成的自然过程，在其中经济关系起着决定性的作用。历史在这里成为外在于人并统摄人的命运的巨大机器，而人不过是历史这部机器中的零件。普列汉诺夫（Georgii Valentlnovich Plekhanov）认为"历史唯物主义是马克思唯物主义世界观的社会历史部分"；列宁指出"历史唯物主义是马克思唯物主义在社会历史中的应用"；而斯大林的总结是"历史

[①] Karl Kautsky, *Ethics and the Materialist Conception of History*, Chicago: CharlesH. Kerr & Company, 1906, http://www.marxists.org/archive/kautsky/1906/ethics/ch05b.htm <2020-10-01>.

唯物主义是辩证唯物主义在社会历史中的应用"。这三种解释虽然试图以唯物辩证法去论证社会历史过程中人与自然、人与社会以及人与人之间的关系，但由于缺乏对马克思辩证法理论的深刻理解，历史依旧是以一种与生物进化论相同的方式被理解和阐释。从根本上说，当马克思主义被判定为一种客观上有效的科学，历史唯物主义无论作为它的全部还是作为它的组成部分都被看成是一门关于社会发展的特定科学，马克思自然就被判定为一个非道德主义者。因为，如果历史唯物主义仅仅被理解为一种与自然科学同质的历史科学和规律，那么在这个意义上谈论马克思的道德理论就是一个伪问题：在自然规律所蕴含的绝对必然性面前，人类并没有选择的自由，自然也不必为自己的行为负责，这也就取消了伦理道德存在的意义和价值。而按照一般的理解，伦理学（也称道德哲学）是指实现普遍的道德准绳、道德命题和道德规则的手段。它所关注的主要问题是诸如如何定义善与恶，判断事物善或恶的标准是什么，等等。很明显，在这样的框架当中，作为哲学一个分支的伦理学是要为人们提供价值判断的基础。科学却是要在人们面对价值中立的事实时，为他们提供判断依据。按照这种对科学和道德的理解，如果确定马克思主义是历史唯物主义，而历史唯物主义是一种经济学规律，那么自然会得出马克思思想中没有道德因素的结论。因此，从表面上看来，人们判断马克思的思想中没有道德元素是合情合理的事情。

二　马克思的人道主义与历史唯物主义的科学化

随着马克思的一些早期著作（特别是《1844年经济学哲学手稿》，以下简称《手稿》）相继出版，人们发现马克思在这些作品中不仅有着明确的道德理论，而且他正是倚赖这种道德理论阐发社会理想和革命追求。对于这一发现，我们似乎应该欣喜，因为这为马克思道德哲学的存在提供了强有力的证据，我们似乎可以确定马克思是道德哲学家了。但事实是，人们不仅没有解决伯恩施坦关于马克思道德思想中存在矛盾的质疑，问题反而更加复杂和激化了。如何看待《手稿》中马克思表达的道德哲学与他后期作品中确立的历史唯物主义之间的关系成为人们关注的重点。

学者们就《手稿》中所表达的人道主义思想产生了两种截然不同的态度。大部分人（他们被称为马克思主义的人道主义者）认为，马克思主义发展走向庸俗化的主要原因是没有重视对《手稿》的研究，因为《手稿》中蕴涵着一种人道主义，这是马克思哲学的真正基础，而历史唯物主义是马克思思想的倒退；也有一小部分人（他们是科学主义的马克思主义者）认为《手稿》是马克思不成熟时期的作品，真正的马克思哲学是一种科学，是反人道主义的。在这种争论中，马克思的思想所存在的不再是完满与否的问题，而是哪一时期的马克思思想更具说服力的问题；人们关注的也不再是马克思是否有道德哲学的问题，而是马克思的道德哲学是否可以代表马克思思想本质的问题。

产生上述重大分歧的根本原因仍在于对历史唯物主义的理解。在马克思主义的人道主义者看来，马克思在《手稿》中对人的本质的关注才是他可以被称为道德哲学家的根据，而历史唯物主义作为对社会历史规律的科学表达否弃了人的存在价值，是不值得过多关注的；而科学主义的马克思主义者则认为"马克思的历史唯物主义不仅提出了关于社会历史的新理论，而且含蓄地、但又必然地提出一种涉及面无限广阔的新'哲学'"①。之所以用引号来框定哲学，是因为他们想要说明这是不同于传统意义上的哲学，这是马克思全新的社会观和历史观的科学表达。从这样的立场出发，科学主义的马克思主义者坚信在科学的历史唯物主义中并没有规范的伦理价值的立足之处；道德作为一种意识形态不可能是马克思批判资本主义社会结构的基础。

从以上的分析我们可以看出，研究者们认为马克思主义或者是科学，或者是哲学，两者只能选其一。如果马克思的思想是哲学，那就是人道主义；如果马克思主义是科学，那就是唯物主义。尽管从整个哲学史的发展看来，科学主义与人道主义并非决然对立，但对马克思思想的人道主义解释和科学主义解释却如同磁铁的两极，互相对立。这种从单一维度解释马克思的方式也使得人们对马克思哲学的"误认"达到前所未有的高度。这个"误认"就是：马克思主义中的人道主义与唯物主义是对立的。这里已经不再是马克思主义中有无人道主义的问题，而是如何判断、理解和定义马克思的人道主义思想的问题。马克思主义中的道德悖

---

① ［法］路易·阿尔都塞：《保卫马克思》，顾良译，商务印书馆2006年版，第225页。

论已经从伯恩施坦和考茨基那里的一个边缘问题上升为马克思主义研究中的主要问题,成为决定马克思主义性质的问题。这同时表明,只有解决了马克思主义中人道主义和唯物主义的对立问题,才能真正解决马克思的道德悖论。

三 解决马克思道德悖论的尝试与历史唯物主义的多样化

解决马克思道德悖论的前提是对这一悖论做出合理的解释。很多学者在这方面都有自己独到的看法。比如,史蒂文·卢克斯提出把马克思的道德思想划分为"关于法的道德"和"关于解放的道德",认为前者是马克思所批判的,而后者是马克思所倡导的。理查德·米勒(Richard Miller)用另一种方式描述马克思思想中的悖论:马克思不是一个道德学家,但他的哲学是"正派的"(Decent),因为马克思成功地把握住了"狭隘的自我利益与本然的道德自律之间一直被忽略的广大区域"[1]。这种对马克思思想中道德悖论的直接剖析,主要的目的还是找到马克思思想的独特视角,从而确立其道德哲学的根源和基础。无疑,马克思思想中最为与众不同的地方正是体现在他的唯物主义历史观之中。一些分析马克思主义者正是从历史唯物主义出发,提出了解释马克思道德悖论的尝试。比如对历史唯物主义作出功能性解释的 G. A. 科恩。他认为马克思的理论中有两个主题:一是生产力选择什么样的生产关系与该种生产关系推动生产能力发展的程度相关;二是生产力总是在不断发展。[2] 许多学者对马克思强调"生产力的首要性"持反对意见,因为他们认为这意味着生产力作为某种非人的东西成为人类社会发展的动力从而控制着人本身,贬低了人性。科恩却提出相反的观点,他认为无论在实践中还是马克思的理论中,生产力的发展始终与人自身能力的发展保持一致:生产力的提高实际上就是人的劳动能力的提高。有了这样的认识,人们就会理解,

---

[1] Richard Miller, "Marx and Morality", in Roland Pencock and John W. Chapman, eds., *Marxism*: *NOMOS XXVI*, New York University, 1983, pp. 3-4.

[2] 参见 G. A. 科亨《卡尔·马克思的历史理论——一个辩护》,岳长龄译,重庆出版社 1989 年版,第 174—179 页。

马克思所强调的技术发展（也就是社会生产力的提高）并非贬抑人性，而是凸显人自身的进步。科恩的功能性解释为我们提供了一个重要的视角，他提醒我们把历史唯物主义的解释与对人的理解联系起来：生产力不再是一种人之外的某种单独的力量，它的发展与作为理性存在的人的活动息息相关，并且在不断改变着人类的生存状况，满足人们的各种需要。

乔治·布伦克特则直接表明，马克思的道德理论是他的科学观点的组成部分，也就是说，历史唯物主义是马克思的"元伦理学"。在《马克思的自由伦理学》的中，布伦克特重新解释了历史唯物主义。他认为，作为历史唯物主义基础的不是生产力而是生产方式。至于生产方式的内容，布伦克特强调，一个人的道德结构和价值观在他的工作中也起了作用，也应该被看作是生产力的组成要素。[①] 通过这样的改造，道德就成为生产方式的组成部分由社会意识转变成社会存在了。

然而，这两个版本都不尽如人意：科恩的主要理论兴趣并不是探讨历史唯物主义与道德的关系，所以他的看法仅仅是一个苗头，并没有完全深入下去；而布伦克特虽然明确指出了历史唯物主义与道德的关系，但他对历史唯物主义的重新解释很大程度上是对马克思原有思想的篡改，存在着很大的问题。因此，上述解决马克思道德悖论的尝试从根本上说只是深化和丰富了我们对马克思道德悖论的认识，并未从根本上解决问题，我们在其中看到的或者是一个被传统道德哲学重新框定的马克思，或者是被作者的意图篡改了的马克思，却不是那个想要改变世界同时也改变哲学的马克思。不过，这样的研究成果却又一次印证：从历史唯物主义出发研究马克思道德哲学是一条可行的道路。

到这里我们可以对马克思的道德悖论作出总结。它包括三种形式：以人的类本质为基础的人道主义与历史唯物主义的对立；对资本主义的道德谴责与道德被判定为意识形态之间的对立以及阶级社会的道德与"共产主义道德"之间的矛盾。无疑，想要化解上述三种对立，必须对历史唯物主义作出合理的解释，这其实是理解和把握马克思哲学的关键。通过对马克思道德哲学研究史的总结和分析，我们也不难看出，无论是断定马克思道德理论的缺失，还是坚持马克思早期人道主义思想与后期

---

① George Brenkert, *Marx's Ethics of Freedom*, London: Routledge & Kegan Paul, 1983, p. 36.

唯物主义思想的对立，甚至以远离马克思的方式重新解释历史唯物主义以和解马克思前后期思想的矛盾，都是以对历史唯物主义的独特理解为前提。当历史唯物主义被判定为"历史的"唯物主义规律时，马克思就被判定为非道德哲学家；当历史唯物主义是表达社会观和历史观的科学时，就产生了两个马克思；当历史唯物主义被篡改时，马克思也成了其他人。我们因此可以断定，理解和确立历史唯物主义在马克思哲学中的地位是马克思道德理论研究的前提。这个看法换句话可以表达为：对马克思哲学观的理解决定着对马克思道德理论的理解。那么该如何理解历史唯物主义以期解决马克思的道德悖论呢？

四　马克思道德悖论的解决与作为马克思世界观的历史唯物主义

我们的看法是，马克思主义哲学的新唯物主义是历史唯物主义；历史唯物主义不仅是马克思哲学的历史观，还是它全新的世界观。从《手稿》到《德意志意识形态》（以下简称《形态》），马克思思想上发生的并不是阿尔都塞所说的认识论断裂，或者人道主义者所认为的思想上的倒退，而是一种哲学解释原则上的革命，是从哲学观的角度对唯物主义与人道主义的关系进行反思的转变。马克思在《手稿》中秉承自然主义的唯物主义哲学观，并以此作为人道主义理论奠基，这使得他仍旧从抽象的人性出发看待和评价人类社会及其历史，从而无法正确地解决唯物主义与人道主义的对立，无法从根本上超越旧哲学的解释原则。从《形态》开始，马克思通过历史唯物主义的确立，实现了哲学观上的变革，这不是在原来的路上又前进了一大步，而是开启了一条新的路向，即"在历史中理解人的生存"的路向。

历史唯物主义既是马克思显性的科学理论也是马克思隐性的哲学解释原则。在马克思之前，无论是唯心主义者还是唯物主义者，在历史观上都表达着相同的看法，即"一切历史变动的最终原因，应当到人们变动着的思想中去寻求"[①]。马克思却发现了历史的真正基础：直接的物质

---

① 《马克思恩格斯选集》（第3卷），人民出版社2012年版，第772页。

的生活资料的生产。但为什么物质生活的生产对人类来说是必需的？马克思提出了一个更为先在的出发点，即"有生命的个人的存在"，这是全部社会存在和社会历史的第一个前提。人只有首先满足了生存的需求，才能进行其他的活动。当其他活动追求与这种满足生存活动的追求发生价值冲突的时候，其他一切价值都需要让位给生存价值。在马克思这里，通过发现历史规律，对生存的价值追求被放在了首要的位置上；而历史规律能够成立，归根结底还是根源于人的生存，需要用人的生存来解释。因此，马克思的历史观所体现的不仅是人类社会的发展规律，也表达着历史规律得以存在的生存论解释原则；两者互为前提，互相依赖。

历史唯物主义作为解释原则实现了人道尺度和科学尺度的统一。生存论的前提解决了人道主义与唯物主义的对立，实现了对人的理解上的哲学革命。马克思从人的生存出发，完成了一次对德国古典哲学人性观的革命。在德国哲学中，（1）人的本质被预先假定为一种已经存在的东西，一种崇高的东西；（2）人的行为和享乐都是由人的本质决定的。这实际上是一种以观物的方式观人的传统哲学的思维方式，它是近代以来科学精神对哲学影响的产物。无论是经验主义者还是理性主义者，从本质上说都是要在追问"人性是什么"这个问题。从表面上看来，对人性是什么的追问是要把人和其他的存在物（比如动物）区别开来，但这种奠基于科学的认识论思维的提问方式本身其实是把人又重新看作某种其性质已经固定了的存在物。传统的人道主义正是立足于这种对人性的前提假定来推论人类行为的合理性和应然性。也就是说，"人性是什么"是人类行为所应该遵守的规范和律令的理论基础。这就是传统人道主义的思想逻辑。在这样的思想逻辑中，人作为追求自由的存在物与外在世界的客观必然性之间的矛盾永远存在，自然观上的唯物主义与历史观上的唯心主义（人道主义）的矛盾不可调和。

与德国哲学家们不同，马克思提出了一个正相反的关系：人类的活动决定着人的本性。从人们"为了生活，首先就需要吃喝住穿以及其他一些东西"[1] 这个前提出发，马克思断定，人无论在理论上还是在实践中都需要满足他的生存需要。一方面，这是人最初且最重要的价值，是物质生产的根本原因；另一方面，这是人终极的价值追求，因为人的存在

---

[1] 《马克思恩格斯选集》（第1卷），人民出版社2012年版，第158页。

是人作为价值判断主体的永恒的生物学前提，只有首先确保了人的生存才能确保人类的其他活动。从生存论的前提出发，马克思推断意识的发展仅仅是人的实际生活过程的反射和反响，是生活决定意识，而不是相反。由此，历史并不表现为唯一者自我产生的过程，而是前后相继、彼此相连的个人的现实活动；历史不是可以消融于"自我意识"中的"产生于精神的精神"，不是人的本质的自我实现。这也就表明从人性出发解释人类活动的传统人道主义的哲学观站不住脚了。从"人的本质"的现实基础出发，才能真正理解人以及人的生存状况。马克思认为，一方面，不同时代的人们需要无条件地接受他们的前人留下的生存环境，另一方面，不同时代的人们又有各自不同的生存需要，人的本质不是固定不变的。马克思理解的人是不断生成的人，是在历史中变化的人。在历史中，人对自然的作用以及人对人的作用得到了合理的沟通，人的自然属性和社会属性的和解得以实现，在费尔巴哈那里分离着的自然界和社会真正获得了统一。这种在历史中统一的人道主义与唯物主义已经是另一种思维方式和解释原则下的人道主义与唯物主义：这是历史的人道尺度和科学尺度的统一，人的价值追求的理想性与生存的现实性之间的统一以及历史的合规律性与人类活动的合目的性之间的统一。马克思以这样一种统一表明，建立在自然主义哲学观基础上的唯物主义与永恒不变人性基础上的传统人道主义永远无法实现真正的对接，对历史唯物主义的片面理解只会加剧上述两者的对立，而无法澄清历史中行进着的人的真实状况。

　　从全部历史的基础出发来解释人、自然以及人与自然的关系，使马克思找到了解决唯物主义与人道主义之间矛盾的方法，也为我们展现了他的哲学中新的人道主义基础。历史的观点所表达的人道主义与《手稿》中的人道主义已完全不同。这是一种新的人道主义。它不再是关注人的本质的抽象和普遍的特征，而是关注人在社会生活中的存在状态。相应地，正义、平等和自由等由人的本质所生发出来的概念也失去了它们作为普遍准则的作用。每一种社会形态都有它自己的人道主义标准。不变的是，每一个人道主义标准都不能违背人的生存利益。从这样的理解出发，我们可以解决马克思的道德悖论，真正理解马克思道德理论的价值和意义。

　　总之，通过对马克思道德理论研究史的回顾和分析，我们可以发现两条清晰的线索：一是马克思的道德理论越来越被人们所认可；二是马克思的历史唯物主义的作用和意义越来越被人们所发现。最后这两条线索汇聚在一起，让我们看到一条理解马克思道德理论实质的可能路向。沿着这条道路深入地研究下去，或许能有所收获。

（原载《吉林大学社会科学学报》2009年第2期）

马克思哲学：一种反形而上学的新人道主义

马克思哲学与人道主义的关系问题是马克思哲学研究中的一个重大的理论问题。通过历史唯物主义的创立，马克思哲学实现了对西方传统形而上学的超越。马克思哲学与人道主义的关系不是一个部分与整体的关系，不存在什么与马克思哲学相融合的作为马克思哲学组成部分的人道主义伦理原则。马克思哲学与人道主义的契合只能表现为马克思哲学本身就是一种反形而上学的新人道主义。

从根本上说，对马克思哲学与人道主义关系问题的理解同对马克思哲学本身的理解是一致的。学界对于马克思哲学与人道主义关系的争论主要与人们对人道主义和马克思哲学的理解不同相关。在不同的解释原则和理论立场上，产生了不同的看法。20世纪90年代以前，国外马克思主义哲学界对于马克思哲学与人道主义的关系有两种基本的理解。马克思主义的人道主义者认为马克思哲学就是人道主义；科学主义的马克思主义者认为马克思哲学作为科学是反人道主义的。20世纪中期兴起的苏联人道主义、60年代的南斯拉夫实践派和70年代发展起来的分析的马克思主义学派都以不同的形式作出了融合上述两种极端看法的努力，但从结果上看，由于对马克思哲学理解的形而上学性，他们的观点都不能让人满意。1980年前后发生在中国的关于"人道主义与马克思主义"关系的大讨论，很大程度上重复了西方马克思主义研究的道路，但其中的一个理论结果值得我们注意，那就是对于人道主义具有两个方面含义的判断：作为世界观和历史观的人道主义是资产阶级的人道主义，而作为伦理原则和道德规范的人道主义是可以与马克思主义融合的。我们暂且将这种看法称为对马克思哲学与人道主义关系的第三种理解。这种做法不是更好地解决了马克思哲学与人道主义的关系，反而使情况更复杂。学界在这个问题上的诸多争论，究其原因就是立足于不同解释方式和立场的各自为战。因此，在考察马克思哲学与人道主义的关系时，我们必须澄清在何种意义上理解人道主义以及在何种意义上理解马克思哲学。

一 如何理解人道主义

在通常的意义上，人道主义是形而上学的。海德格尔对于人道主义的这种判定在人道主义的历史渊源中可以发现，在人道主义的关注内容中可以发现，在马克思早期思想的逻辑中亦可以发现。

我们可以对人道主义的历史作如下划分。人道主义是从古希腊的一种教育理念演化而来的。这样一种身心的全面训练（海德格尔称为教化），表现为人在理论上对自身理解的进步，即人自知其有限性，并在此基础上设定其目标且为实现目标而采取不同手段。罗马共和国时期的人道主义在个体身上的表现就是人道的人使其自身获得人所应具有的全部潜能。文艺复兴时期的人道主义者继承了古希腊的传统，吸收了中世纪异端思想中的合理内容，提出要把人的精神和思想从神学伦理的禁锢中解放出来，认识自身的本性，追求个人的现世幸福，实现个人的人生价值和个性自由发展。18世纪，由赫尔德、歌德和席勒等人展开的德国人道主义倡导回归古罗马的传统，通过审美教育陶冶性情，培养完整的、和谐的和全面发展的人。到了19世纪，随着工业化进程的加剧，科学与宗教的矛盾日益激化，人道主义与无神论联盟，形成了以理性主义为特色的"普世人道主义"。这种人道主义的思维方式是：人类发展是一个连贯的上升过程，即人实现其完满人性的过程。上述不同形式的人道主义，体现了不同时代的特色和它们各自面临的任务，却表达了同样的对于人性、人的使命、地位、价值和个性发展等的思想态度和理论旨趣。它们的共同特征就是："homo humanus（人道的人）的 humanitas（人性、人道）都是从一种固定了的对自然、历史、世界、世界根据的解释的角度被规定的，也就是说，是从一种已经固定了的对存在者整体的解释的角度被规定的。"[1] 海德格尔对人道主义的形而上学性的判定是合理的。人道主义与形而上学的暧昧一直是人道主义思想中的一个主要基调。

人道主义的文化传统体现着欧洲思想史上根深蒂固地形而上学和二

---

[1] ［德］海德格尔：《路标》，孙周兴译，商务印书馆2000年版，第376页。

元论传统。经验论者从人的自然本性出发为人类设定理想本质,并以各种外在规范引导现实的人向着这样的目标进发。康德虽然明确断定,"责任的根据必须不是在人的本性中或者在人被置于其中的世界里面的种种状态中去寻找,而是必须先天地仅仅在纯粹理性的概念中去寻找"①,但他自己也清晰地洞察到,他那种清除了一切经验性东西的纯粹的道德形而上学缺乏"实践的无条件必然性"。无论是经验主义者还是理性主义者,从根本上说,他们都是要在追问"人的本质是什么"这个问题,他们的不同只是在于理解"自然而然的人性"的方式,是应该依赖感觉经验的积累还是先天知识的启蒙。从表面上看来,对人的本质是什么的追问是要把人和其他的存在物(比如动物)区别开来,但这种奠基于科学的认识论思维的提问方式,其实是把人又重新看作某种性质已经固定了的存在物。传统的人道主义正是立足于这种对人的本质的前提假定,推论人类行为的合理性和应然性。"人的本质是什么"是人类行为所应该遵守的规范和律令的理论基础。这就是传统人道主义的思想逻辑。在这样的思想逻辑中,人作为追求自由的存在物与外在世界的客观必然性之间的矛盾永远存在,自然观上的唯物主义与历史观上的唯心主义(人道主义)的矛盾不可调和。无论分析的还是综合的方法,在对人的理解上划出存在和本质、实践和理论、现有和应有、自由和必然之间的界限后再行统一的路数都是一种形而上学和二元论倾向。在"世界之中"的人先在认识论上把外在世界与其自身对立起来而设定它的不存在,然后再试图证明它的存在。这样的思路在海德格尔看来是"把人之人道放得不够高"②。

马克思在早期思想中已经开始关注人的现实状况,并希望寻找到人类解放的道路,但因其理论逻辑没有摆脱传统人道主义的套路,在海德格尔看来,马克思对绝对形而上学的颠倒仍然是形而上学的。马克思在《手稿》中秉承着自然主义的唯物主义哲学观,并以此来为人道主义理论奠基,这使得他无法正确地解决唯物主义与人道主义的对立。在《手稿》中,马克思提出:"共产主义作为完成了的自然主义=人道主义,而作为完成了的人道主义=自然主义,它是人和自然之间、人和人之间的矛盾

---

① 《康德著作全集》(第4卷),中国人民大学出版社2005年版,第396页。
② [德]海德格尔:《路标》,孙周兴译,商务印书馆2000年版,第389页。

的真正解决,是存在和本质、对象化和自我确证、自由和必然、个体和类之间的斗争的真正解决。"① 在同一章中,马克思用另一段话解释上述看法:"自然界的人的本质只有对社会的人来说才是存在的;因为只有在社会中,自然界对人来说才是人与人联系的纽带,才是他为别人的存在和别人为他的存在,只有在社会中,自然界才是人自己的人的存在的基础,才是人的现实的生活要素。只有在社会中,人的自然的存在对他来说才是自己的人的存在,并且自然界对他来说才成为人。因此,社会是人同自然界完成了的本质的统一,是自然界的真正复活,是人的实现了的自然主义和自然界的实现了的人道主义。"② 我们应该明白,马克思这里所指的"社会"是指人类社会的理想形态,是人的本质实现了的社会。那么这样的社会在当时的马克思看来如何能够完成人与自然的统一呢?马克思认为"人是一种类存在",而"自由的有意识的活动(劳动)恰恰就是人的类特性"。③ 人作为类存在物是有着人应该所是的本质的,这种本质的实现或者说对象化才是人的真正解放。人作为类存在物,应该把他的生命看作自我意识的目标;但在资本主义社会里,正常的秩序被颠倒了——人类使他的生命活动仅仅成为他生存的手段,人的本质异化了,失去了它的本真状态;在应然的社会形态,即在共产主义社会中,人可以重新找回他的类特征,也就是自由自觉的活动。基于这样的看法,马克思认为共产主义是"对私有财产的积极的扬弃,作为对人的生命的占有,是对一切异化的积极的扬弃,从而是人从宗教、家庭、国家等等向自己的人的存在即社会存在的复归"④。从这里可以看出,在马克思那里,人的理想本质就是人的真正本质。正是从这一点出发,马克思才断定,实现了的自然主义就是人道主义,而实现了人道主义就是自然主义。对于马克思来说,历史是"是为了使'人'成为感性意识的对象和使'人作为人'的需要成为需要而做准备的历史"⑤。《手稿》中有关历史的论述是从关于人的本质的抽象的出发点来解释现实的社会历史,是传统人道主义基础上的历史观。正是这样的出发点,才使马克思相信人类历

---

① 马克思:《1844年经济学哲学手稿》,人民出版社2000年版,第81页。
② 马克思:《1844年经济学哲学手稿》,人民出版社2000年版,第84页。
③ 马克思:《1844年经济学哲学手稿》,人民出版社2000年版,第57页。
④ 马克思:《1844年经济学哲学手稿》,人民出版社2000年版,第82页。
⑤ 马克思:《1844年经济学哲学手稿》,人民出版社2000年版,第90页。

史是"人通过人的劳动而（使其本质）诞生的过程，是自然界对人的生成过程"①，而"在人类历史中即在人类社会的形成过程中生成的自然界，是人的现实的自然界"②，两者是一个过程。马克思以"人的本质"为核心解释社会历史，并没有超越德国古典哲学的框架，《手稿》中的人道主义仍然是传统人道主义。

海德格尔意义上的人道主义（为区别形而上学的人道主义，我们称之为新人道主义或反形而上学的人道主义）。它标志着一种对哲学本身理解的不同，也就是一种在不同平面上理解哲学的问题。在海德格尔看来，"只要人道主义以形而上学方式进行思考，那么这种思想就肯定不能被称为人道主义"③。新人道主义是"从那种通向存在之切近处来思人之本性的人道主义"④。这不是将人道主义理解为世界观和历史观还是将其限定在伦理原则的范围内的转变，而是在哲学解释原则上的转变，是在如何理解人的本质问题上的转变。因此，依据于马克思的早期思想，特别是《手稿》中的思想来确定"马克思哲学是人道主义"的做法是有问题的。我们在《手稿》里可以看出一些思想萌芽，却看不到根本性的哲学变革方法，正如阿尔都塞所言："离马克思最远的马克思正是离马克思最近的马克思，即最接近转变的那个马克思。马克思在同过去决裂以前和为了完成这一决裂，他似乎只能让哲学去碰运气，去碰最后一次运气，他赋予了哲学对它的对立面的绝对统治，使哲学获得空前的理论胜利，而这一胜利也就是哲学的失败。"⑤《手稿》是为马克思的思想成熟铺平了道路，把各个方面的矛盾和问题一一展现。但马克思还没有提出全新的解决方案，他仍旧在旧哲学的路数里寻找出路。如果我们认为马克思哲学不是他早期立足于人性规定而形成的理论，马克思的关于人道主义的理解和海德格尔具有相同的意义，我们就应该进而思考马克思哲学是否实现了哲学理解上的革命。

---

① 马克思：《1844年经济学哲学手稿》，人民出版社2000年版，第92页。
② 马克思：《1844年经济学哲学手稿》，人民出版社2000年版，第89页。
③ ［德］海德格尔：《路标》，孙周兴译，商务印书馆2000年版，第393页。
④ ［德］海德格尔：《路标》，孙周兴译，商务印书馆2000年版，第404页。
⑤ ［法］路易·阿尔都塞：《保卫马克思》，顾良译，商务印书馆2006年版，第150页。

二　如何理解马克思哲学

马克思哲学的革命性主要表现为对西方传统形而上学的超越。这种超越是通过历史唯物主义的创立实现的。学界对马克思哲学的理解却往往是形而上学式的理解。自马克思创立以来，马克思哲学主要被判定为三种基本形式。第二国际将马克思哲学解释成经济决定论；马克思主义的人道主义者将马克思哲学解释为人道主义，而科学主义的马克思主义者将马克思哲学解释成历史科学。我们已经表达了将马克思哲学解释成人道主义的形而上学性。同样，将历史唯物主义解释成经济决定论或者历史科学也不能摆脱其形而上学的命运。在马克思主义阵营内部，很多学者将历史唯物主义按照近代科学的思维方式解释成自然规律在社会和历史中的运用，使历史依旧以一种与生物进化论相同的方式被理解和阐释，而"人们为了创造历史必须能够生活"这个生存论的前提也被简化成生物学意义上的一个前提。历史唯物主义沿着一种教条主义的形而上学体系发展，自然招来诸多责难。格奥尔格·西美尔（Georg Simmel）提出：如果道德规范和法律、宗教和艺术的发展轨迹遵循经济发展的轨迹，而不以任何实质性的方式影响经济的变化，经济生活自身的转变就成为难以解释的问题。他因此断定历史唯物主义"以一种特有的清晰性显示了暗含在其他每个历史理论中的形而上学"[1]。海德格尔同样指出："唯物主义的本质并不在于它主张一切都是质料，而倒是在于一种形而上学的规定，按照这种规定，一切存在着都表现为劳动的材料。"[2] 因此，仅仅在口头上承认马克思哲学是唯物主义是不够的。阿尔都塞就曾经批评过这样一种现象：很多人试图把青年马克思的思想还原成一些"成分"（这些成分主要包括唯物主义和唯心主义成分），并认为如果从马克思的思想中寻找到了"唯物主义"成分，就可以证明马克思是一个"唯物主义者"了。[3] 对于马克思来说，我们需要确定的不单单是"他是一个唯物主义

---

[1] ［德］格奥尔格·西美尔：《历史哲学问题——认识论随笔》，陈志夏译，上海译文出版社 2006 年版，第 229 页。
[2] ［德］海德格尔：《路标》，孙周兴译，商务印书馆 2000 年版，第 401 页。
[3] ［法］路易·阿尔都塞：《保卫马克思》，顾良译，商务印书馆 2006 年版，第 42 页。

者",我们还需要确定他是怎样的唯物主义者,是旧唯物主义者,是费尔巴哈式的唯物主义者,还是一个不同于其他唯物主义的新唯物主义者。

刘福森教授1991年就著文提出:马克思的新唯物主义世界观是历史唯物主义,这种意义的历史唯物主义的主要功能是为人们解决人的感性活动、人的本质以及人和自然的关系等哲学问题提供一种哲学理论原则,它是一种不同于旧唯物主义的新唯物主义世界观。[1] 历史唯物主义作为解释原则在马克思那里从来不是历史和唯物主义两部分的相加。马克思的哲学既不是作为哲学世界观存在的辩证唯物主义和作为历史观存在的历史唯物主义的相加,也不是有关人的哲学理论和有关历史的科学理论的混合,而是"以历史的观念为基础的新哲学世界观——历史唯物主义的世界观"。历史唯物主义表达的是只有在历史中才可能解释清楚的社会唯物主义,是有关社会存在和社会意识之间关系的科学理论,它本身就是统一了马克思的科学历史认识和哲学解释原则的历史观,因而它成功地克服了旧唯物主义(包括费尔巴哈的唯物主义)无法解决的困难——人道主义与唯物主义之间的对立。我们关注马克思恰恰是因为他"对哲学提出的问题和他为哲学确定的概念"[2]。对哲学提出的问题和为哲学确定的概念也就是哲学观问题。通过历史唯物主义的创立,马克思已经完全放弃了在旧哲学中寻求新的生长点的努力。他发展出一种新的哲学解释原则,这不是一种旧体系中的新看法,而是一个全新的体系,一个完全不同于传统的新的解释原则。

三 如何理解马克思哲学关涉的人道主义

人道主义与马克思哲学的关系不是一个部分与整体的关系,由传统人道主义的形而上学性以及新人道主义的反形而上学性我们可以发现,不存在什么与马克思哲学相融合的作为马克思哲学组成部分的人道主义伦理原则,马克思哲学与人道主义的契合只能表现为马克思哲学本身就

---

[1] 刘福森:《马克思哲学的主体性原则、实践原则和社会历史性原则》,《社会科学战线》1991年第3期。
[2] [法]埃蒂安·巴利巴尔:《马克思的哲学》,王吉会译,中国人民大学出版社2007年版,第1页。

是一种反形而上学的新人道主义。

历史唯物主义解决了人道主义与唯物主义的对立，实现了对人的理解上的哲学革命。马克思从人的生存出发，完成了一次对德国古典哲学人性观的革命。马克思在《手稿》中是从一种对人的本质的抽象认识出发来解释社会历史。但在《形态》中，马克思是从社会历史出发，从人的生存出发来解释人的本质及其历史性。在德国古典哲学中，（1）人的本质被预先假定为一种已经存在的东西，一种崇高的东西；（2）人的行为和享乐都是由人的本质决定的。这实际上是一种以观物的方式观人的传统哲学的思维方式，它是近代以来科学精神对哲学影响的产物。马克思在《形态》中批判了这一看法。他认为德国哲学家所做的是"给自己创造出'人'的理想并'把它塞进'别人'头脑中'"①。与德国哲学家们不同，马克思提出了一个正相反的关系：人类的活动决定着人的本性。

马克思的逻辑是这样的：（1）从人们"为了生活，首先就需要吃喝住穿以及其他一些东西"②这个前提出发，马克思断定人无论在理论上还是在实践中都需要满足他的生存需要。一方面，这是人最初且最重要的价值，是物质生产的根本原因；另一方面，这也是人终极的价值追求，因为人的存在是人作为价值判断主体的永恒的生物学前提，只有首先确保了人的生存才能确保人类的其他活动。（2）从生存论的前提出发，马克思也推断出意识的发展仅仅是人的实际生活过程的反射和反响，是生活决定意识，而不是相反。马克思这样解释他的历史观："这种历史观就在于：从直接生活的物质生产出发阐述现实的生产过程，把同这种生产方式相联系的、它所产生的交往形式即各个不同阶段上的市民社会理解为整个历史的基础，从市民社会作为国家的活动描述市民社会，同时从市民社会出发阐明意识的所有各种不同的理论产物和形式，如宗教、哲学、道德等等，而且追溯它们产生的过程。这样做当然就能够完整地描述事物了（因而也就能够描述事物的这些不同方面之间的相互作用）。这种历史观和唯心主义历史观不同，它不是在每个时代中寻找某种范畴，而是始终站在现实历史的基础上，不是从观念出发来解释实践，而是从

---

① 《马克思恩格斯全集》（第3卷），人民出版社1960年版，第504页。
② 《马克思恩格斯选集》（第1卷），人民出版社2012年版，第158页。

物质实践出发来解释各种观念形态。"[1] 由此，历史并不表现为唯一者自我产生的过程，而是前后相继、彼此相连的个人的现实活动；历史不是可以消融于"自我意识"中的"产生于精神的精神"，不是人的本质的自我实现。（3）从"人的本质"的现实基础出发，才能真正理解人以及人的生存状况。马克思认为，一方面，不同时代的人们需要无条件地接受他们的前人留下的生存环境；另一方面，不同时代的人们又有各自不同的生存需要，人的本质不是固定不变的。他提出："每个个人和每一代所遇到的现成的东西：生产力、资金和社会交往形式的总和，是哲学家们想象为'实体'和'人的本质'的东西的现实基础，是他们加以神化并与之斗争的东西的现实基础，这种基础尽管遭到以'自我意识'和'唯一者'的身份出现的哲学家们的反抗，但它对人们的发展所起的作用和影响却丝毫也不因此而受到干扰。"[2] 从这样的历史观中，我们可以发现，人的本质是随着它的现实基础的改变而改变的，人性不是确定的、现成的、永恒不变的。马克思理解的人是不断生成的人，是在历史中变化的人。在历史中，人对自然的作用以及人对人的作用得到了合理的沟通，人的自然属性和社会属性的和解得以实现，在费尔巴哈那里分离着的自然界和社会真正获得了统一。马克思以这样一种统一表明，建立在自然主义哲学观基础上的唯物主义与建立在永恒人性观基础上的传统人道主义永远无法实现真正的对接，对历史唯物主义的片面理解只会加剧上述两者的对立，而无法澄清历史中行进着的人的真实状况。

  总之，我们可以看到，从《手稿》到《形态》，马克思的思想变化并不是德拉-沃尔佩所认为的方法论断裂，也不是阿尔都塞所认为的认识论断裂，而是哲学解释原则上的革命，是一种从哲学观的角度对唯物主义与人道主义的关系进行反思的转变。在历史中统一的人道主义与唯物主义已经是一种新的思维方式和解释原则下的人道主义与唯物主义：这是历史的人道尺度和科学尺度的统一，人的价值追求的理想性与生存的现实性之间的统一以及历史的合规律性与人类活动的合目的性之间的统一。

（原载《理论探讨》2010年第4期）

---

[1] 《马克思恩格斯选集》（第1卷），人民出版社2012年版，第171—172页。
[2] 《马克思恩格斯选集》（第1卷），人民出版社2012年版，第173页。

马克思与道德

——对马克思道德理论研究史的总结和评价

本文将马克思道德理论研究的历史作为研究对象，力求厘清其中的发展线索，找到理解"马克思与道德"的关系的关键，发现马克思道德理论研究的误区，并尝试提出可能的解决办法。

一

"马克思与道德的关系"是一个非常复杂的学术问题。其复杂性主要由于马克思一生并没有像一些经典的道德哲学家那样为我们提供了明确、完善的道德体系。不仅如此，马克思还公开抨击道德的虚伪性和意识形态性。然而，我们却在马克思这样一个一生都在为人类解放而奋斗的思想家那里，看到了对工人阶级的道德关怀，对资产阶级的道德谴责。基于此，对"马克思与道德的关系"这样一个复杂的问题，我们需要在不同的研究方式中作出选择。当代西方学界已经产生了为数众多的有关"马克思与道德关系"的研究成果，其中比较有代表性的是佩弗的《马克思主义、道德和社会正义》（1990）和凯因的《马克思与伦理学》（1988）。两位学者共同的特点是将马克思的道德理论划分为不同时期，通过对不同时期思想特征的概括展现马克思的道德理论。他们具体论述了每一时期的特点，展现了马克思整个思想的发展变化，并且揭示了这些发展变化背后的哲学史和社会根源。诚然，这是一个稳妥的做法。尤其对马克思这样一位著述甚丰又时常自省的思想家来说，这种方法有两个好处：一是避免因根据思想家的只言片语进行概括而出现误解的风险；二是通过对思想家一生的思想进程进行梳理，可以把握其思想发展的内在逻辑和思路。但我们还可以选择别的研究方式，原因有二：（1）上述两位学者以及其他众多学者对马克思一生道德理论的梳理已经成绩斐然；（2）在这样一种过程性的研究方式中，思想家最闪光、最具特色的地方可能会因为整体性的描述而不那么引人注目。特别是针对马克思这样一位在一生的思想中出现过变化并引发后人争论的思想家，他的与众不同之处会因为对其思想过程的整体描述而被忽略。

因此，另外一条对马克思道德理论进行梳理和解释的道路也许会更能够揭示"马克思与道德"的关系。那就是，重新整理马克思的道德理论解释史，揭示人们争论的焦点和难点，并在此基础上找到马克思道德理论研究的逻辑和思路，确立理解马克思关于伦理和道德的理论原则和视角。这不是一条直接的道路，但却是一条崭新的道路。在这条道路中，我们可能会错过机会更切近地考察马克思道德理论的多样性、丰富性及其思想发展的曲折性，但我们可以通过马克思之后学者们在对马克思道德理论研究的争论中所揭示的问题发现新的线索，确立马克思区别于传统哲学家的独特性。正是这种理论上的独特性和创新性才使马克思的思想更具时代意义。

马克思思想的研究史充斥着曲折艰难的对立和冲突，其中的原因主要包括两方面。一方面是出于马克思自身的原因。马克思的著作浩繁，涉猎广泛，并且他对哲学的研究与其他领域的研究混合在一起，这使得研究者常常只是通过只言片语来理解他的思想，可以很轻易地得出结论，却并不一定是符合马克思原意的结论。更为复杂的是，马克思的思想在他的一生中发生过重大的变化，后来的学者们常常针对下面一些问题展开争论：马克思的思想中是否存在转变？如果存在转变，他在一生中实现了几次转变？哪一时期最能代表马克思的哲学观点？对这些问题的不同回答产生了不同的解释马克思思想的方式。另外，马克思的逝世使得他思想的很多方面没有得到明确阐发。这也给很多马克思的批判者落下了口实。比如麦金太尔就声称马克思的学说中存在两个明显的遗漏：一是没有阐明"道德在工人阶级的运动中的作用问题"[1]；二是没有表述"社会主义和共产主义社会的道德问题"[2]。而更多的人则指责马克思的理论存在着先天的缺陷，在解决实际的道德问题时表现为无能。马克思真

---

[1] [美] 阿拉斯代尔·麦金太尔：《伦理学简史》，龚群译，商务印书馆2003年版，第281页。
[2] [美] 阿拉斯代尔·麦金太尔：《伦理学简史》，龚群译，商务印书馆2003年版，第282页。

的在道德话语上表现为苍白无力吗？马克思的思想中只有科学性的描述吗？这是我们作为马克思之后的马克思主义者在探求"马克思与道德的关系"时所需解决的重大理论问题。

二

通过认真审视，我们可以把对马克思道德理论的研究史划分成前后相继的三个阶段，并发现随着理论研究的逐步深入，对"马克思与道德"这一论题的揭示越来越呈现出清晰的脉络和有效的解决办法。

研究马克思道德哲学的第一阶段从19世纪90年代开始，1938年，斯大林把马克思主义解释成"马克思列宁主义"标志着这一阶段的结束。在这个阶段，直接交锋的双方主要是以伯恩施坦为代表的修正主义者和以考茨基为代表的正统马克思主义者。但在两者之间，一些新康德主义者以及奥地利的马克思主义者对马克思道德思想的研究也有所贡献，只不过他们的思想因为立场上的中立和概念上的含混不像其他两者那么特色鲜明。同是德国社会民主党的领袖，伯恩施坦把马克思主义变种为康德哲学的后裔，而考茨基则以正统主义者的名义对伯恩施坦的修正主义加以反驳，以确保马克思主义思想的科学性。

伯恩施坦认为，马克思反对从道德原则中推导出社会主义。在历史唯物主义这样的科学认识框架中，个体的人将失去他在价值体系中的地位。但他同时发现，在马克思的著作中有很多言论都涉及对资本家剥削工人，特别是剥削妇女和儿童劳动力的道德谴责。伯恩施坦认为，这表明马克思的思想与道德之间存在矛盾关系。既然社会主义的经济条件还没有完全准备好，伯恩施坦相信，我们需要有其他力量来支撑社会主义信念。因此，他提出在马克思主义的领域内建立一套专门的价值观和道德理论。考虑到马克思是一个非道德主义者，伯恩施坦认为从马克思的科学理论中很难发掘出什么道德力量。要解决这个问题，只能向外求助。伯恩施坦提出"回到康德去"的口号。康德对必然王国和自由王国的划界使得伯恩施坦相信他可以把康德的道德哲学嫁接到马克思的科学思想中来，从而解决"马克思与道德"的关系。考茨基则明确地排斥为马克思主义加入康德主义的思想元素。实际上，考茨基也看到了伯恩施坦所发现的矛盾。他委婉地表达了他的看法:"甚至像社会民主党这样阶级斗争中的无产阶级组织也不能没有道德理想,没有对剥削和阶级统治的道德愤慨。"① 但考茨基比上述所有人都更加坚定地认为道德理想在科学社会主义中没有任何作用,历史唯物主义只与必然性相关。对考茨基来说,马克思是一个完完全全的非道德主义者,甚至因为他声称"在共产主义社会里取消道德"而成为一个反道德主义者。

很明显,以上双方在对马克思思想的判定方面并没有实质上的差异:他们都把历史唯物主义看作经济决定主义,并认为马克思由此证明了社会主义的必然性;因此他们都认为马克思在道德哲学史上是缺席的。基于上述,我们可以就第一阶段的马克思道德哲学研究作出如下总结:(1)大多数马克思主义研究者都意识到历史唯物主义在马克思的思想中具有极为重要的地位,研究马克思的学术贡献势必要先研究历史唯物主义;(2)但无论是修正主义者还是正统的马克思主义者都把历史唯物主义解读成一种与伦理道德相抵触的决定论;(3)相应地,争论的双方在下面的问题上达成了共识:马克思的思想中并不存在道德元素。他们的不同只是在于采取什么措施面对马克思思想中道德理论的缺乏。修正主义者希冀从康德伦理学中有所借鉴,而正统的马克思主义者则始终坚持马克思主义独立的科学性。

1938年之后的30年属于马克思道德哲学研究的第二阶段。这期间,马克思主义研究者们普遍认识到把马克思主义僵化为教条的危害。随着马克思的一些早期著作(特别是《巴黎手稿》和《德意志意识形态》)的出版和传播,人们开始觉察出马克思思想中的断裂。对于马克思道德哲学的理解也产生了两种互相对立的看法。

以爱里希·弗洛姆(Erich Fromm)和尤金·卡曼卡(Eugene Kamenka)为代表的马克思主义的人道主义者主要研究马克思思想中对人以及人性的道德关注。虽然对于马克思道德哲学的起源和形式意见不一,但他们一致认为马克思有道德哲学。他们更欣赏马克思早期的观点,特别是《巴黎手稿》中的思想,并认为他后期著作中的看法是退步和非人道主义的。但以德拉-沃尔佩和阿尔都塞为代表的科学主义的马克思主义

---

① Karl Kautsky, *Ethics and the Materialist Conception of History* (Charles H. Kerr & Co), 1906, http://www.marxists.org/archive/kautsky/1906/ethics/ch05b.htm <2020-10-01>.

者们却认为历史唯物主义是马克思与他之前的哲学家相区别的特色所在。这些马克思主义者更注重马克思的后期著作，认为他的早期思想是不成熟的因而不足为据。他们主要有两点论据：一是在科学的历史唯物主义中并没有规范的伦理价值的立足之处；二是既然马克思把道德看作是一种意识形态，他就不可能把道德当成是批判资本主义社会结构的基础。可以肯定的是，在马克思道德哲学研究的第二阶段，马克思主义的人道主义者和科学主义的马克思主义者都对马克思哲学的研究作出了卓越的贡献：他们中的大多数人都意识到在马克思的思想中存在断裂，只是他们对断裂点的看法不一，对断裂前后马克思思想的评价也莫衷一是。人道主义一派注意到了马克思对人类社会深厚的道德关切；科学主义一派弘扬了马克思晚期思想中的科学性。

20 世纪 70 年代以后，马克思道德哲学的研究进入了第三个阶段，呈现出多极化的趋势。在第二阶段研究的基础上，相当多的学者开始有意识地从不同视角寻找解决"马克思与道德"的矛盾关系的方法。在分析的马克思主义者之中，多位学者试图对"马克思与道德的矛盾关系"提出解决方案。史蒂文·卢克斯是第一个明确使用"马克思道德悖论"的学者。他在《马克思主义与道德》一书的开篇就指出："马克思对道德的态度是自相矛盾的（paradoxical）。"[①] 卢克斯解决"马克思道德悖论"的方法是区分"法权（Recht）的道德"和"解放的道德"：法权的道德在马克思看来是一种意识形态，是应该被抛弃的过时的东西，而解放的道德才是真正应该被提倡的道德观点。[②] 马克思的道德悖论虽然在卢克斯那里第一次被清晰而充分地表达了出来，却没有得到正面解决。他对解放的道德和法权的道德的区分，表面上是想要区分马克思的道德理论和以往的道德理论，让我们明确马克思的道德悖论不过是一个误解，但实际上他要展示的是这个显性的道德悖论背后所隐藏的另一个道德悖论：即马克思和马克思主义思想既是反乌托邦的，又是乌托邦的。这种看法将"马克思与道德的关系"重新放在了矛盾之中。

但更值得注意的是，在第三阶段的研究中出现了这样一个倾向：从

[①] ［美］史蒂文·卢克斯：《马克思主义与道德》，袁聚录译，高等教育出版社 2009 年版，第 1 页。

[②] ［美］史蒂文·卢克斯：《马克思主义与道德》，袁聚录译，高等教育出版社 2009 年版，第 37 页。

历史唯物主义理论入手来解释马克思的道德哲学。比如，G. A. 科恩在他对马克思主义的功能解释中为我们提供了这样一条线索：历史唯物主义与人性息息相关。科恩认为，无论在实践中还是在马克思的理论中，生产力的发展始终与人自身能力的发展保持一致：生产力的提高实际上就是人的劳动能力的提高。有了这样的认识，人们就会理解，马克思所强调的技术发展（也就是社会生产力的提高）并非贬抑人性，而是凸显人自身的进步。因此，科恩的核心观点是："历史是人的能力发展的历史，然而它的发展过程是不以人的意志为转移的。这并没有把某种超人（extra-human）的东西放在历史的中心。它当然设定了人们自己创造自己历史的意义，但是它在达到我们与共产主义一起到来的'自觉组织的社会'之前，不管是好是坏恰恰是真的。"① 科恩的功能性解释为我们理解历史唯物主义开创了一条全新的道路：在其中，生产力不再是一种人之外的某种单独的力量，它的发展与作为理性存在的人的活动息息相关，并且在不断改变着人类的生存状况，满足着人们的各种需要。不过，科恩只是在他以分析哲学的方法对历史唯物主义进行剖析的著作中对此种想法一带而过，并不足以用理论的形式说服读者。但是，这样的研究成果却是为我们开辟了一条马克思道德哲学研究的新路。所以在这条线索的指引下，我们可以尝试以另一种方式解读"马克思与道德的关系"。

三

"马克思与道德的关系"需要以历史唯物主义作为元理论来加以理解。在《德意志意识形态》中，马克思通过历史唯物主义的创立发展出一套新的哲学解释原则。这样的新哲学中包含着两重性，是人道主义和科学性的结合，理想性和现实性的结合，以及终极价值与当下价值的结合。正是这种两重性使得我们能够解释"马克思与道德"在表面上的矛盾。在《巴黎手稿》中，马克思仍旧站在"旧唯物主义"的层面来思考问题，他是从抽象的人性出发去看待和评价人类社会及其历史；而到了

---

① ［英］G. A. 科亨：《卡尔·马克思的历史理论——一个辩护》，岳长龄译，重庆出版社1989年版，第161—162页。

《德意志意识形态》，他是从现实的社会生活出发去解释人性。历史唯物主义正是这种转变的关键，它既是关于社会历史的科学，也是一种有助于思考外部世界和人自身的哲学视角。因为人们没有意识到历史唯物主义是马克思的思想理论基础和哲学基本原则，他们也就没有赋予马克思在道德哲学史上的正确地位。历史唯物主义恰恰就是解决科学主义和人道主义两派争论不休的问题的关键。对于马克思主义的人道主义者来说，虽然马克思在他的一生中都对大多数人所面临的非人道的环境有着深切的道德关怀，但从《巴黎手稿》到《德意志意识形态》，马克思改变了他的哲学观，同时也就使他在对人道主义的理解上达到了一个不同的层面；而对科学主义的马克思主义者来说，马克思的晚年思想确实不同于黑格尔，但也不同于当代科学哲学的观念，因为当代的科学哲学思想如果不是无力，至少也是对社会历史、人类以及价值评判之间的关系不感兴趣，而这却恰恰是马克思一生的追求。

在《德意志意识形态》中，马克思通过确立人的生存论前提，即"有生命的个人的存在"确立了对人的理解上的一种全新的价值论和人道主义的原则。这种原则是与抽象的人性原则是对立的。马克思实际上是完成了一次对德国古典哲学的革命。《德意志意识形态》的副标题是：对费尔巴哈、布·鲍威尔和施蒂纳所代表的现代德国哲学的批判。马克思之所以选择德国哲学作为他抨击的目标，是因为"德国人是（从永恒的观点）根据人的本质来判断一切的"①。马克思在《巴黎手稿》中也做过类似的事情。他在《德意志意识形态》中以一种隐晦的语气表达了他在思想上的修订。他认为之前他还是在用哲学语句来表达他的观点，就难免会有"人的本质""类"等哲学术语存在于他的文本之中，从而给德国哲学家落下了新瓶装旧酒的口实。② 马克思对道德哲学的贡献就在于他开启了从社会历史的基础出发理解人的本质的先河。

通过对马克思道德哲学研究史的总结和分析，我们不难看出，对历史唯物主义的理解和判断始终与对马克思道德思想的解释纠缠在一起。而且，随着我们对历史唯物主义的内涵理解得越来越丰富，我们对"马克思与道德的关系"的理解也越来越深刻。这是历史呈现给我们的一条

---

① 《马克思恩格斯全集》第3卷，人民出版社1995年版，第545页。
② 《马克思恩格斯全集》第3卷，人民出版社1995年版，第31页。

线索,在这个意义上,历史就是指马克思道德理论解释史。而对马克思道德理论解释史的回顾也为我们指出一条道路:从历史唯物主义中寻找解释马克思道德哲学的视角和方法,这是历史呈现给我们的另一方面——用马克思创立的历史唯物主义视角(历史的观点)来分析和评判马克思对道德哲学的贡献。

从这样的历史观中,我们可以发现,人的本质的内容是随着它的现实基础的改变而改变的,人性不是确定的、现成的、永恒不变的。虽然马克思并不否认外部自然界的优先地位以及人类在本性上所具有的共同特点,但这些都已经不是马克思关注的重点。在马克思那里,思维与存在的关系问题只有在历史中才能讨论和理解,也就是说,马克思关注的是社会存在与社会意识的关系问题。同样地,在马克思那里,人的生存、现实性和差异性在历史中得以彰显,人类的共同性因其对人的现实活动理解上的无能而不被过多关注。人道主义与唯物主义在历史中获得统一,"马克思与道德的关系"也因此获得合理的理解。

(原载《哲学基础理论研究》2008 年第 1 期)

第二编　马克思主义伦理思想史研究

20 世纪上半叶马克思主义
伦理思想的焦点问题

20 世纪上半叶马克思主义伦理思想的发展在马克思主义研究中占据着重要地位。深入分析这一时期关于马克思主义伦理思想的三次争论,我们可以发现其中存在的焦点问题包括:马克思主义是否缺乏伦理学?道德作为意识形态如何展现人的能动性?马克思主义是否是一种人道主义?进而,在这一时期马克思主义伦理思想的发展逻辑中,如何理解事实与价值的关系、理论与革命的关系以及人道主义与科学主义的关系成为最主要的理论困难。20 世纪上半叶丰富的马克思主义研究资源所展现出的焦点问题对于今天的马克思主义伦理学研究仍然具有重大意义,解决其中的理论困难是我们不可回避的任务。

具体来说,20 世纪上半叶的马克思主义伦理思想是指恩格斯逝世以后至英美马克思主义开始兴盛之前长达半个世纪的马克思主义伦理思想的发展。这一时期马克思主义伦理思想的焦点问题研究是马克思主义伦理学研究中一个重大的、长期存在争论的话题。在中国马克思主义伦理学研究日益蓬勃发展的今天,这个话题显得格外重要,因为这一时期人们关注的学术命题、理论困难和争论焦点不仅决定了马克思伦理思想的发展逻辑,而且仍是我们当下需要面对的理论任务。马克思、恩格斯之后的马克思主义伦理思想为什么出现了那么多的冲突和整合?为什么面对同样的马克思主义经典文本,不同学者会对马克思主义伦理思想的性质给出截然不同的阐释?不同阐释方式之间争论的焦点和核心是什么?这种阐释的多样性对当代马克思主义伦理学的发展有何意义?这是本文要分析和解决的主要问题。

一

当代西方学界对马克思主义伦理思想的发展非常关注，主要表现在：（1）学者们对马克思经典著作中的伦理思想进行深入挖掘，重点阐述"道德""正义""平等""美德"等概念在马克思思想中的内涵，比如：菲利普·凯因的《马克思与伦理学》、罗德尼·佩弗的《马克思主义、道德与社会正义》等；（2）学者们借助于当代哲学和伦理学发展中兴盛的各种理论（制度功利主义、道德心理学、建构主义等）发展当代马克思主义伦理思想的多种版本，比如：理查德·米勒的《分析马克思》、乔治·布伦克特的《马克思的自由伦理学》等；（3）学者们对马克思主义伦理思想的整体状况进行总体评价，给出关于马克思主义伦理学是怎样一种伦理学的判断，比如：保罗·布莱克利奇（Paul Blackledge）的《马克思主义与伦理学》、史蒂文·卢克斯的《马克思主义与道德》等。

我国学术界自20世纪80年代开始更加关注马克思主义伦理思想的发展，形成了丰富深入的马克思主义伦理学研究。我们可以看到，学者们对马克思、恩格斯等早期马克思主义经典作家的伦理思想非常重视，老一辈伦理学家李奇、罗国杰、甘葆露、宋惠昌等在讨论马克思主义伦理学经典作品的同时，结合中国实践，发展出有中国特色的马克思主义伦理学；年轻一辈的伦理学工作者在充分理解和把握西方哲学和伦理学前沿理论的同时，更关注当代西方马克思主义伦理思想研究的新观点、新方法。学者们介绍和评价西方学者关于马克思主义伦理思想的译著和专著不断涌现，针对国外马克思主义伦理思想研究的热点问题（正义与非正义之争、道德与非道德之争等）所进行的讨论和商榷如火如荼；还有很多学者对当代西方马克思主义伦理思想研究的全新解读（"混合的义务论解释""后果主义解释""美德理论的解释"等）进行了深入分析和评价。

在阅读和分析上述理论成果时，我们可以发现：当下的马克思主义伦理学研究在思考马克思主义伦理思想的发展逻辑和轨迹时存在"重视两头，忽视中间"的现象。也就是说，学者们更多关注马克思和恩格斯原初的伦理思想，关注马克思主义伦理思想的当代阐释，但关于20世纪上半叶马克思主义伦理思想的专门研究并不多。然而，从整个马克思主义伦理思想的发展历程来看，正是由于 20 世纪上半叶人们在理论和实践中的曲折探索，才使得在马克思、恩格斯那里尚未形成体系的马克思主义伦理思想不断丰富和发展，同时也为 20 世纪下半叶学界关于马克思主义伦理思想的热烈讨论提供了思想资源和问题阈。

纵观 20 世纪上半叶马克思主义伦理思想发展史中的若干重要争论事件，我们可以发现其中最具有代表性的有三次争论，梳理其中基本的学术观点、学术命题和学术思想对今天的马克思主义伦理思想研究具有重要的理论和实践价值。

二

20 世纪初，"第二国际"的理论家们针对"马克思主义是否缺乏伦理学"展开内部争论。以伯恩施坦为代表的修正主义坚持道德理想促进人类行为的重要性，因而希望被马克思判定为意识形态的道德规范能够发挥更大的作用；而以考茨基为代表的正统主义则坚持伦理观念的从属地位，更强调社会发展规律的必然性。在 P. 格里尔看来，这是"社会主义运动史上，有关马克思主义和道德理论的最持久、最详尽的讨论"①。其中最为核心的差异存在于"科学社会主义"和"伦理社会主义"两种立场之间。从表面上看，这场讨论涉及马克思主义与新康德主义的理论关系，更深入地说，是涉及如何理解马克思主义中事实与价值的关系。

伯恩施坦与考茨基的主要分歧在于选择什么样的道路以实现社会主义。伯恩施坦拒绝接受马克思关于资本主义即将灭亡的预言。他采取了渐进的策略，情愿把社会主义运动的终极目的"暂搁在一边而首先要求达到当前目的的实际的社会主义"②。伯恩施坦相信，历史唯物主义作为一套科学原则实际上就是经济决定论：在这样的认识框架中，个体的人将失去他在价值体系中的地位；但社会主义作为人类的实践活动不能够也不应该建立在一种与人性无关的中立的科学之上。他认为，既然在现

---

① ［美］P. 格里尔：《恩格斯、考茨基和新康德主义的道德理论》，《国外社会科学》1980 年第 8 期，第 1—8 页。
② ［德］爱德华·伯恩施坦：《社会主义的前提和社会民主党的任务》，殷叙彝译，生活·读书·新知三联书店 1958 年版，第 118 页。

实状况下，社会主义的经济条件还没有完全准备好，就需要有其他力量作为辅助来支撑社会主义信念。考虑到从马克思的科学理论内部很难发掘出什么道德力量，要解决这个问题，只能求助于外在的道德理论。由此，伯恩施坦提出"回到康德"（Back‑to‑Kant），即把康德的道德哲学补充进马克思主义。那么，为什么伯恩施坦认为康德的观点可以嫁接马克思主义呢？在他看来，康德在事实命题与价值命题之间作出了明确地区分，使得由普遍必然性统治的知识领域与由实践和道德活动统治的自由领域成为两个不同的领域。根据这种划界，伯恩施坦相信，康德伦理学可以独立地被补充到作为科学的马克思主义之中。应该说，伯恩施坦对马克思主义的康德式改造，并非以否定马克思主义为目的，而是要为马克思主义的领域补充进一套专门的价值观和道德理论，用莱泽克·科拉科夫斯基的话说，"修正主义者"不是指那种完全放弃马克思主义的人，而是那些寻求修改传统的马克思主义学说的人，具体来说是指那些试图遵循康德哲学路线修补马克思主义的人。①

考茨基坚持伦理观念的从属地位，更强调社会发展规律的必然性。他相信："唯物史观第一次完完全全地弃绝了虚幻的道德理念，使它不再是社会进化的主要因素，而教会我们只是从物质基础来推演我们的社会目的。"② 在人类思想史上，是马克思第一次把我们的道德理想（即阶级的消除）看成是经济发展的必然结果。在考茨基看来，社会主义的实现完全如马克思的社会发展理论所言：随着现代工业的发展，资产阶级"首先生产的是它自身的掘墓人"，并且"资产阶级的灭亡和无产阶级的胜利是同样不可避免的"③。所以他坚持阶级冲突的现实性和阶级斗争的必要性，认为与资本主义建立联系是不可能的。那么为什么考茨基倾向于通过革命的道路实现共产主义呢？因为他相信，这是一条符合科学的道路，即符合"社会运动的经济规律"的道路。科学社会主义就是对"社会有机体的发展和运动规律"的科学检验，是不同于并且高于道德认识的。尽管后来在革命策略上有所动摇，但考茨基一生都坚持马克思主

---

① ［波兰］莱泽克·科拉科夫斯基：《马克思主义的主要流派》（第二卷），唐少杰译，黑龙江大学出版社2015年版，第91页。
② Karl Kautsky, *Ethics and the Materialist Conception of History*, Chicago: Charles H. Kerr & Company, 1906, https://www.marxists.org/archive/kautsky/1906/ethics/ch05b.htm <2020‑10‑01>.
③ 《马克思恩格斯选集》（第1卷），人民出版社2012年版，第412—413页。

义，坚持唯物史观，坚持认为"经济发展是社会发展的驱动力"。① 在肯定马克思主义的科学性的同时，考茨基运用历史唯物主义原理对社会主义实践中伦理道德的作用也进行了阐发，表明道德对社会生活的依赖性以及道德的相对独立性，确立了"马克思主义伦理学维护无产阶级利益、服务于无产阶级革命的价值旨归"②。这种对历史唯物主义与伦理学关系的解释是对马克思主义的一种发展，一方面是回应和反击修正主义的方案；另一方面也是革命实践的需要。

无论是伯恩施坦试图以康德主义补充马克思主义的方案，还是考茨基以历史唯物主义作为马克思主义伦理学基础的方案，都有一个共同的前提：历史唯物主义是对人类社会发展规律的科学概括。但是，如果人们仅仅在实证主义的意义上理解科学，并把历史唯物主义看作一种与自然科学同质的科学规律，那么上述两个方案都是有问题的。按照一般理解，道德关注的是价值，科学关注的是事实；科学与道德，分属于两个不同的领域，它们之间有着本质的区别。在事实命题和价值命题之间，自休谟开始就存在一条不可逾越的鸿沟。康德更是明确区分了自然王国与目的王国。在 20 世纪初，事实与价值二元分立的看法更是得到众多学者的推崇和辩护。在伦理学领域内，G. E. 摩尔相信，"因为某些事物是'自然的'"无法推导出"它们就是'善的'"。自然主义者的谬误就在于他们坚信这样两个错误命题：(1) 认为"'正常的'东西本身是善的"；(2) 认为"'必需的'东西本身是善的"③。如果确定历史唯物主义是关于人类历史生活的科学规律，那么自然会得出马克思主义主与道德不相容的结论，伯恩施坦为马克思主义增加一个"道德护栏"的方案以及考茨基为马克思主义加固地基的方案都不合适。实际上，在社会科学领域，格奥尔格·西美尔和马克斯·韦伯都认为：存在知识即关于事实的知识来源于客观，规范知识即关于价值的知识来源于主观，后者涉及意志、良心和信仰，与经验知识无关。正是基于这种"从事实推不出价值，从

---

① Karl Kautsky, "My Book on the Materialist Conception of History", *International Journal of Comparative Sociology*, 1989 (1-2), pp. 68-72.
② 陈爱萍：《马克思主义伦理学何以可能——论考茨基对马克思主义伦理学的建构及其意义》，《伦理学研究》2017 年第 6 期。
③ 摩尔关于事实与价值二分的看法，请参见乔治·爱德华·摩尔《伦理学原理》，长河译，上海人民出版社 2003 年版，第 52—62 页。

价值推不出事实"的二元论观点,以上三人都直接批判进化论伦理学[①]。西美尔和韦伯更是将矛头直接对准历史唯物主义,因为在他们看来,考茨基对伦理学与唯物史观的关系的阐述,实际上表达了一种进化论伦理学理论。西美尔提出这样的疑问:"如果道德规范和法律、宗教和艺术的发展轨迹遵循经济发展的轨迹,而不以任何实质性的方式影响经济的变化,那么,怎样才能解释经济生活自身的转变?"[②] 韦伯也是基于一种历史唯物主义是实证主义的判定,讽刺了马克思主义者相信"在规范意义上正确的就是与必然发生的东西相一致"的看法,并认为"经验科学的任务决不是提供据以能获得适合于直接实践活动的指令的约束性规范和理想",因此,韦伯相信那种根据特殊的经济观点来推演价值判断的看法是一种"糊涂观点"[③]。

关于"马克思主义是否缺乏伦理学"的争论从表面上看是马克思主义作为指导无产阶级革命实践的科学理论是否需要从外部补充哲学(伦理学),特别是康德主义伦理学内容的问题,实际上涉及对马克思主义,特别是历史唯物主义的性质的判定问题,是历史唯物主义是否与伦理道德相冲突的问题,是根据马克思主义理论如何理解事实与价值的关系问题。这个问题一直存在于马克思主义伦理学研究之中,并以不同的方式不断重现。

三

20世纪二三十年代以卢卡奇(Georg Lukács)、葛兰西(Antonio Gramsci)和科尔施(Karl Korsch)为主的早期西方马克思主义思想家与

[①] 摩尔、西美尔和韦伯所指的"进化论伦理学"是指斯宾塞意义上的"进化论伦理学",即认为道德真理与自然真理是一样的,都服从自然秩序。但大部分当代的进化论伦理学家都认为我们需要谨慎面对从"进化的事实"向"个人的应当"的过渡。因此,他们更多关注对道德现象的描述,而不以设立道德规范为目标。参见舒远招《西方进化伦理学——进化论运用于伦理学的尝试》,湖南师范大学出版社2006年版,第5页。

[②] [德]格奥尔格·西美尔:《历史哲学问题——认识论随笔》,陈志夏译,上海译文出版社2006年版,第227页。

[③] 关于韦伯的相关见解,请参见马克斯·韦伯《社会科学方法论》,朱红文译,中国人民大学出版社1992年版,第48、49页。

正统的马克思主义者就"道德作为意识形态如何展现人的能动性"展开了深入讨论。这表面上是马克思的辩证法与康德主义和实证主义的对立，实际上涉及如何理解马克思主义的理论与革命的关系。

伯恩施坦预言，资本主义的发展会使它和平地进入社会主义。这样的现实与马克思的预测有所出入。怎样解决这样的矛盾呢？伯恩施坦坚持认为在马克思的社会历史理论背后应该有康德道德哲学的补充，只有这样，马克思思想才不会产生理论和革命的二元论。理论与革命的二元论也是正统的马克思主义者和早期的西方马克思主义者们需要面临的问题。俄国正统马克思主义者在十月革命以前的主要任务是用马克思主义指导俄国革命和实践，并从经济决定论的角度批判一切反马克思主义者和伪马克思主义者。普列汉诺夫和考茨基一样，维护正统学说，反对新康德主义和修正主义。在十月革命胜利以后，革命实践的不断变化对俄国的正统马克思主义者们提出了新要求：马克思主义理论缺乏哲学内容，无法为工人阶级新的革命实践提供世界观指导。既然马克思主义作为理论和运动的辩证统一，在俄国革命实践中取得了胜利，俄国的马克思主义者就有能力也有义务为马克思主义的哲学变革提供自己的方案。他们相信，如果无产阶级需要马克思主义为其政治实践提供伦理上的理论反映，马克思主义者完全有理由以马克思主义的名义启用道德。这并不影响我们对历史唯物主义的科学性和规律性的信任。为马克思主义增加的伦理成分不仅是无产阶级革命实践可以利用的工具，也是社会的经济进步对道德规范和伦理提出的进步要求。他们也相信，在共产主义社会，随着无产阶级革命目标的实现（即无产阶级解放的实现），资产阶级道德作为意识形态将被废弃，取代它的是与共产主义经济状况相适应的共产主义道德。列宁指出，无产者不是要反对一切形式的道德，而是反对资产阶级所宣传的道德。在列宁看来，"已经不仅仅是19世纪一位社会主义者——虽说是天才的社会主义者——的个人著述，而成为千百万无产者的学说"[①]，共产主义道德是从无产阶级斗争的利益中引申出来的，是完全服从于这一利益的。列宁具体指出了共产主义道德的作用，即为无产阶级巩固和实现共产主义的斗争服务。至此，我们在正统马克思主义这里看到，理论与革命的二元论以理论为革命服务的形式得以解决。

---

① 《列宁选集》（第4卷），人民出版社2012年版，第284页。

但无论是列宁自己还是早期的西方马克思主义者都对这种简单直接地勾连理论与革命的方式进行了反思。列宁通过对黑格尔《逻辑学》的研究更加确立了马克思主义需要哲学的想法，同时他意识到了第二国际对马克思主义简单化理解的危害性。列宁对黑格尔的辩证法给予了很高的评价，并希望用黑格尔的辩证法来确立马克思的哲学内容："不理解和不钻研黑格尔的全部逻辑学，就不能完全理解马克思的《资本论》，特别是它的第一章。因此，半个世纪以来，没有一个马克思主义者是理解马克思的。"① 这样的评价是一种自我批评，也是对马克思主义的实证主义解释的反省。列宁不仅强调通过理解黑格尔的辩证法来理解马克思革命的历史辩证法的重要意义，还强调马克思辩证法的实践意义，强调人的能动性在革命中的作用。但是，列宁这样的思路在苏联并没有引起过多的重视。以卢卡奇为代表的早期西方马克思主义者沿着列宁的这种指引走向与正统马克思主义不同的道路。

早期西方马克思主义者既反对康德主义，也对正统马克思主义的一些看法提出了批评，认为上述两派都不懂马克思的辩证法。乔治·卢卡奇、卡尔·科尔施在20世纪20年代开创了西方马克思主义流派，旨在从文化批判的角度对马克思主义理论做出充分理解和研究的流派。这与正统的马克思主义者们侧重于从经济分析的角度研究社会的方法截然不同。② 首先，他们批判了马克思主义中的实证主义倾向，论证马克思思想中哲学与科学的关系。科尔施提出：我们需要思考作为科学的马克思主义与哲学是什么关系的问题。③ 在早期的西方马克思主义者看来，马克思主义绝不是第二国际理论家们违背理论与实践的统一而制定出的科学规律和简单教条，马克思主义的历史观也绝对不仅仅是辩证唯物主义方法在社会历史中的应用。卢卡奇认为，对于马克思主义来说："只有一门唯一的、统一的——历史的和辩证的——关于社会（作为总体）发展的科学。"④ 这种"科学"根本不同于正统的马克思主义者们所理解的与自然

---

① ［俄］列宁：《哲学笔记》，人民出版社1993年版，第222页。
② 关于"西方马克思主义"的更多信息，可参见佩里·安德森《西方马克思主义探讨》，高铦等译，人民出版社1981年版。
③ 这一问题后来在马克思主义思想史上被称为"科尔施问题"，参见卡尔·科尔施《马克思主义和哲学》，王南湜等译，重庆出版社1989年版，第1—54页。
④ ［匈］卢卡奇：《历史与阶级意识——关于马克思主义辩证法的研究》，杜章智译，商务印书馆1992年版，第77页。

科学同质的历史科学，毋宁说，这是一种批判的历史哲学。科尔施则明确断言，科学是关于某些专门领域的实证性的事实描述，而哲学，特别是马克思哲学则是要把握整体运动的辩证过程，是改变世界的一种能动力量。在科尔施看来，马克思哲学与抽象的、非辩证的实证科学体系不同，它是一种革命的哲学，其任务就是"以一个领域——哲学——里的战斗来参加在社会一切领域里进行的反对整个现存秩序的革命斗争"①。通过对马克思思想中哲学与科学问题的思考，早期的西方马克思主义者坚信，马克思主义理论最重要的体现不是科学而是哲学。这样的看法开启了马克思思想哲学化的道路。

其次，他们批判了修正主义为马克思主义补充康德式道德理想的企图。他们认为，要想真正理解马克思主义方法的本质，就要以马克思思想中的黑格尔源流确立马克思哲学的性质。卢卡奇和科尔施都认定马克思主义是对黑格尔主义的一种发展。之所以这样判定是因为他们相信马克思维护了黑格尔辩证法的本质，即关于总体性的观点。马克思就是从"过程的统一和总体"的角度来说明社会历史中主客体相互作用的生成过程，因此，马克思的哲学就是历史辩证法，其中最为重要的是确立对马克思哲学实践的理解，强调人的主体性。早期西方马克思主义者所确立的马克思哲学的性质表明，马克思哲学就是研究在社会历史领域内人是如何变革世界的辩证法。在这个辩证法里，只有人类所创造的世界中的主客体关系，这在本质上表达的是人的主体性。基于对人的主体性的高扬，他们在对社会历史中事实与价值冲突的理解上，不自觉地倾向于以体现人的真正需要和利益的"应该"统摄事实，从而认定历史是一部由不完满的"是"不断向理想的"应该"转化的历史。

然而，早期西方马克思主义思想家的价值理论悬设了历史合理性的乌托邦情结，同时也使得社会历史的客观性难以论证，从而动摇了马克思思想的唯物主义基础。同样属于早期西方马克思主义流派的葛兰西在批判第二国际的"经济主义"和苏联马克思主义者的"意识形态主义"时就曾直接表明，"人们忘记了在涉及一个非常普通的用语（历史唯物主义）的情况下，人们应当把重点放在第一个术语——'历史的'——而

---

① ［德］卡尔·科尔施：《马克思主义和哲学》，王南湜译，重庆出版社1989年版，第37—38页。

不是放在具有形而上学根源的第二个术语上面。实践哲学是绝对的'历史主义',是思想的绝对的世俗化和此岸性,是一种历史的绝对人道主义"①。我们可以从葛兰西的思想逻辑中看到,历史和唯物主义是分立的,历史这个概念的地位被前所未有地提升了起来,从而压倒了并掩盖了唯物主义。理论与革命的二元论在早期西方马克思主义者这里以理想性的理论批判优先于革命现实的方式获得表面上的和解。早期西方马克思主义者同正统马克思主义者在对理论与革命关系的理解上的差异深刻影响着随后的马克思主义理论研究。

四

在20世纪四五十年代,"马克思主义的人道主义者"与"科学主义的马克思主义者"在西方马克思主义内部展开了关于"马克思主义是否是一种人道主义"的争论。这表面上是西方马克思主义者针对庸俗的马克思主义的批判,实际上涉及如何理解马克思主义的思想性质,即如何理解人道主义与科学主义(唯物主义)关系的问题。

1932年,《巴黎手稿》的出版对马克思主义伦理学研究有着举足轻重的意义。人们发现,马克思在其早期思想中不仅表达了明确的道德态度,而且他正是以这种"人之为人"的理念来论阐发他对社会变革和人类解放的理解。不过,面对同一部手稿,人们从不同立场给出了不同的解读。此前有关马克思主义理论中的"事实与价值""理论与革命"的矛盾不仅没有解决,问题反而更加复杂和激化了。我们应如何看待《巴黎手稿》中马克思表达的道德哲学与他后期作品中确立的历史唯物主义之间的关系呢?"马克思主义的人道主义者"和"科学主义的马克思主义者"作出了截然不同的判断。

"马克思主义的人道主义者"在实践态度和目的上都与斯大林的集权主义针锋相对,都强调马克思思想与人道主义的关联,都注重对马克思

---

① [意]安东尼奥·葛兰西:《狱中札记》,曹雷雨等译,中国社会科学出版社2000年版,第383页。

思想中所蕴含的批判精神的解读，都反对从客观主义的角度来谈论社会理论。他们认为那样的解读使得社会历史的主体不再是人，而变成或者是抽象的历史实体（比如历史规律），或者是无生命的实体（比如生产方式）。"马克思主义的人道主义者"认为，早期的马克思才是真正的马克思，后期的马克思出现了思想上的倒退。这种观点承认马克思的思想存在断裂。他们选择早期的人道主义作为马克思思想的重心。相应地，这些学者对历史唯物主义持反对的态度。他们认为，在马克思早期作品中存在着清晰而鲜明的人道主义观点，这在马克思的思想发展史上占据着重要的作用，是解释马克思道德哲学的主要依据。

"科学主义的马克思主义者"从根本上说要维护马克思主义的立场和尊严，但他们采取或借用的是其他学派的方法，尤其是科学哲学的方法。阿尔都塞选择了一条与他所谓的"粗陋的马克思主义者"（苏联的马克思主义者）和"人道主义的马克思主义者"都不相同的道路。这是一条将马克思主义与结构主义整合的道路。阿尔都塞认为，无论从语言和意识上讲，人道主义都是一个幼稚的、"无问题式的"概念，而马克思主义作为科学最主要的特点就是它作为一个结构对其促成要素的影响性。从这样的原则出发，阿尔都塞提出，马克思的全部著作并非一个完整的体系，在他早期的人道主义作品与晚期的科学主义作品中间存在着一个"认识论的断裂"[①]。具体来说，青年马克思深受黑格尔和费尔巴哈影响，提出了一个关于人性异化并最终复归的意识形态立场；而马克思在晚年则为我们呈现了一种关于社会形成以及结构决定性的科学。阿尔都塞认为，历史唯物主义通过科学的政治实践为我们提供了客观知识和证实了的理论结果，并且这种理论是在不断的自我完善和修改中前进。在阿尔都塞看来，马克思注重的是对社会生活的结构分析，具体存在的个人与群体并不是历史的主体，历史过程的真正主体是社会生产关系本身。阿尔都塞的结论是，历史唯物主义与"理论上的人道主义"之间不相融。这种解读切断了马克思主义理论中的一切非科学元素存在的可能性，取消了一切主体存在的意义，也使马克思主义作为一种理论远离了具体的社会政治活动，成为知识分子的特权。爱德华·汤普森（Edward Thompson）

[①] [法] 路易·阿尔都塞：《保卫马克思》，顾良译，商务印书馆2006年版，第15页。

对此评论说:"阿尔都塞的范畴里缺乏社会和历史内容。"①

上述两种对立观点的产生主要缘于学者们对科学和哲学的不同理解。也就是说,在什么意义上理解哲学和科学直接影响到马克思主义研究者们对马克思主义是科学还是哲学的判断。在"马克思主义的人道主义者"与"科学主义的马克思主义者"的争论中,我们看到,"科尔施问题"转化为如下两个问题:马克思思想中的科学与哲学是什么样的关系?马克思思想是科学还是哲学?在"科学主义的马克思主义者"看来,马克思主义是科学,按阿尔都塞的说法,这种科学是"理论实践的理论"。以纯理论形式存在的科学摆脱了一切意识形态的特征,因而比一直与意识形态纠缠在一起的哲学更具优越性。"科学主义的马克思主义者"把历史唯物主义看作代表马克思独特思想境界的科学,并由此判断他早期的人道主义思想是反科学和不成熟的。阿尔都塞相信,"马克思的历史唯物主义不仅提出了关于社会历史的新理论,还含蓄地、但又必然地提出一种涉及面无限广阔的新'哲学'"。② 之所以用引号来框定哲学,是要与传统意义上的哲学区分开来。而"人道主义的马克思主义者"相信马克思关于人的本质以及人类解放的哲学理论才是其思想精髓,历史唯物主义作为社会科学不过是一种对人类解放学说的补充说明。对于"马克思主义的人道主义者"来说,人是哲学的真正对象,哲学最重要的是思考人本身及其活动。因此,这些学者更关注马克思早期著作中关于人的本质的看法。人的本质是从作为类而存在的人身上抽象出来的共同的东西,人的本质的实现也就是人的真正解放。他们对马克思思想性质的判断是:它是以人道主义为基础的哲学,从而保证了一种基于人的本质的普遍道德的存在。

从以上的分析我们可以看出,对马克思主义的人道主义解释和科学主义解释是完全对立的。这种从单一维度解释马克思主义的方式也使我们看到"两个马克思"——作为人道主义者的青年马克思和作为历史唯物主义者的老年马克思。可以说,马克思主义研究中关于"事实与价值"的对立、"理论与革命"的对立,在这里更加具体化为"唯物主义与人道

---

① Edward Thompson, *The Poverty of Theory and Other Essays*, London: Merlin Press, 1978, pp. 94 – 95.

② [法]路易·阿尔都塞:《保卫马克思》,顾良译,商务印书馆2006年版,第225页。

主义"的对立。这里已经不再是马克思主义中"有没有伦理学""需不需要补充伦理学"的问题,也不再是"理论为革命服务"还是"理论决定着革命的方向"的问题,而是如何判断、理解和定义马克思主义思想的性质的问题。正是在这个意义上说,"马克思主义的人道主义者"和"科学主义的马克思主义者"对马克思主义的"误认"达到前所未有的高度。这个"误认"就是:马克思主义中的人道主义与唯物主义是对立的。马克思一生都在为人类解放不懈奋斗,历史唯物主义的创立是其革命实践和理论发展的必然产物。将马克思的思想划分成两个部分,并用一部分否定另一部分并非明智之举。既然思想史的发展和思想研究的逻辑都表明,只有解决了马克思主义中人道主义和唯物主义的对立问题,才能真正彰显马克思主义思想的性质,那么,对历史唯物主义进行深入分析,确立其历史的维度与人道的维度的统一,也许就成了未来马克思主义研究的一条路径。

五

马克思主义伦理思想充分体现了马克思主义"改造世界的冲动"和"科学方法的旨趣"之间的辩证统一,这种与现实联系紧密又充满自我批评精神的理论在20世纪前半叶发生了前所未有的、巨大而复杂的变化。充分认识和把握这些变化,并深入发掘其中蕴含的思想发展逻辑,极为必要却也极富挑战。上述三次主要的争论展现了20世纪上半叶马克思主义伦理思想的发展逻辑、主要理论困难、理论基础和价值诉求,对于我们今天研究马克思主义伦理思想具有至关重要的理论价值和实践意义。人们从不同视角和立场对马克思主义伦理思想的修正、发展和变革显示了各种阐释背后的深层理论基础和解释原则,其中涉及实证主义的模式、黑格尔哲学的模式、存在主义的模式、结构主义的模式、康德式道义论的模式、幸福主义的模式以及功利主义的模式等。基于上述关于马克思主义伦理思想的争论,我们可以发现其中的焦点问题显示了这些争论彼此之间存在内在联系,同时也揭示了马克思主义伦理思想研究的未来方向,主要表现为以下几个问题:(1)如何理解人道主义与科学主义的关系?(2)如何理解道德与意识形态的关系?(3)如何理解马克思主义伦理学与辩证法的关系？（4）如何理解集体道德与个体道德的关系？

20世纪上半叶众多关于马克思主义伦理思想的阐释都声称要"回到马克思"，在马克思那里寻找到支撑他们观点或信念的有用信息。在这些纷繁复杂之中，理解马克思伦理思想的本质，确立马克思主义伦理观，是马克思主义伦理学研究的重点问题，也是难点问题。在批判性的理解和吸收20世纪上半叶马克思主义伦理学研究成果的基础上，我们可以发现，现代西方道德哲学和当代西方道德哲学都不可能为马克思主义伦理学提供合理的解释框架。这一时期丰富的理论和实践资源展现出的核心问题和理论困难也为后来的马克思主义伦理学发展指明了方向：在深入解读历史唯物主义的基础上，确定马克思主义伦理思想的性质。针对这一方向，我们必须面对和解决以下问题：（1）如何理解马克思主义伦理思想中目的和手段的关系？（2）如何理解马克思主义伦理思想中道德的历史性与现实性的关系？（3）最为重要的是，如何理解马克思主义伦理思想中理论与实践的关系？这将是笔者未来主要的研究任务。以历史唯物主义为哲学观和方法论，理解马克思意义上的"人道主义""意识形态""正义""道德"等概念，将会瓦解所谓的"马克思主义伦理思想内部的冲突"，确立马克思主义伦理观。

（原载《伦理学研究》2020年第1期）

马克思的道德悖论与20世纪
早期中国的解决方案

早期的中国马克思主义者在译介和传播马克思主义思想的同时，已经充分认识到马克思思想中关于道德问题的理论困难，即马克思以历史唯物主义批判作为意识形态的道德，但又在作品中充满着带有道德色彩的判断。以李大钊和瞿秋白为代表的中国马克思主义者结合中国的革命实践将这种理论困难表达为"历史唯物主义的决定论与革命者的能动性之间的冲突"。他们不仅揭示了这种理论冲突，而且提出了自己的解决方式，成为马克思主义中国化的最早典范。

在西方学术领域内，有不少人认为马克思主义在中国的早期革命和实践中并没有发挥重要的作用和价值，甚至有一些极端的学者和实践家们认为，"信仰马克思主义的中国知识分子和哲学家们并不真正理解产生于欧洲文化传统的马克思主义"。[1] 他们会有这种思想的主要理由是：中国文化固有的思维模式和框架阻碍了中国人对于来自另外一个文化系统的马克思主义的理解。这种看法在马克思主义进入中国的初期非常流行。产生这样的看法从逻辑上是可以理解的：没有深入了解过中国历史的人一定会认为，中国的文化传统历经几千年，已经根深蒂固，中国人很难在既定的文化框架中接受来自另外一个历史悠久的文化框架的思维方式。然而，早在20世纪之前就已经在中国发生的现代化进程和西学东渐的进程，已经为中国的知识分子接受马克思主义奠定了文化和观念的基础。更重要的是，中国的知识分子一直以来就有以自己的文化根基理解和吸收外来文化的能力。我们在最早将马克思主义引入中国的梁启超身上就可以看到这种能力的体现。在《中国之社会主义》一文中，梁启超指出：

---

[1] Nick Knight, *Marxist Philosophy in China: From Qu Qiubai to Mao Zedong*, 1923–1945, Amsterdam: Springer, the Netherlands, 2005, p. xi.

"社会主义者,近百年来世界之特产物也……中国古代井田制度,正与近世之社会主义同一立脚点,近人多能言之矣,此不缕缕。"① 正因如此,中国的早期马克思主义者在理论和现实两方面都能够接受并正确理解马克思主义,正如尼克·奈特(Nick Knight)所说:"中国哲学家们理解、发展和应用马克思主义的努力是意义重大的,这不仅为理解中国的马克思主义历史和马克思主义运动,而且为整个马克思主义的历史作出了重要贡献。"②

20世纪初,那些熟悉中国传统文化又接受了"社会进化论""自然权利理论"和"自由、平等、博爱观念"洗礼的知识分子在逐渐开始接触马克思主义思想与文献时,对马克思关于道德的理论非常敏感,并提出了带有自身特色的理解和评价。回顾和分析这些早期的中国马克思主义者对马克思道德理论的理解,不仅有助于我们理解马克思主义中国化的最初进程,更有助于我们在今天开始有关马克思道德理论的理解,因为早期的马克思主义者所面对的主要理论难题,在今天依然存在。

一 "马克思道德悖论"的发现

在马克思主义进入中国的初期,学者们就对唯物主义历史观异常关注。学者们也意识到,在马克思有关历史的理论中,既体现出一种表达经济基础具有重大作用的决定论思想,也表达了一种强调人在历史中的能动性的"行动主义"(Activism)倾向。历史唯物主义中的决定论和行动主义的冲突是十分明显的。在当代学术界,这种冲突被称作"马克思的道德悖论"。

关于"马克思的道德悖论"的判定,比较具有代表性的观点来自史蒂文·卢克斯。在《马克思主义与道德》一书中,卢克斯开篇就指出马克思主义在对道德的态度中存在着一种悖论:一方面,马克思从历史唯物主义出发对作为意识形态的道德进行了科学主义的批判;另一方面,

---

① 梁启超:《中国之社会主义》,《新民丛报》第46—48期,转引自南开大学近代中国研究中心等编《近代中国社会、政治与思潮》,天津人民出版社2000年版,第360页。
② Nick Knight, *Marxist Philosophy in China: From Qu Qiubai to Mao Zedong, 1923 – 1945*, Amsterdam: Springer, the Netherlands, 2005, p. xii.

在马克思主义经典作家的作品中充斥着丰富的道德判断，道德被看作与政治活动和政治斗争相关的东西而被信仰和利用。① 道格拉斯·凯尔纳对科学主义的解释和人道主义的解释的区分、菲利普·凯因对马克思伦理思想的三个时期的划分以及阿尔文·古尔德纳的"两个马克思"的判断也都充分展示了他们对马克思道德悖论的不同理解形式和表达方式。② 从当代的理论研究资源来看，人们认为马克思主义思想在其不同发展阶段表达了关于道德及其作用的不同看法，而这些看法中都存在着某种程度的悖论，具体表现为以下三种形式：（1）马克思早期思想中以人的类本质为基础的人道主义与他后来确立的历史唯物主义之间的对立；（2）马克思的著作中对资本主义的道德谴责与他从《德意志意识形态》开始将道德判定为意识形态之间的对立；（3）马克思主义思想中对阶级社会道德的批判与对"共产主义道德"作用的判定之间的对立。③

对于20世纪初开始接触马克思主义思想的中国知识分子来说，意识到马克思思想中对人类社会历史的解释的科学性与对社会活动中人的能动性的肯定之间存在着对立，是至关重要的。历史的科学性与人的能动性之间的两难可以说是所谓的"马克思道德悖论"的最基本形式。我们可以发现，分析和解释这两者之间的紧张和对立成为早期中国马克思主义者研究的主题。

李大钊作为中国共产党的先驱、无产阶级革命家，对于马克思主义在中国的传播和应用发挥了重要的作用。在接触马克思主义之后，李大钊很敏锐地意识到：理解马克思主义的关键在于理解马克思思想中存在的矛盾。他在1919年发表在《新青年》上的《我的马克思主义观》一文中准确地指出："马氏学说受人非难的地方很多，这唯物史观和阶级竞争说的矛盾冲突，算是一个最重要的点。"④ 李大钊认为，马克思在其历史理论中对于社会发展规律具有决定性作用的强调，让人们觉得他是告诉

---

① 参见［美］史蒂文·卢克斯《马克思主义与道德》，袁聚录译，高等教育出版社2009年版，第1—4页。
② 参见 Douglas Kellner, "Marxism, Morality and Ideology", *Canadian Journal of Philosophy*, Suplementary, 1981 (7), pp. 93 - 120; Philip Kain, *Marx and Ethics*, Oxford: Clarendon Press, 988; Alvin Gouldner, *The Two Marxism: Contradictions and Anomalies in the Development of Theory*, London: Macmillan, 1980.
③ 参见曲红梅《马克思主义、道德和历史》，中国社会科学出版社2016年版，第90页。
④ 《李大钊选集》，人民出版社1959年版，第189页。

我们，在铁的规律面前，人类的行动不会改变什么；而他的阶级斗争学说则强调阶级斗争是造成历史的原动力，似乎又在强调人的行动的重要作用。马克思对待这一指责的解决办法是：将阶级的活动归在经济发展的变化规律之中，使得阶级斗争理论成为历史理论的一个要素，或者更确切地说，阶级斗争理论成为历史理论的应用。正如恩格斯在《共产党宣言》1888年英文版序言中指出的：构成《共产党宣言》核心的基本思想，在马克思看来就是"每一历史时代主要的经济生产方式和交换方式以及必然由此产生的社会结构，是该时代政治的和精神的历史所赖以确立的基础，并且只有从这一基础出发，这一历史才能得到说明；因此人类的全部历史都是阶级斗争的历史……"[1]

李大钊对于这种马克思的解决方式提出了自己的评价："这样的做法过于牵强了。"[2] 他相信，对于历史规律具有决定性的强调可能是马克思主义作为一种学说在其形成之初为确保地位而不得已的过分夸大；马克思理论中有关人的能动性的部分不可忽视。因此，李大钊提醒人们注意马克思和恩格斯在《共产党宣言》中表达的另一种呼吁："让统治阶级在共产主义革命面前发抖吧。无产者在这个革命中失去的只是锁链。他们获得的将是整个世界。全世界无产者，联合起来！"[3] 这表明，推翻资本主义、实现社会主义，没有人民的力量是万万做不到的。

瞿秋白在中国的马克思主义发展史上同样占据着重要位置。与李大钊不同，瞿秋白是从20世纪20年代（即中国共产党成立之后）开始从事马克思主义研究、解释、教学和传播工作的。瞿秋白的主要工作是以自己的语言优势（精通俄语）和理论优势（在苏联接受过严格的马克思主义哲学训练），为中国共产党的早期成员宣讲马克思主义。可以说，瞿秋白是中国第一个严格意义上的马克思主义哲学家。这位学者型的革命家在1923年曾担任上海大学社会学系主任，不仅制定了创办上海大学的纲领性文件，还专门为青年学生和共产党员讲授马克思主义哲学。[4] 他在这一时期根据授课内容完成的一系列论文和著作——《社会哲学概论》（1923）、《自由世界与必然世界》（1923）、《现代社会学》（1924）、《社

---

[1]《马克思恩格斯选集》（第1卷），人民出版社2012年版，第385页。
[2]《李大钊选集》，人民出版社1959年版，第190页。
[3]《马克思恩格斯选集》（第1卷），人民出版社2012年版，第435页。
[4] 参见瞿秋白《现代中国所当有的"上海大学"》，《社会》1983年第3期。

会科学概论》（1924）等集中反映了瞿秋白对马克思主义哲学和中国社会现实的理解，可以说是"马克思主义中国化"的最早典范。

与当时很多中国马克思主义者不同，瞿秋白试图从哲学的层面上理解马克思道德悖论的基本形式。有学者评论："这是中国知识分子第一次对马克思主义哲学给出权威性的解释，第一次强调哲学理解对马克思革命者的概念体系具有重大作用。"① 在瞿秋白看来，哲学的抽象对于马克思主义者并非无用，革命者想要改变世界，必须首先了解和认识世界。在瞿秋白对马克思主义的理解和阐释中，最为核心的一个问题就是：面对具有决定性的物质世界，一个具有高尚的道德情操、旺盛的生命力和高涨的革命热情的知识分子是否有可能改变世界？在瞿秋白看来，这个问题是存在于马克思主义哲学中的最为重要的两难问题，不解决这个难题，就不能更好地宣传和践行马克思主义思想。也就是说，如果我们要以马克思主义哲学的方式理解世界，我们需要明了，在一个由生产力起决定作用的物质世界的发展中，人的行动和意识能起多大作用？作为早期的中国马克思主义理论家和理论宣传家，瞿秋白需要向广大的革命青年和无产者阐明，为什么这样一个具有决定论意义的马克思主义哲学信念要成为他们打破旧世界、创造新世界的实践指南？在瞿秋白关于马克思主义哲学的辩证法、认识论、逻辑学的阐释以及他对于西方哲学史的理解中，始终贯穿着他对上述两难问题的理解和尝试性的解决。

二 "马克思道德悖论"的解决方式

发现马克思主义思想中存在着矛盾并深入认识和理解这种矛盾只是问题的一个层面。更为重要的是，如果这种能够为全世界无产者及其运动提供指导的理论内部存在一种矛盾，我们该如何解决呢？这是中国早期的马克思主义者必须面对的一个理论任务。

在对历史唯物主义的理解上，李大钊在坚持历史规律决定性的同时，也强调政治斗争和个人斗争的重要性。李大钊指出，我们不要以为"社

---

① Nick Knight, *Marxist Philosophy in China: From Qu Qiubai to Mao Zedong*, 1923 – 1945, Amsterdam: Springer, the Netherlands, 2005, p. 6.

会的进步只靠物质上自然的变动,勿须人类的活动,而坐待新境遇的到来"①。在对人与历史的关系的理解上,马克思给我们提供的并非完全决定论(批评者们称之为命定论)的指导,恰恰相反,马克思的新历史观与传统历史观的差别就在于对人的作用的理解上:"旧历史的方法和新历史的方法绝对相反,一则寻社会情状的原因于社会本身以外,把人当作一只无帆、无楫、无罗盘针的弃舟,漂流于茫茫无涯的荒海中,一则于人类本身的性质内求达到较善的社会情状的推进力与指导力;一则给人以怯懦无能的人生观,一则给人以奋发有为的人生观。"② 那么,为什么这两种历史观会产生如此巨大的差别呢?李大钊认为,这主要是因为旧的历史观是一种唯心史观,将社会变迁看作天意所为,而唯物史观则将社会的发展变化看作是人力所为,是人为满足其需要并实现其需要而创造出来的。能够意识到历史唯物主义并非完全的经济决定论,并且意识到人的能动性不但不与马克思的历史观相冲突,反而恰恰体现了马克思的历史观与旧历史观的区别,这是中国早期的马克思主义者最为高明和先进的地方,一方面反映出中国文化强调安身立命、经世济用的传统;另一方面也反映了20世纪初期中国社会寻求变革、愿意接纳新的思想资源的现实。

  李大钊不仅要表明马克思主义理论内部不存在理论冲突,并且尝试为马克思主义理论在伦理思想上的缺乏提出解决方式。李大钊提出,我们不要因为马克思的阶级斗争理论就判定他完全抹杀了伦理道德观念,"他不过认定单是全体分子最普通的伦理特质的平均所反映的道德态度,不能加影响于那经济上利害相同自觉的团体行动"。③ 基于此,有学者认为,李大钊其实是不满意马克思主义理论中对伦理和精神因素的轻视,认为马克思主义需要被修正以保证任何经济领域的发展和重组将会伴随着人的精神领域的变化。④ 确实如此。在《我的马克思主义观》中,李大钊认为当时出现的一种新理想主义,可以弥补马克思主义唯物论中伦理思想的缺乏:"各国社会主义者,也都有注重于伦理的运动,人道的运动

---

① 《李大钊选集》,人民出版社1959年版,第339页。
② 《李大钊选集》,人民出版社1959年版,第339页。
③ 《李大钊选集》,人民出版社1959年版,第193页。
④ 参见 Maurice Meisner, *Li Ta–chao and the Origins of Chinese Marxism*, New York: Atheneum, 1973, pp. 91–95.

的倾向,这也未必不是社会改造的曙光,人类真正历史的前兆。"①马克思主义告诉我们,生产力若没有达到一定水平,人类的互助、博爱这些理想就不能实现。李大钊认为,这并不代表互助、博爱这些伦理理想就消失了,只是因为没有它们可以存在的土壤;一旦经济结构适合了,它们就一定会存在。而在这个从无到有的转变过程中,"伦理的感化,人道的运动,应该倍加努力,以图划出人类在前史中所受的恶习染,所养的恶性质,不可单靠物质的变更。这是马氏学说应加救正的地方"②。这也就表明,在李大钊看来,共产主义社会尚未到来之前,伦理道德在人类社会还应该发挥积极的作用,人类不能仅仅依靠经济发展带来变革以实现共产主义,更需要发挥人类的精神作用促进变革。

在这一点上,李大钊与爱德华·伯恩施坦的看法非常相似。在伯恩施坦看来,历史唯物主义是一套科学原则,它实际上就是经济决定论。伯恩施坦也承认马克思在他的思想中弃绝了道德诉求,也就是说,马克思反对从道德原则中推导出社会主义。但伯恩施坦提出,既然社会主义的经济条件还没有完全准备好,就需要有其他力量来支撑社会主义信念。因此,他相信社会主义不能够也不应该建立在一种与人性无关的中立的科学之上,而是需要在马克思主义的领域内建立一套专门的社会主义价值观和道德理论。③与李大钊不同的是,伯恩施坦没有发展出自己的道德理想主义,而是求助于外在的道德理论。他提出"回到康德去"的口号,即把康德的"绝对命令"应用在政治经济学领域中以革新马克思主义,从而赋予社会主义以伦理和人道主义的基础。这其实也是以一种为马克思主义理论补充道德理论的表现方式。李大钊以他的理论自觉、知识储备和对社会现实问题的敏锐领悟,很自然地实现了一种与德国思想家类似的中国式的解决马克思道德悖论的方式。

瞿秋白则是通过区分决定论和宿命论来解决马克思思想中的两难问题。他认为马克思主义是一个关于决定论的理论,但不是关于宿命论的理论。通过比较决定论和宿命论之间的差异,瞿秋白为社会历史发展中的人的作用留下了空间。他认为,基督教神学所宣扬的宿命论同马克思

---

① 《李大钊选集》,人民出版社1959年版,第194页。
② 《李大钊选集》,人民出版社1959年版,第194页。
③ 参见[德]伯恩斯坦《社会主义的前提和社会民主党的任务》,舒贻上、杨凡等译,生活·读书·新知三联书店1958年版。

主义有着本质的区别,正像极端的自由主义(个人主义)作为另一个极端同马克思主义也有着显著区别一样。瞿秋白对唯物史观的决定论性质的肯定表明,无论是自然世界还是人类社会,都受规律支配,人类的意志是不自由的。但是瞿秋白同时指出,人类社会的历史与自然界的历史却存在明显的不同:"这里的行动者是有意识的人,各自秉其愿欲或见解而行,各自有一定的目的。"① 正是这一点,让我们在肯定历史进程具有因果性的同时,也可以强调人类实践的重要性。也就是说,人类通过认识和理解历史规律,其能动性就可以在外部制约中发挥应有的作用。在这一点上,瞿秋白赞同恩格斯对历史唯物主义的解释,认为"人的意志愈根据于事实,则愈有自由;人的意志若超越因果律,愈不根据于事实,则愈不自由"②。瞿秋白对这一问题的认识与恩格斯相似是可以理解的。在 20 世纪二三十年代,瞿秋白的主要任务是将马克思主义的正统思想以简约、易懂并且正确的方式引介给中国先进的知识分子、学生和工人。迫于革命形势的要求和革命环境的艰险,他还需要以隐晦的方式表达马克思主义思想,所以他这一时期的很多作品实际上是对经典马克思主义作品的转译:比如,《社会哲学概论》一书就是以几乎不提恩格斯和马克思的方式对《反杜林论》的选译和概括。

但瞿秋白对经典的马克思主义作品的译介是一种"创造性阐释"③——不仅精准概括了马克思主义思想的精髓,也体现了马克思主义思想与中国社会现实的高度结合。可以说,这是对马克思思想中道德两难问题的一种中国式的阐释和解决方式。通过在《社会哲学概论》《现代社会学》等著作中对自由与必然、决定论和非决定论作详细的概念区分,瞿秋白已经发展出完善的、与中国革命实践相结合的关于"自由是对必然性的认识"的观点。在此基础上,瞿秋白提出,马克思主义革命家的任务就是认识到社会发展的规律和方向,并调整自己的行为,顺应社会的发展。瞿秋白还进一步阐明有组织的社会(即共产主义社会)和无组织的社会中个体的自由意志所发挥的作用有何区别。他认为,在无组织的社会中,个人的意志与社会现象的关系遵循以下三个原则:

---

① 《瞿秋白文集》政治理论编(第 2 卷),人民出版社 1988 年版,第 295 页。
② 《瞿秋白文集》政治理论编(第 2 卷),人民出版社 1988 年版,第 297 页。
③ 路宽:《创造性阐释:马克思主义早期传播的跨语际实践——以瞿秋白的〈社会哲学概论〉和〈现代社会学〉为例》,《中共党史研究》2018 年第 1 期。

一、社会现象成于各个性的意志、情感、行动等之"相交"。

二、社会现象随时随地规定个人之意志。

三、社会现象并不表示各个人之意志，却常常与此意志相离异，以至于各个人往往觉著那社会的自生自灭性之压迫。①

而在有组织的社会中，虽然自然规律对人的束缚仍然存在，但这个社会里个人意志与社会现象的关系已经不再是一种束缚关系，而是体现为：

一、社会现象成于各个性的意志、情感、行动等之"相交"；不过这种"相交"的过程已非自生自灭的，而在决意者之范围内是有组织的。

二、社会现象随时随地规定个人之意志。

三、社会现象已能表示各个人之意志，且常不与意志相离异；人能统治自己的决意，而不觉著社会的自生自灭性之压迫；社会的自生自灭性已消灭而代以理智的社会的有组织性。②

通过上面的比较，我们可以看出，瞿秋白在坚持因果性的基础上，对于共产主义社会中的人的状况赋予了更多的自由度。在"有组织的社会"中，人可以决定自己的行为，并理智地遵循社会的秩序。在对于这种因果必然性下人的能动性的理解上，瞿秋白明确指出：在社会历史中，人的目的是构成因素之一，社会历史中的因果必然性不是绝对客观的。但同时我们需要认清，瞿秋白坚持认为："社会历史中的人的目的和行动自身也是受社会的经济发展决定的，因而是具有必然性的。"③ 因此，瞿秋白对于人的意识和目的的强调是通过对决定论的范围和力量的轻微限定而实现的，他只是表明了人的行动是社会发展变化的一个影响因素，但绝不是主要因素。

---

① 《瞿秋白文集》政治理论编（第2卷），人民出版社1988年版，第430页。
② 《瞿秋白文集》政治理论编（第2卷），人民出版社1988年版，第432页。
③ Nick Knight, *Marxist Philosophy in China: From Qu Qiubai to Mao Zedong, 1923 – 1945*, Amsterdam: Springer, the Netherlands, 2005, p. 57.

三　问题的实质与关键

早期的中国马克思主义者不仅引进和宣传马克思主义，而且对这一具有世界影响力的思想进行了深刻的认识和反思。在这个意义上，无论是李大钊对马克思道德悖论的最初思考，还是瞿秋白从哲学的角度对马克思主义哲学中的两难问题所作的阐释和解决，以及毛泽东、刘少奇等对马克思主义伦理学的进一步阐发[①]，都对马克思主义理论的继承和发展做出了重大贡献，彰显出中国马克思主义理论家的特色和优势。李大钊对于马克思思想的解读在当时的马克思主义者之中是较为深刻的。他对于唯物史观与阶级斗争学说的关系，对于唯心史观与唯物史观的差别，对于人在社会历史中的作用的理解都达到了当时较为先进的水平。瞿秋白从哲学内部深入阐发马克思主义的理论困难，并提出自己的解决方式，更体现出中国知识分子的理论勇气和深度。奈特曾经明确指出："瞿秋白在1923年对决定论这个理论难题的解决方式的探索意义重大，表明了中国早期共产主义运动的水平绝不是有些学者认为的那么低下。"[②]

我们具体分析李大钊和瞿秋白对马克思主义理论表面的理论冲突及其解决方式的独特阐述，也能够探查出马克思主义理论内部存在这种理论困难的缘由。囿于当时所处的时代和环境，李大钊对于马克思道德悖论的解决方式，偏向于社会改良主义的看法，这也是历史的必然。当时的中国知识分子，所能获得的马克思主义文献并不多，具备以德语、俄语等语言直接阅读马克思主义原著的人也很少。加上国际上正统马克思主义对于马克思主义的"经济决定主义"的解释深刻影响着世界范围内的马克思主义者，因此，在当时可以深入思考并解决马克思道德悖论的中国马克思主义者极为稀少。瞿秋白对马克思道德悖论的理解也受到当时的状况和条件制约。他在理智层面上试图找到解决马克思道德悖论的方法；但在实践层面上，那一时期的中国共产党受苏联马克思主义思想

[①] 参见吴潜涛等《中国化马克思主义伦理思想研究》，中国人民大学出版社2015年版。
[②] Nick Knight, *Marxist Philosophy in China: From Qu Qiubai to Mao Zedong*, 1923–1945, Amsterdam: Springer, the Netherlands, 2005, p. 33.

影响，对唯物史观的决定论性质坚信不疑，很难真正实现马克思思想科学维度和人道主义维度的统一。因此，我们看到瞿秋白从哲学的角度提出了一个比较温和的解决方式，但在文学作品中，他却展现出一个更为激进的革命者形象。

除却历史和社会的原因，中国早期的马克思主义者能够发现马克思思想中的道德悖论，并提出自己的解释方式，还存在学理上的深层次原因：

首先，马克思主义理论自身就呈现出理论上的两难。马克思和恩格斯分别作为思想的创立者和首位解释者在他们的文本中一定程度地误导了后来的马克思主义者们。马克思本人并没有对唯物史观作出明确的定义。在马克思的文本中，有这样一段话通常被看作对历史唯物主义的经典表述。马克思说："人们在自己生活的社会生产中发生一定的、必然的、不以他们的意志为转移的关系，即同他们的物质生产力的一定发展阶段相适合的生产关系。这些生产关系的总和构成社会的经济结构，即有法律的和政治的上层建筑竖立其上并有一定的社会意识形式与之相适应的现实基础。物质生活的生产方式制约着整个社会生活、政治生活和精神生活的过程。不是人们的意识决定人们的存在，相反，是人们的社会存在决定人们的意识。"[1] 恩格斯曾经指出，马克思在这段话中总结唯物史观指导原则的本意主要是为了"给一切唯心主义，甚至给最隐蔽的唯心主义当头一棒"。[2] 所以，马克思更多地论述了意识形态所依赖的经济基础，而没有太多提及意识的反作用。正是由于这个原因，很多人误读了这个有关历史唯物主义的经典论述，并将其奉为可以解释一切的教义。恰恰是有关意识的反作用的看法对于我们理解哲学、道德等思想观念形式具有极其重要的作用。恩格斯意识到了人们的曲解，在一封书信中他对产生这样一种状况的原因作出了检讨："青年们有时过分看重经济方面，这有一部分是马克思和我应当负责的。我们在反驳我们的论敌时，常常不得不强调被他们否认的主要原则，并且不是始终都有时间、地点和机会来给其他参与相互作用的因素以应有的重视。"[3] 恩格斯还在一些书信和文章中进一步严厉批判了经济唯物主义，一再重申历史唯物主义

---

[1] 《马克思恩格斯选集》（第2卷），人民出版社2012年版，第2页。
[2] 《马克思恩格斯选集》（第2卷），人民出版社2012年版，第9页。
[3] 《马克思恩格斯选集》（第4卷），人民出版社2012年版，第606页。

决不是仅仅承认经济因素是历史发展的唯一决定因素，它并不排斥社会生活中其他社会活动因素对社会发展的贡献。

其实，早在1859年恩格斯为《政治经济学批判》写的书评中，我们就可以看出马克思和恩格斯对上述经典论述的具体定位和阐释，这完全不同于社会民主党人对"历史唯物主义"的理解。需要说明的是，恩格斯的书评"是应马克思的要求写的"①，并且这篇书评在写成之后是经过了马克思的审阅和修改之后才发表的。这表明，书评很大程度上真实地反映了马克思的想法。从这个书评的第一部分中，我们可以理顺出这样一条思路：马克思对政治经济学的研究标志着独立的德国政治经济学的产生，而这种经济学本质上是建立在唯物主义历史观基础上的（唯物史观的要点就是马克思在"《政治经济学批判》序言"中所作的阐述）；唯物史观的原理不仅对经济学，而且对一切历史科学来说都是具有革命意义的发现（非常值得注意的是，恩格斯这里强调"凡不是自然科学的科学都是历史科学"）；唯物史观是从作为新世界观的意义上反对一切唯心主义和旧唯物主义的，它也是作为新的世界观遭受不同派别的攻击的。②

从上述文献我们可以看出，马克思本意上的历史唯物主义具有更加丰富和宽广的内容。但在20世纪初，大多数马克思主义者都对此做了一种实证主义的和教条式的理解。所以，产生马克思道德悖论的第二条学理上的原因是：马克思主义者们崇尚实证主义和科学主义、轻视黑格尔哲学。在19世纪，自然科学的兴盛引发了人们对自然科学方法论的信仰。这样的方法论主要是达尔文的进化论和强调自然因果性的决定论。它在哲学上表现为一种与经验主义和自然主义具有家族相似性质的"实证主义"。早期实证主义的一个鲜明的特点是把人类思想的发展描述为一个由不同阶段组成的进化的过程，而科学阶段作为当时盛行的阶段是最有价值的。实证主义在描述人类思想的进化过程的同时，认为人类思维和行为规范也应与时俱进，只有这样才能确保社会的继续发展。科学主义的兴盛则与近代以来的科学发展和技术进步密切相关。科学主义有三种预设：对世界的科学理解比其他一切理解形式都重要；只有科学的方法论是有效的，研究人类知识的人文艺术也应该使用这种方法论；哲学

---

① 《马克思恩格斯选集》（第2卷），人民出版社2012年版，第881页。
② 《马克思恩格斯选集》（第2卷），人民出版社2012年版，第8页。

问题从根本上说是科学问题,应该以科学的方式解决。可见,无论实证主义还是科学主义都相信科学与否是判断一切的标准,道德伦理要么被抛弃,要么依赖科学而生。从这样一种立场出发,黑格尔建立的庞大的哲学体系自然被指斥为形而上学的、非科学的因而是没有价值的,黑格尔与马克思在思想上的关联也因此被大多数人所忽略。通过之后马克思主义哲学的发展,我们可以看到,这种忽略在马克思主义研究中是不恰当的,对黑格尔与马克思关联的理解是判断马克思的哲学性质,进而判断马克思的道德理论性质的重要前提。

恩格斯本人也在某种程度上受到实证主义和科学主义思潮的影响,并在其著作中有所呈现(比如《自然辩证法》)。对于恩格斯这样的理论倾向,原因可以简要地归纳为两个方面。一是恩格斯并没有像马克思一样经过严格的、学院化的哲学训练,尤其是他缺乏对黑格尔逻辑学的深刻理解。而在当时的英国和德国,对科学方法论的追求风行一时。所以在对马克思主义的科学方法论,即唯物辩证法的理解上,恩格斯也受到达尔文的进化论和当时流行的决定论的影响。二是迫于当时的革命形势,恩格斯必须为如火如荼的社会主义运动提供一种纲领性的理论表述以指导人们的行动。这样的表述就难免简单化。但是归根结底地,恩格斯有这样一个信念:把马克思主义构造成一种包罗万象的唯物主义体系,完成马克思未完的任务。因此,尽管恩格斯对唯物史观的理论有所充实和发展,但他仍然相信,社会历史与自然过程服从着同一运动规律。并且从更根本的意义上说,恩格斯相信,马克思主义是各种理论元素相互作用的结果。这预示了一种理论框架,在其中,历史唯物主义只是马克思主义的一部分。

从这样的历史、社会和学理的原因来重新审视20世纪初期中国马克思主义者对马克思道德理论的理解、分析以及他们提出的解决马克思道德理论困难的方法,都表现出一个核心的问题:理解马克思对道德的看法与理解历史唯物主义在马克思主义思想中的地位和性质是密切相关的,甚至可以说,这是一个问题的两个方面。随着我们对更多的马克思原典的阅读、对马克思主义哲学的发展、对历史唯物主义理解的深化以及马克思主义所影响的社会实践的推进,我们应该可以对马克思主义道德难题的解决提出更为合理的方法。

(原载《道德与文明》2018年第2期)

自由、人的本质与人道主义

——论"社会主义的人道主义者"对马克思伦理观的解读

"社会主义人道主义"作为一个流派在马克思主义思想史上占据着重要地位。其中的众多学者从人道主义的角度阐发了对马克思思想中关于自由和人的本质的理解。而他们对马克思早期思想中的人道主义和后来的唯物主义关系的解读更彰显了马克思伦理观的独特性。尽管这些解读并没有提供符合马克思原意的解决方法，但人道主义与唯物主义的关系问题确实成为我们今天研究马克思的伦理观不可回避的重大问题。

20世纪五六十年代，随着西方马克思主义的蓬勃发展①，对马克思道德理论的研究开始了新的阶段。特别是以艾里希·弗洛姆1965年主持出版的《社会主义的人道主义：一个国际性的专题论文集》为契机，一大批学者提供了对于马克思道德理论的人道主义解释。无论从人物数量、观点种类以及思想深度来看，这一时期的马克思道德理论研究都呈现出比此前更为活跃和繁荣的局面。弗洛姆受南斯拉夫实践派的理论成就鼓舞，以人道主义理论为出发点，向当时活跃在东西方（社会主义和资本主义）两大阵营的马克思主义者和对马克思主义感兴趣的理论家们征集论文。在他看来，当时最显著的现象是："不同意识形态体系中人道主义思想的复兴"②。他认为，在众多的人道主义理论话语中，"社会主义的人

---

① 这里所指的"西方马克思主义者"是主要指法兰克福学派。按照佩里·安德森的说法，西方马克思主义是"一个旨在从文化批判的角度对马克思主义理论作出充分理解和研究的流派。这与正统的马克思主义者们侧重于从经济分析的角度研究社会的方法截然不同。"参见［英］佩里·安德森《西方马克思主义探讨》，高铦等译，人民出版社1981年版。

② Erich Fromm, ed., *Social Humanism: An International Symposium*, Garden City: Anchor Books, 1966, Introduction, p. iii. 请注意，对"人道主义的社会主义"和"社会主义的人道主义"的区分在这里是非常有意义、非常尖锐的问题，彰显了弗洛姆所指称的"社会主义的人道主义者"对马克思道德理论的独特看法。我将在行文中具体阐明上述问题。

道主义"最初由马克思开启,通过思想家们几十年的努力,已经发展成为一个在人道主义理论族群中占据重要位置,并具有鲜明特色的流派。弗洛姆招募和编辑此论文集的目的,一是要从不同的理论层面澄清"人道主义的社会主义"(Humanist Socialism)的各种问题,二是要表明"社会主义的人道主义"(Socialist Humanism)已经不再只是少数分散的知识分子关心的话题,而是在全世界很多国家不断发展的一场理论运动[1]。

这是一个非常重要的学术事件。"社会主义的人道主义者"对马克思伦理观的解读触及马克思主义伦理学研究的很多重要问题,值得我们深入思考。从20世纪70年代末开始,欧美的思想家们开始了对马克思道德理论的一轮新的关注和解读热潮。我国学术界也在20世纪80年代以后开始了对马克思主义伦理学的有中国特色的理解和发展。特别是最近一些年来,相当多的学者在吸收和理解当代西方马克思主义研究、当代伦理学的进展、当代中国马克思主义哲学研究和当代中国社会的发展成果的前提下,开始了新一轮的关于马克思主义伦理思想的研究热潮。在已经问世的众多理论成果中,很多是以英美分析的马克思主义所提出的问题和理论框架为前提,继续探讨马克思主义思想中关于正义、平等和权利的问题,或者以西方规范理论为基础,讨论马克思道德理论是否是功利主义、义务论、美德伦理或者某种混合版本的问题。但是,如果我们深入思考当代马克思主义伦理思想中人们关注的焦点问题就会发现,这些问题在弗洛姆所说的"社会主义人道主义"那里已经被充分注意,并给予了伦理观上的审视和解读。在这个意义上,认识和理解"社会主义的人道主义者"所面对的现实问题和理论困难,分析他们对马克思道德观的解读,评价他们提出的解决办法,对于我们今天理解和发展马克思主义伦理学具有非常重要的理论和实践价值。

———

为什么在20世纪五六十年代,"社会主义的人道主义"能够成为一

---

[1] Erich Fromm, ed., *Social Humanism: An International Symposium*, Garden City: Anchor Books, 1966, Introduction, p. x.

种理论运动，拥有那么多来自不同背景的支持者和阐发者？这个问题涉及马克思伦理思想不同于其他伦理思想的独特方面，因而是任何一个当代的研究者都不可忽视的问题。总体来看，产生上述繁荣局面的主要原因，包括以下三个方面：

1. 早期西方马克思主义者注重对人的研究，这一倾向在"社会主义的人道主义者"那里得到了热烈地呼应。其实，列宁在晚年就已经试图通过黑格尔的辩证法理论来理解马克思的辩证法，并开始注重人的能动作用在革命中的意义。这些思想火花在早期西方马克思主义者那里得到了发扬。从卢卡奇的《历史与阶级意识》（1923）、科尔施的《马克思主义和科学》（1923）等著作中，我们都可以看到对人的问题的关注。首先，他们着力批判马克思主义中的实证主义倾向，论证马克思思想中哲学与科学的关系。在他们看来，马克思主义绝不是第二国际理论家们违背理论与实践的统一而制定出的科学规律和简单教条。卢卡奇认为，对于马克思主义来说，"只有一门唯一的、统一的——历史的和辩证的——关于社会（作为总体）发展的科学"①。这种"科学"不同于正统马克思主义者们所理解的与自然科学同质的历史科学，毋宁说，这是一种"批判的历史哲学"。科尔施则明确断言，科学是关于某些专门领域的实证性的事实描述，而哲学，特别是马克思哲学则是要把握整体运动的辩证过程，是改变世界的一种能动力量。在科尔施看来，马克思哲学与抽象的、非辩证的实证科学体系不同，它是一种革命的哲学，其任务就是"以一个领域——哲学——里的战斗来参加在社会一切领域里进行的反对整个现存秩序的革命斗争"②。通过对马克思思想中哲学与科学问题的思考，早期的西方马克思主义者坚信，马克思主义理论最重要的体现不是科学而是哲学。这样的看法开启了马克思思想哲学化的道路。其次，早期的西方马克思主义者试图真正理解马克思主义方法的本质，以马克思思想中的黑格尔源流确立马克思哲学的性质。卢卡奇、科尔施和葛兰西等人都试图以一种不同于正统马克思主义的方式"回到马克思"，认为马克思主义是黑格尔主义的一种发展。之所以这样判定是因为他们相信马克思

---

① ［匈］卢卡奇：《历史与阶级意识——关于马克思主义辩证法的研究》，杜志章等译，商务印书馆1992年版，第77页。
② ［德］卡尔·科尔施：《马克思主义和哲学》，王南湜等译，重庆出版社1989年版，第37—38页。

维护了黑格尔辩证法的本质,即关于总体性的观点。马克思就是从"过程的统一和总体"的角度说明社会历史中主客体相互作用的生成过程,因此,马克思的哲学就是历史辩证法。最后,早期的西方马克思主义者都强调对马克思哲学实践的理解,强调对人的主体性的重视。早期西方马克思主义者所确立的马克思哲学的性质表明,马克思哲学就是研究在社会历史领域内人是如何变革世界的辩证法。在这个辩证法里,只有人类所创造的世界中的主客体关系,这在本质上表达的是人的主体性。由于对人的主体性的高扬,在对社会历史中事实与价值冲突的理解上,他们不自觉地倾向于以体现人的真正需要和利益的"应该"统摄事实,从而认定历史是一部由不完满的"是"不断向理想的"应该"转化的历史。这样一种理论偏好极大地影响了"社会主义的人道主义者"对马克思主义性质的理解,他们非常关注马克思主义思想中理论与实践、事实与价值的关系。

2. 马克思的一些早期手稿,特别是《1844年经济学哲学手稿》(以下简称《手稿》)的面世并以多种语言被人们所逐渐了解,对马克思道德理论研究有着举足轻重的意义。根据汤姆·波特摩尔(Tom Bottomore)的记述,《手稿》是在1932年第一次以一个完整而准确的版本面世,收录于梁赞诺夫主持编辑的《马克思恩格斯全集》历史考证版(即MEGA1)第一部分第三卷。拉亚·杜娜叶夫斯卡娅(Raya Dunayevskaya)则是首位整理和翻译《手稿》的学者。随着《手稿》被越来越多的人熟悉,人们发现,马克思在早期作品中不仅有着明确的人道主义思想,而且在这里他正是倚赖这种人道主义,阐发他的社会理想和革命追求,从而使他的理论具备了浓重的道德色彩。这似乎为马克思道德哲学的存在提供了强有力的证据,告诉我们不应该再像很多正统的马克思主义者那样,认为马克思思想中没有也不必要有道德元素。于是,学者们就《手稿》中所表达的人道主义思想进行了深入研究和阐释:很多人认为,马克思主义发展走向庸俗化的主要原因是没有重视对《手稿》的研究,因为《手稿》中蕴涵着一种人道主义,这是马克思哲学的真正基础。基于此,"社会主义的人道主义者"对马克思早期思想中的人学理论、人的本质以及异化问题异常关注,并且对马克思道德理论所依赖的人性论基础做出了具体的解读和分析。这些研究进一步揭示了马克思道德理论研究中的核心问题:如何看待《手稿》中马克思表达的人道主义与他后期作品中确立的历史唯物主义之间的关系？尽管在最终的看法上有差异，但几乎所有的"社会主义人道主义者"都对这个问题给予了回答。我们也可以从这些不同的回答中窥见研究马克思伦理观的核心要素。

3. "二战"后学术界广泛的思想解放让"社会主义的人道主义者"更加关注现实问题。尤其是后来从苏联内部引发的"反斯大林化"运动更推进了学者们站在不同视角上的深入思考。他们中的大多数人都反对斯大林时代的正统马克思主义：一方面反对这种马克思主义在应用于实践时所表现出的非人道和专制；另一方面是反对它在理论上的庸俗化和教条化。他们面对的更为重要的现实问题是人的异化问题。异化问题在马克思的时代主要表现为劳动异化，也就是人面对经济利益和机器生产时产生的异化。到了20世纪50年代以后，异化有了新的、更为深刻的表现形式。此时的异化不仅表现为人成为物的奴隶，成为人所创造的环境的囚徒，而且表现为人的生存受到了他们自己发明的核武器的威胁。异化已经由马克思时代的赤贫社会的异化（impoverished alienation）转变为富裕社会的异化（affluent alienation）。正是在这个意义上，对人的现实的关注，成为"社会主义的人道主义者"进行哲学研究的核心话题。

二

"社会主义的人道主义"作为一种运动，在不同的国家以各自相对独立的方式展开，并不断发展壮大。其中的人物形形色色，囊括了"二战"后的许多著名学者，包括法兰克福学派的赫伯特·马尔库塞（Herbert Marcuse）和弗洛姆等主要成员，法国和意大利的马克思主义者，南斯拉夫实践派的大部分成员和一些波兰左派学者，来自其他共产主义国家和第三世界国家的学者，以 C. L. R. 詹姆斯（C. L. R. James）和杜娜叶夫斯卡娅为代表的美国的"约翰逊—福里斯特派"，20世纪60年代早期英国和美国"新左派"成员，以及其他一些没有特定组织的政论家和社会学家（主要包括波特摩尔、吕西安·戈德曼以及尤金·卡曼卡等）。"社会主义的人道主义者们"虽然没有完全一致的理论学说，甚至在某些观点上存在根本分歧，但仍旧可以被归结在一起，原因在于：（1）他们在实践态度和目的上都与斯大林的集权主义针锋相对；（2）他们都强调马克思思想与人道主义的关联；（3）他们都注重对马克思思想中所蕴含的批判精神的解读；（4）他们反对从客观主义的角度来谈论社会理论，因为他们认为那样的解读使得社会历史的主体不再是人，而变成或者是抽象的历史实体（比如历史规律），或者是无生命的实体（比如生产方式）。

但是，一个必须要提出的问题是：为什么这些学者被称为"社会主义的人道主义者"或者"马克思主义的人道主义者"，而不是"人道主义的社会主义者"或者"人道主义的马克思主义者"？这是一个我们在探询"社会主义的人道主义"流派的过程中需要时刻关注的问题。这个问题可能引发出一系列问题。对于"社会主义的人道主义"本身，我们可能会问：它是马克思主义的一个分支，还是人道主义的一个分支？也就是说，社会主义的人道主义者们所做的是对马克思主义的发展还是对马克思主义的改编？对于社会主义的人道主义者，我们可能会问：在他们的判断中，早期阐发人道主义思想的马克思是否已经是一个马克思主义者？马克思早期的人道主义思想与后来的历史唯物主义是否冲突？如果冲突，哪一个更为值得关注？这两个问题直接关系到我们对社会主义的人道主义者所做的工作的判断：他们是发展马克思早期的人道主义思想还是发展马克思的马克思主义思想？

基于上述疑问，我们将重点关注"社会主义的人道主义者"如何理解20世纪中叶的马克思主义发展中理论与实践的关系问题，也就是"社会主义的人道主义"与"人道主义的社会主义"的关系问题。我们可以看到，在"社会主义人道主义者"那里，作为形容词的"社会主义的"与"马克思主义的"是等同的，而作为名词的"社会主义"是指那种依据马克思主义理论而进行的实践。也就是说，"社会主义的人道主义"作为哲学理论是他们所坚持的，而"人道主义的社会主义"作为一种实践则是他们需要观察和评价的。在当时学者的理解中，社会主义有两种：一种是指由大量的政府计划和管控发生作用的高度集中的集体经济；另一种是由自由人为实现他们的共同善而结成的友爱社会。[①] 社会主义人道主义者关注的是后者。在此，自由成为社会主义的人道主义者研究的首要问题。众多的"社会主义的人道主义者"表达了对人的自由的看法。

---

① Erich Fromm, ed., *Social Humanism: An International Symposium*, Garden City: Anchor Books, 1966, Introduction, p. 347.

诺曼·托马斯（Norman Thomas）认为，自由是指社会赋予每一个人（无论其宗教、人种和肤色）平等的立法权力和机会。在这个意义上，"人道主义的社会主义"作为一种实践就是要竭尽全力确保并改善个体的公民自由、民主地位以及社会应该提供给他们的充分的教育和医疗设施等①。这就需要一个维护人民自由的强有力的国家，可以有效地平衡各方权力，确保人民的幸福生活，确保和平。我们在这里可以清晰地看到，针对当时的"冷战"环境，"社会主义的人道主义者"在评价和审视"人道主义的社会主义实践"时，更加重视的不是自由概念本身，而是确保和实现自由的现实条件。自由和和平已经不再是18世纪法国大革命时期的两种不同选项，两者的关系已经转变为和平是确保自由的条件，也就是说，"自由在和平之中"。

卡曼卡"作为20世纪20年代斯大林掌权之后第一个系统地从马克思主义的视角进行伦理研究的学者"②，更加注重从理论的层面，也就是从作为哲学基础的"社会主义的人道主义"的层面来阐明马克思的自由理论。他认为，青年马克思的主要理论兴趣是自由的本性。对马克思而言，自由表征的是这样一种状态：真正自由的人不需要外在的规则强加其上，不需要道德劝诫他履行义务，不需要权威颁布命令。这其实是自卢梭经康德到黑格尔的一条源流的继续。卡曼卡认为，自1844年开始，马克思把主要的研究兴趣由自由的本质转向自由可以产生的土壤，即自由何以可能的问题，因为马克思意识到自己有两件事情需要解决：一是克服康德的二元论（即现象和物自体、纯粹理性和实践理性、义务和偏好之间的二元对立）；二是要克服黑格尔对内在的自我实现与外在必然性之间的骑墙。这就是《手稿》的主题。卡曼卡根据这一文本理顺出的马克思的逻辑是这样的："道德和法表征着人类本质存在"，本质在马克思那里总是"切实地普遍存在的"，也就是说，"人的本质或精神就是所有人的共同之处，即他们的永恒本性"③。只有人类精神或本质得到完满地

---

① Erich Fromm, ed., *Social Humanism: An International Symposium*, Garden City: Anchor Books, 1966, Introduction, p. 350.
② Andy Blunden. "Marxist Humanism and the New Left", *Marxist Internet Archive*, http://www.marxists.org/subject/humanism/index.htm <2019-01-01>.
③ Eugene Kamenka, *The Ethical Foundations of Marxism*, London: Routledge and Kegan Paul, 1962, p. 37.

实现，道德才会产生。"合理的社会"（即共产主义社会）正是满足人的本质完满实现的首要和基本的条件。在这样的社会中，道德和法的传统矛盾才能得到解决，真正的自由才能成为现实。在卡曼卡看来，"自由和异化之间的区分构成了马克思哲学和政治发展的伦理基调"①，而这种基调的根本在于马克思关于人的类本质的看法。

由此，在"社会主义的人道主义"那里，与自由问题相关联的最重要的问题就是马克思对人的本质的看法。波兰学者马利克·弗里茨汉德（Marek Fritzhand）就认为，"理解马克思主义的人道主义的基础就是理解马克思关于人的理念的基本特征"。他认为，共产主义就是能够使大众的人道主义理念得以实现的途径，因此共产主义在马克思那里从来都不只是人的生存的物质条件的巨大改变，而是人的存在的全部都发生改变。"共产主义的最终合法性就在于，它创造了新的自由的人，那种与他的本质和价值状态相一致而生活着的人。"② 可见，"社会主义的人道主义者"认为，马克思对人的理解是其人道主义思想的最本质的体现，而马克思关于人的本质的表达主要体现在《手稿》中。

三

基于上述对于人的自由和人的本质的理解，"社会主义的人道主义者"普遍认为，以《手稿》为代表的马克思早期作品中所表达的人道主义思想在马克思主义发展史上占据着重要地位。这是他们的一致判断。在此基础上，学者们在"如何看待马克思早期思想中的人道主义和后来的历史唯物主义的关系"这个问题上存在分歧。具体来说，有以下三种基本看法。

第一种看法认为，早期的人道主义才是真正代表马克思的思想，后期的马克思在思想上出现了倒退，不值得过多重视。也就是说，这种观点认为马克思的前后期思想存在断裂。他们选择早期的人道主义作为马

---

① Eugene Kamenka, *The Ethical Foundations of Marxism*, London: Routledge and Kegan Paul, 1962, p. 144.

② Erich Fromm, ed., *Social Humanism: An International Symposium*, Garden City: Anchor Books, 1966, Introduction, p. 172.

克思思想的重心。相应地，这些学者对历史唯物主义持反对的态度。这实际上是一种以马克思早期的人道主义思想反对后期的马克思主义思想的表达。在这些人中间，即使自称是马克思主义者的人，他们所坚持的也是马克思在早期作品中表达的人道主义思想，而不是通常意义上的马克思主义。这实际上已经是一种以马克思的早期思想充实和丰富人道主义理论的做法，对于发展马克思的马克思主义思想并无助益。

上述看法表达了最为鲜明的"社会主义的人道主义"态度。卡曼卡认为："马克思的成熟作品明显地回避对道德和哲学问题的思考；而在他的早期作品和一些手稿中，我们才可以找到答案，以解答什么是马克思的伦理观点及其在马克思的成熟思想中的位置。"[1] 在卡曼卡看来，马克思的思想存在的主要缺陷是他在晚期作品中对道德的拒斥。这种拒斥实际上是表明马克思开始尝试通过社会的经济基础来保证自由和解放事业，从而无意中让原本处于斗争核心的自由屈从于存在，成为人民安全、社会福祉和经济富足的奴隶。这导致了马克思思想发展中的一个激进的断裂：即从对人道主义的追求到对永恒人性的反对。[2] 卡曼卡认为，马克思在晚年不再坚持他早期的思辨哲学的分析，这是一种退步。卡曼卡进一步指出，正统的马克思主义者们之所以会曲解马克思，是因为他们没有深刻把握马克思思想的本质：作为天才的思想家的马克思自己引以为豪的是他始终如一地对自由的追寻。卡曼卡相信，对于马克思伦理思想的真正理解完全依赖于我们对马克思思想中两种倾向的区分："关于生产的无约束道德"和"关于安全的拜物教式道德"。[3] 前一种道德是马克思孜孜以求的，而后一种却只能来源于马克思的历史唯物主义及其庸俗化解读。从卡曼卡的分析中我们可以清晰地发现，他认为人道主义和历史唯物主义被看作是互相对立的两种立场。

第二种看法认为，后期的马克思思想是早期马克思思想的延续，后期马克思思想的本质可以在早期马克思思想中找到。持这种看法的人或

---

[1] Eugene Kamenka, *The Ethical Foundations of Marxism*, London: Routledge and Kegan Paul, 1962, p. 11.

[2] Eugene Kamenka, *The Ethical Foundations of Marxism*, London: Routledge and Kegan Paul, 1962, p. 30.

[3] Eugene Kamenka, *The Ethical Foundations of Marxism*, London: Routledge and Kegan Paul, 1962, p. 195.

者把马克思的思想整合成一个无矛盾的、统一的整体（当然，这是一个以马克思早期人道主义思想为核心的整体，忽略了马克思思想发展中的变化，抹杀各个时期的差别）；或者承认马克思思想的变化，但认为这种变化是正常的、合情合理的，从而弱化、低估或者曲解历史唯物主义的价值和作用，使它服从于马克思早期的人道主义原则。

就前一种倾向而言，学者们对历史唯物主义与人道主义的区别视而不见。这种观点认为马克思的思想以个人和社会的伦理观念为基础，其关键就在于马克思早期著作中阐发的关于人的本质的理论。在马克思看来，人在资本主义社会中是异化的，不可能实现其本质；而在共产主义社会中，异化被克服了，社会关系和社会制度为人的本质的实现提供了充分的条件，个人于是获得自由发展，人类最终解放。这一点就是构成马克思思想的连续性和统一性的标志。也正由于这一点，他们对待历史唯物主义的态度暧昧：一方面，他们相信马克思对社会研究的方法与马克思的伦理观点是一致的，也就是说，马克思实现了对事实和价值的统一；另一方面，他们这种对历史唯物主义的肯定是建立在对"马克思在后期思想中否弃道德"这一事实置之不理的基础上的。弗洛姆认为，马克思的哲学是一种由《手稿》确立的人道主义与自然主义（即唯物主义）的综合体，"马克思的目的在于人的精神解放，在于人从经济决定的枷锁下解放出来，在于恢复人的完整性，使他有能力达到与他人和大自然的统一与和谐"[①]。因此，历史唯物主义只是一种人类学历史观，一种确立了在"人就是历史的创作者和演员"这一事实基础上观察历史的观点，它并不能证明社会历史有客观性的现实基础。从总体上看，弗洛姆其实是将马克思各个时期的思想杂糅混合以确定马克思哲学的人道主义方向，并断定其作用是对人的非"人"状态的抗议和批判。

就后一种倾向而言，他们相信马克思思想中发生的变化是一种符合进化论的变化，是一种从低到高、从小到大的量变，是本质没有发生改变的变化。而这个本质就是马克思在早期著作中表达出的哲学人道主义。马克思后期的经济学著作中有着隐含的哲学思想，而这种哲学就是在马克思的早期著作中"大声说话"的人道主义，借用阿尔都塞的批判性说

[①] ［德］埃·弗洛姆：《马克思论人》，陈世夫等编译，陕西人民出版社1991年版，第150页。

法就是"成年马克思不过是化装了的青年马克思"①。马尔库塞认为，《手稿》可以为历史唯物主义的根源和原始意义以及全部科学社会主义理论做出全新的注释，并为切实地揭示马克思与黑格尔的真正关系提供一条可行的道路。在马尔库塞眼中，那个马克思理论的基础就是"马克思在同黑格尔的论争中发展起来的关于人的本质和人的本质的实现的思想"②。马尔库塞坚信正是由于这个基础，历史唯物主义才能从哲学上获得确证，从而揭示出在资本主义经济事实中人的本质遭到歪曲，而它的革命将真正改变人的本质和人的世界。

第三种看法认为，马克思早期的人道主义是马克思主义的组成部分，青年马克思属于马克思主义。这种看法有两种目的：一是挽救青年马克思思想，使它不被反马克思主义的人利用；二是保卫作为整体的马克思思想。这是统一和调和马克思思想中的人道主义与历史唯物主义的又一种尝试。属于社会主义阵营的马克思主义理论家们很多都是采取这个立场，比如南斯拉夫实践派以及波兰的亚当·沙夫。他们所做的工作是在赞同马克思的原初思想（包括前后期思想）的同时，还根据他们自身所受的社会思潮的影响以及社会发展的需要对马克思主义进行创新性改造。他们把马克思在《手稿》中表达的人道主义当作立足点，以全新的哲学观阐释马克思主义。他们把马克思主义哲学看作是实践唯物主义或者人学辩证法，从这样一种解释原则出发，人道主义与历史唯物主义得以统一，马克思主义的完整性获得保证。无疑，这是一个表面上合情合理的做法，既保卫了历史唯物主义，又不反对人道主义；既反对了斯大林，又坚持了马克思；既回到马克思，又发展了马克思主义。但正是这样一种做法，给马克思道德哲学的研究带来了最为混乱难解的局面。"以实践为基础的唯物主义历史观"首先直接表明马克思在《〈政治经济学批判〉序言》中以图式表达的"铁的必然性"是站不住脚的。他们认为，马克思实际上还提供了一种以"较弱的和消极的"形式表达的必然性：我们可以预见的只是一种趋势，一种人类社会表现出的变革生产关系的强大

---

① ［法］阿尔都塞：《保卫马克思》，顾良译，商务印书馆2006年版，第35—36页。
② ［德］马尔库塞：《历史唯物主义的基础》，载上海社会科学院哲学研究所外国哲学研究室编《法兰克福学派论著选辑》（上卷），商务印书馆1998年版，第300页。

趋势。① 这种判断与实践派对社会历史活动中人作为主体作用的高扬紧密联系。在他们看来，历史是人自身的历史，严格说来，"只存在人的历史的世界和作为历史的存在的人本身，因而任何'人的哲学'同时也就是这个世界的哲学"②，而唯物史观不过是马克思的异化史观，或者说异化是解释历史唯物主义的主导线索，是人向其自身、向作为自由与可能的存在回复的过程。从这个意义上，人的异化状态以否定的形式为我们呈现出人的真实状态也就是人的未来状态，未来是历史过程和历史运动的出发点和根本点，历史也只有在未来决定现在的意义上对人呈现出决定性。这种人道主义与历史唯物主义的勾连实际上取消了社会历史的客观决定性，从而消解了马克思哲学的唯物主义性质。

四

我们可以看到，"社会主义的人道主义者"基本上都认为在马克思早期作品中存在着清晰而鲜明的人道主义观点，这在马克思的思想发展史上占据着重要的作用，是解释马克思道德哲学的主要依据。这种判断体现了学者们对马克思伦理思想性质的判断，其背后所暗含的则是他们所依据的哲学解释原则，或者说伦理观。对于社会主义的人道主义者来说，人是哲学的真正对象，哲学最重要的是思考人本身及其活动。这些学者更关注马克思早期著作中关于人的本质的看法，因为正是在这些著作中，特别是在《手稿》中，马克思详细解说了资本主义社会中人的本质的异化，以及它在共产主义社会中复归的历程。以异化理论为基础，"社会主义的人道主义者"认为，人的本质是从作为类而存在的人身上抽象出来的共同的东西，人的本质的实现也就是人的真正解放。他们对马克思思想性质的判断是：它是以人道主义为基础的哲学，因为人道主义保证了一种基于人的本质的普遍道德的存在；马克思有道德哲学，而且这是马克思哲学的重要组成部分。

---

① [南] 马尔科维奇、彼得洛维奇：《南斯拉夫"实践派"的历史和理论》，郑一明等译，重庆出版社1994年版，第91页。

② [南] 马尔科维奇、彼得洛维奇：《南斯拉夫"实践派"的历史和理论》，郑一明等译，重庆出版社1994年版，第66页。

为了确立马克思这种基于人的本质的道德哲学，大部分"社会主义的人道主义者"都试图对马克思思想中的人道主义和唯物主义的联系做出阐释，但他们的阐释是将一种性质的东西硬生生嫁接到另一个不同性质的东西上，因而并未从根本上解决问题。这就导致从根本上说，他们认为马克思主义或者是科学，或者是哲学，两者只能选其一。如果马克思的思想是哲学，那就是人道主义；如果马克思主义是科学，那就是唯物主义。至此，我们要关注的已经不再是马克思主义中有无人道主义的问题，而是如何判断、理解和定义马克思的人道主义思想在马克思主义理论中的地位的问题。这种对马克思主义的人道主义的解读，仿佛黎明前的黑暗，虽然没有提出合理的解决办法，却彰显了理解马克思哲学的最深层次的问题。马克思思想中人道主义与唯物主义的关系问题成为确立马克思伦理观的关键，后来的学者们想要理解和发展马克思的伦理思想，都需要面对和回答这个问题。

（原载《齐鲁学刊》2020 年第 1 期）

早期马克思主义者论"马克思主义与道德"

在马克思和恩格斯之后的早期马克思主义者(特别是倍倍尔和拉法格)那里,"马克思主义与道德"的关系问题作为一个隐性的问题,体现在他们与资产阶级思想家的论战中,也体现在工人阶级政党内部的理论争论中。其核心内容表现为马克思主义者如何看待事实与价值的关系,即作为社会科学的马克思主义与引导人们进行价值判断的道德原则之间的关系。这一问题将进一步促成我们对马克思主义理论和实践关系问题的深入理解。

"马克思主义与道德"的关系问题是马克思主义伦理学研究中一个极为重要且特殊的问题。当代关于马克思主义伦理学研究的大部分著作都强调这是一个不可回避的问题,并声称致力于这个问题的解决。[1] 为什么会产生这种现象呢?这是因为相当多的研究者在马克思的著作中发现了所谓的"马克思的道德悖论"[2]。尽管针对这一悖论的表达方式不同,但其核心内容在于:"人们发现马克思在其著作中,一方面认为道德是意识

---

[1] 相关文献可参见 Douglas Kellner, "Marxism, Morality and Ideology", *Canadian Journal of Philosophy*, 1981, Supplementary, Vol. 7; John McMurtry, "Is there a Marxist Personal Morality?", *Canadian Journal of Philosophy*, 1981, Supplementary, Vol. 7; George McCarthy, "Marx's Social Ethics and the Critique of Traditional Morality", *Studies in Soviet Thought*, 1985, 29 (3); Cornel West, *The Ethical Dimensions of Marxist Thought*, New York: Monthly Review Press, 1991; Paul Blackledge, *Marxism and Ethics*, Albany: SUNY Press, 2012.

[2] 相关文献可参见 George Brenkert, *Marx's Ethics of Freedom*, London: Routledge & Kegan Paul, 1983. Steven Lukes, *Marxism and Morality*, Oxford: Oxford University Press, 1985; Philip Kain, *Marx and Ethics*, Oxford: Clarendon Press, 1988; Richard Miller, *Analyzing Marx: Morality, Power and History*, Princeton: Princeton University Press, 1984; Rodney Peffer, "Morality and Marxist Concept of Ideology", *Canadian Journal of Philosophy*, Supplementary, Volume VII, 1981; Mokgethi Mothlabi, "Marxism, Morality and Ideology: The Marxist Moral Paradox and the Struggle for Social Justice", *Religion and Theology*, 1999.6 (2).

形态应被摒弃;另一方面又从道德上谴责资本家对工人的剥削和压迫。"①由此,"马克思主义与道德"的关系问题成为讨论马克思主义伦理学的合法性不可回避的一个问题。我们紧接着会产生一个好奇:那些曾经与马克思、恩格斯并肩战斗并有过理论探讨和继承的早期马克思主义者对"马克思主义与道德"的关系持什么看法?他们是否注意到"马克思的道德悖论",并对这一悖论作出解释和回应呢?

在现有的关于马克思主义伦理学的国内外著作中,我们很少看到涉及早期马克思主义者对"马克思主义与道德"的关系的看法。这是一个值得重视的现象。从逻辑上说,早期马克思主义者的理论发展受到马克思和恩格斯的直接影响,他们对"马克思主义与道德"关系的看法应该是最具有代表性,最能够体现"本真的马克思"(true Marx)。是什么原因造成了我们今天没有看到他们对于这一问题的充分解答?我们能否从他们的理论和实践中探寻到他们的一些思想轨迹呢?基于此,探索和分析继马克思恩格斯之后的早期马克思主义者如何理解"马克思主义与道德"的关系,具有非常重要的理论价值和实践意义。

一

活跃于19世纪晚期的马克思主义者,在思想和实践上有一些鲜明的特征:他们都曾经或多或少地接收过马克思或恩格斯的直接指导,他们都积极地投身到工人阶级运动并在其中不断发展和提升自己的马克思主义理论水平。我们在相关的马克思主义思想史素材中,可以读到关于这些早期马克思主义者参与无产阶级革命、发展马克思主义的科学性的很多信息,正如普雷德拉格·弗兰尼茨基(Predrag Vranicki)指出的:"马克思主义在19世纪最后20年里有了巨大的发展。"② 然而,在这些相关信息中,谈到"马克思主义与道德"的关系的内容却非常少。原因主要包括以下几个方面。

---

① 曲红梅:《当代中国马克思主义伦理学研究的核心问题》,《光明日报》2018年9月10日第15版。
② [南]普雷德拉格·弗兰尼茨基:《马克思主义史》(第一卷),胡文建等译,黑龙江大学出版社2015年版,第267页。

首先，早期的马克思主义者们从当时可以掌握的文献中并不能获得对"马克思主义与道德"的关系的充分和全面的理解。在19世纪晚期，马克思和恩格斯已经出版的著作主要包括《神圣家族》《英国工人阶级状况》《哲学的贫困》《共产党宣言》《资本论》（第一卷）和《反杜林论》等。根据众多马克思主义思想史家的考证，后来被人们在哲学意义上更加重视的《1844年经济学哲学手稿》《黑格尔法哲学批判》以及《政治经济学批判》等文献当时并未出版，《德意志意识形态》也只是以零散的方式在几个杂志和报纸上发表过少部分章节。[1] 根据这种实际情况我们可以判断，当时的马克思主义者同今天的我们相比，面对着不一样的文本和理论背景：他们并没有充分了解马克思和恩格斯的哲学观点，当然也看不出马克思一生的思想是否存在前后期的变化[2]。既然早期的马克思主义者并没有从马克思主义经典著作中读到两位革命导师对于伦理和道德的过多看法，今天的我们没有看到他们过多阐述"马克思主义与道德"的关系问题就很正常了。而且，早期的马克思主义者也没有获得马克思和恩格斯关于"社会主义道德"和"共产主义道德"的直接理论指导。通过书信和面对面的联系，马克思特别是恩格斯参与了工人运动纲领的制定以及工人组织章程的草拟，但他们并没有借助道德力量鼓励和支持工人运动，更没有以道德教义为工人们提供行动指南。

其次，马克思和恩格斯的经济学著作和政治性纲领对早期马克思主义者有着重要影响。弗兰尼茨基认为，《共产党宣言》和马克思的经济学著作对工人和革命家们影响很大，从中，他们了解和认识到马克思主义的社会学观点和批判经济学观点。[3] 由于缺乏对马克思主义的哲学内容的

---

[1] 相关信息参见［波兰］莱泽克·克拉科夫斯基《马克思主义的主要流派》（第二卷），马翎等译，黑龙江大学出版社2015年版；［德］海因里希·格姆科夫：《恩格斯传》，易廷镇、候焕良译，生活·读书·新知三联书店1980年年版；［德］R. 库姆普弗、M. 克律克纳：《马恩著作的出版和研究情况概述》，《哲学译丛》，1984年第1期；聂锦芳：《文本的命运（上）——〈德意志意识形态〉手稿保存、刊布与版本源流考》，《河北学刊》，2007年第4期。

[2] 当代学者对"马克思一生的思想是否发生变化，如果是，发生了什么样的变化"等问题的争论占据着马克思主义伦理思想研究的主流。代表性的观点包括：道格拉斯·凯尔纳对马克思主义思想中科学主义的解释和人道主义的解释的区分，菲利普·凯因对马克思伦理思想的三个时期的划分，阿尔文·古尔德纳的"两个马克思"的论断等。更早的版本是阿尔都塞的"认识论断裂"和德拉-沃尔佩的"方法论断裂"等。

[3] ［南］普雷德拉格·弗兰尼茨基：《马克思主义史》（第一卷），胡文建等译，黑龙江大学出版社2015年版，第261页。

了解和认识，早期的马克思主义者常常不自觉地将他们所熟悉的、当时占据重要思想地位的达尔文主义进化观以及折中主义的唯物主义等融入他们对马克思主义社会学和经济学的理解，以致产生了成分复杂的思想体系。这些思想体系中并没有显性的道德哲学原则，也不完全符合马克思的原义，但这是一个理论在发展过程的必经阶段。

最后，革命形势不断变化要求早期的马克思主义者和革命家们将大部分时间用于实际的政治斗争，没有太多精力进一步发展马克思和恩格斯的哲学思想，探索"马克思主义与道德"的关系。这实际上产生了极大的问题，最集中的表现就是没有充分理解马克思主义思想中"理论与实践"的关系。

一百多年的马克思主义发展史表明，"改造世界的冲动和科学方法的旨趣使马克思主义在形式上与一切传统哲学也存在重要区别，并为马克思主义自我批评提供了理论依据"[①]。马克思主义不仅是理论，也是运动。一方面马克思主义并非一个教派，只提供僵化、固定的教义。相反，随着实践的不断深入，马克思主义理论不断发展。另一方面，在马克思主义与其他敌对理论进行斗争的时候，现实也迫使马克思主义者们发展出新的理论阐释以捍卫他们的立场：我们在19世纪晚期更加可以看到革命理论需要的迫切性。这一时期的西欧和中欧，资本主义有了迅速的发展，产业革命以汹涌澎湃之势向前推进，"无产阶级也就大量地形成和组织起来"[②]。当时的革命形势和社会发展状况迫切要求早期的马克思主义者以理论回应现实。如何理解理论与革命的关系是早期的马克思主义者必须面对的问题。这首先表现为如何用马克思主义指导工人的革命和实践？随着革命实践的不断变化，当革命家们无法从马克思主义经典著作中找到现成答案，他们是否有理由根据革命实践的经验为马克思主义的哲学变革提供自己的方案？这个问题可以进一步具体化：虽然在马克思、恩格斯那里没有看到太多关于道德问题的肯定性论述，后来的马克思主义者为适应无产阶级革命的需要，是否可以启用马克思主义为工人运动的实践提供伦理上的理论回应？这是否会影响到人们对马克思主义的科学

[①] 张一兵、胡大平：《西方马克思主义的历史逻辑》，南京大学出版社2003年版，第5页。
[②] [南] 普雷德拉格·弗兰尼茨基：《马克思主义史》（第一卷），胡文建等译，黑龙江大学出版社2015年版，第268页。

性和规律性的信任?

尽管存在上述历史原因,我们经过仔细发掘,仍然可以看到早期的马克思主义者发展了马克思主义关于伦理道德的内容,对"马克思主义与道德"的关系提供了自己的一些看法。作为马克思恩格斯之后的第一代马克思主义者,奥古斯特·倍倍尔(August Bebel)、保尔·拉法格(Paul Lafargue)等人对马克思主义的贡献巨大。他们对马克思主义的阐释是在一个相当复杂的环境中进行的。这一时期资本主义从自由时期向垄断时期过度,生产和资本的集中过程加快,资本主义在各国发展的不平衡已经开始显现,无产阶级和资产阶级之间的矛盾已经成为资本主义国家的主要矛盾。在列宁看来,这一阶段的资本主义的发展为资本主义社会转变为社会主义社会提供了物质基础,"这个转变的思想上精神上的推动者和实际上的执行者,就是资本主义本身培养的无产阶级"[1]。当时的马克思主义理论家们在总结马克思、恩格斯思想的基础上,在一些方面发展了马克思主义的伦理思想,某种程度上回应了关于"马克思主义与道德"的关系的问题。莱泽克·克拉科夫斯基(Leszek Kolakowski)认为,"马克思主义[在这一时期]似乎已经达到了智慧发展的高峰"[2]。这种发展不仅表现在如何批判资本主义的剥削本性,也表现在如何从马克思主义的立场理解和发展社会主义道德。

二

倍倍尔出身贫苦,做过流浪工人,大部分知识都是通过生活经验或者自学得来,并不是典型的知识分子或者理论家。但他热爱学习,有着高超的智力水平,并能不断地自我教育,积极参与讨论。他经历了德国工人运动和国际社会主义运动从兴起到发展的整个历史时期,逐渐成长为"马克思和恩格斯所异常器重的革命运动老战士"[3]。倍倍尔坚持马

---

[1] 《列宁选集》(第2卷),人民出版社2012年版,第439页。
[2] [波兰]莱泽克·克拉科夫斯基:《马克思主义的主要流派》(第二卷),马翎等译,黑龙江大学出版社2015年版,第2页。
[3] [南]弗雷德拉格·弗兰尼茨基:《马克思主义史》(第一卷),胡文建等译,黑龙江大学出版社2015年版,第293页。

思主义，并同社会主义的非马克思主义势力做坚决的斗争，使得马克思主义在工人运动中发挥着重要的理论支撑和意识形态的作用。倍倍尔对"马克思主义与道德"的关系的看法一方面表现在他同无政府主义、改良主义和修正主义的论战和斗争中；另一方面表现在他对妇女解放事业、无产阶级政党建设和实现社会主义目标的论述。两个方面都表现出倍倍尔作为革命实践家的水平和才能，使他成为运用马克思主义分析和解决实际问题、提供无产阶级革命策略的楷模①。

对于像倍倍尔这样的马克思主义者来说，一个首要的问题就是思考如何在马克思主义体系中讨论"社会主义道德"。道格拉斯·凯尔纳在《马克思主义、道德与意识形态》一文中指出，科学社会主义者尽管在掌握现有理论材料的基础上，判定马克思主义是科学，与道德分离并反对道德，但为应对革命形势变化，他们也开始发展和设计道德学说，即适用于后资本主义社会的更高的社会主义道德。这种社会主义道德将会作用于未来的社会主义社会，但在当前条件下，也将会用于指导追求社会主义胜利的革命者们。②

倍倍尔在其代表作——《妇女与社会主义》中运用唯物史观，考察了妇女地位在人类社会历史中的发展变化。但由于没有充分认识和理解马克思的历史理论，倍倍尔对资本主义社会中妇女状况的理解和判定主要依赖一种社会达尔文主义的阐释。他认为："一旦人有目的地介入自己的发展，人的身体活力和精神生活就结出最丰硕的成果。"③ 在倍倍尔看来，人与动植物类似，人的生存方式不仅影响到人的外部存在条件，也会影响他的内在思想感情。因此，改变人的生存条件，也就改变了人的社会状况，从而改变了人自身。根据这个基本原则，倍倍尔认为最有效的解决办法就是改变社会状况，"使每个人都具有使自己的本质得到充分的毫无阻碍的发展的可能性，使以达尔文的名字命名的达尔文主义的发

---

① [德]奥古斯特·倍倍尔：《倍倍尔文选》，中共中央马克思恩格斯列宁斯大林著作编译局国际共运史研究所译，人民出版社1993年版，第10页。

② Douglas Kellner, "Marxism, Morality and Ideology", *Canadian Journal of Philosophy*, Supplementary, 1981 (7).

③ [德]奥古斯特·倍倍尔：《妇女与社会主义》，葛斯、朱霞译，中央编译出版社1995年版，第254页。

展和适应法则有目的地适用于所有人。但是只有社会主义才有这种可能性"①。倍倍尔在这里明显是通过结合马克思主义与社会达尔文主义来实现社会主义,这一方面是要反对那些担心和恐惧"达尔文理论将会导致社会主义"的资产阶级学者;另一方面是要在"真正的科学"的意义上理解达尔文主义和马克思主义。他相信,"从事科学研究的人不应该关心一种科学是否导致这种或那种国家制度,或者是否可以为某种社会状况进行辩解,他们应该考察的是这些理论是否正确,如果正确,就应该不顾一切后果地接受它们"②。

倍倍尔最终将妇女解放问题的解决诉诸"社会的社会主义化"。真正的妇女解放和无产阶级解放的目标是一致的,就是社会民主党的纲领中所倡导的——"争取平等权利和平等义务以及消灭所有特权"。倍倍尔认为只有社会主义才能真正实现妇女解放和人类解放,他以"社会幸福"概念为基础阐释了他对社会变革的合法性根据的理解。首先,他认为社会是法律的来源。古往今来不同的社会形态都强调社会的重要性,认为国家不过是社会的管理者和具体法律的执行者。其次,对社会有利是最高标准。尽管在阶级社会里,统治阶级借助社会最终实现其自身利益,但他们在口头上都承认社会利益是最重要的利益。最后,社会主义社会才是真正以实现社会幸福为最高准则。在资本主义社会,国家以社会的名义为"社会幸福"所做的一切都是首先有利于统治阶级。但在社会主义社会,"这样做不是为了取悦于一部分人而压迫另一部分人,而是为了给所有的人提供平等的生存条件,是每一个人都过上符合人的尊严的生活"③。倍倍尔对于社会主义社会的"社会幸福"的实现给予了非常高的评价,已经不仅仅是在科学的意义上描述事实,而是认为"这是社会在道德上实行了最了不起的措施"④。

"社会的社会主义化"是倍倍尔关注的核心。他主要是从社会必然变

---

① [德]奥古斯特·倍倍尔:《妇女与社会主义》,葛斯、朱霞译,中央编译出版社1995年版,第254页。
② [德]奥古斯特·倍倍尔:《妇女与社会主义》,葛斯、朱霞译,中央编译出版社1995年版,第255页。
③ [德]奥古斯特·倍倍尔:《妇女与社会主义》,葛斯、朱霞译,中央编译出版社1995年版,第370页。
④ [德]奥古斯特·倍倍尔:《妇女与社会主义》,葛斯、朱霞译,中央编译出版社1995年版,第370页。

革的科学性角度阐述他对社会主义的理解。他认为，社会是一个有着自身发展的内在规律的组织，不应该受到个人意志的左右和支配。倍倍尔从劳动者的行动、劳动者的利益、劳动组织、劳动生产率、体力劳动与脑力劳动的差别、消费能力、劳动义务、贸易等多个方面阐发了社会主义社会的基本规律。但我们从这些针对规律的解释中可以看到鲜明的评价性内容。比如，在讨论劳动者的个人利益与社会共同利益的关系时，倍倍尔认为在社会主义社会，"满足个人利己主义与推动社会幸福将协调一致，合二为一"，并且认为这是一个道德状态，具有伟大的作用①；在讨论劳动生产率时，他强调"劳动是一种幸福，每个人（在社会主义社会）还像从前一样从事大量劳动，因为他是为自己劳动，是为了使自己的精神、道德、审美观的发展大道最高境界而劳动"②。

总之，从倍倍尔以马克思主义为基本立场来批判资本主义、构建社会主义的核心思想中，我们一方面可以看到他将社会达尔文主义加入马克思主义中来分析和描述社会现象，强调两者都具有科学性；另一方面我们看到倍倍尔以自然流畅的笔触在他的科学分析和描述中掺杂着评价性和规范性的判断，阐明了社会主义道德的进步性。这种对事实和价值不做严格区分的做法在当时的马克思主义者中很常见。我们甚至可以说，这种现象在马克思和恩格斯的著作中也很常见。深入探讨这个问题将会为我们讨论"马克思主义与道德"的关系提供有效的路径。

三

如果说倍倍尔是从讨论革命实践中的现实问题（比如妇女问题）间接讨论"马克思主义与道德"的关系，那么，被列宁称为"马克思主义思想的最有才能的、最渊博的传播者之一"③的拉法格则是直接运用唯物史观讨论道德问题。拉法格受到马克思和恩格斯更多地直接指导，对唯

---

① [德] 奥古斯特·倍倍尔：《妇女与社会主义》，葛斯、朱霞译，中央编译出版社1995年版，第377—378页。

② [德] 奥古斯特·倍倍尔：《妇女与社会主义》，葛斯、朱霞译，中央编译出版社1995年版，第389页。

③ 《列宁全集》（第20卷），人民出版社1989年版，第386页。

物史观的研究、传播和解读作出了重要的贡献。在《卡尔·马克思的经济唯物主义》《唯心史观和唯物史观》《卡尔·马克思的历史方法》等著作中，拉法格依据马克思和恩格斯在著作中谈到的对道德作为意识形态的基本看法，进一步阐述了道德的阶级性质、意识形态的主要作用以及共产主义社会里的道德状况等问题，较为系统地丰富和发展了马克思主义关于道德的学说。在开展这些理论研究和建构的时候，拉法格面对着双重任务：一方面，他要批评资产阶级思想家把资本主义社会占主流地位的价值观视为一切人类社会都应该遵循的道德准则；另一方面，他要批评工人阶级政党内部的修正主义者们试图用无产者的道德完善彻底取代革命以实现社会主义。因此，系统地研究"马克思主义与道德"的关系问题成为拉法格的主要理论任务。

首先，拉法格运用唯物史观的基本原则分析道德现象，得出道德受经济关系决定的结论，直接批评了资产阶级将道德神圣化、永恒化和绝对化的做法。拉法格在谈到资产阶级的道德理想时，运用马克思在《〈政治经济学批判〉序言》中的观点，认为道德像其余的人类活动的现象一样，服从于经济决定的法则，也就是说，物质生产决定着社会的、政治的和精神的生活过程。① 在《卡尔·马克思的历史方法》中，拉法格强调经济决定论是马克思交给社会主义者的"新工具"，是资产阶级哲学家和伦理学家永远无法理解的方法。拉法格对资产阶级道德进行了猛烈的抨击。他认为资产阶级道德在本质上是自私自利的。在资本主义社会，占据主流地位的道德哲学范式是个人主义和功利主义。这两种范式的共同点就是以追求个人幸福为目的，并宣称这是人类的永恒追求。拉法格指出，"历史唯心主义哲学只能成为无味的和难懂的学究式的东西，因为资产阶级的思想家不能揭露这个事实，就是有产者用永久原理来作装饰只是为了掩盖自己的行动的利己主义的动机"②。

与倍倍尔不同，拉法格从另外一个角度来分析以斯宾塞为代表的社会达尔文主义，并批判了这种观点的唯心主义性质。拉法格并不反对进化论，但他认为斯宾塞（Herbert Spencer）理解的社会进化是不正确的。

---

① ［法］拉法格：《思想起源论（卡尔·马克思的经济决定论）》，王子野译，生活·读书·新知三联书店1963年版，第118页。
② ［法］拉法格：《思想起源论（卡尔·马克思的经济决定论）》，王子野译，生活·读书·新知三联书店1963年版，第19—20页。

斯宾塞认为社会制度的改善并不能改善人的本性，因而人类对于实现公正、消除贫困的愿望并不能最终实现。拉法格就此提出批评，认为我们应该从表面的社会现象入手，去追溯产生这种现象的经济原因。这种唯物主义的历史方法能够深入考察事物的内在特性和外部原因。对人而言，问题不在于斯宾塞所说的，人的"铅的本能"不能变成"金的美德"，而在于资本主义社会人剥削人的状况造就了人的"铅的本能"，因此，"人的癖好、习性和本能是由人的社会环境造成，产生私有财产的社会环境使人的本性变坏"①。拉法格以此批判了斯宾塞从社会达尔文主义的角度为资产阶级价值观辩护，揭示了资本主义社会追求个人私利和幸福的真实面貌。

其次，拉法格进一步指出以康德伦理学来补充马克思主义中的伦理学内容，仍是一种把道德规范绝对化的看法，并不能认识道德本质，更不用说通过人们道德意识的变化来引发社会变革了。在 19 世纪末期，关于如何对待康德伦理学与马克思主义的关系，有两种做法：一种认为康德同马克思主义毫无关系，并用康德道德哲学来批判马克思和恩格斯的唯物主义；另一种认为康德道德哲学可以为马克思主义补充进伦理学内容。拉法格反对上述两种做法。在同饶勒斯（Jean Jaurès）、拉波波特（Charles Rappoport）等人的论战中，拉法格指出："把道德规范绝对化，把它们看成社会发展的推动原则是毫无根据的。"② 他认为道德意识并非第一性的东西，它不过是阶级社会中统治阶级根本利益的反映。拉法格把正义、自由以及资本主义意识形态的其他偶像都称作形而上学和伦理学的蠢话③。对资产阶级道德的意识形态性的批判，实际上是从认识论和阶级差别两个层面表明马克思主义与康德哲学的不相容性。拉法格还进一步指出，以公正、正直、善等伦理要求来论证社会主义必然性的做法不仅是不科学的，而且是反动的。拉法格认为，人生活在双重环境中——自然环境和人为环境（即人所创造的经济环境）。这两种环境的共

---

① ［法］拉法格：《拉法格文选》（上卷），中共中央马克思、恩格斯、列宁、斯大林著作编译局编，人民出版社 1985 年版，第 426 页。
② ［苏］哈·尼·莫姆江：《拉法格与马克思主义哲学》，张大翔、张凡琪等译，国际文化出版公司 1987 年版，第 255 页。
③ ［法］拉法格：《拉法格文选》（下卷），中共中央马克思、恩格斯、列宁、斯大林著作编译局编，人民出版社 1985 年版，第 210 页。

同作用和反作用决定人和人类社会的进化。① 既然是人创造着并不断改变着人为环境，那么历史的动力就应该是人，而不是资产阶级思想家们所鼓吹的正义、自由和其他形而上学理想。资产阶级道德的阶级性就在于道德在此被描述成对全人类普遍有效的准则，从而维护统治阶级的政治和经济利益。拉法格一针见血地指出："适应统治阶级利益和需要的正义和道德被统治阶级强加于被压迫阶级，被压迫阶级终于接收它们，虽然它们与被压迫阶级自己的需要和利益是相对立的。"②

最后，拉法格讨论了共产主义社会中道德的地位和作用。拉法格相信，"理想在人的头脑中已经活了几千年。这不是正义的理想，而是和平和幸福的理想，社会的理想"③。他认为这样的理想就是共产主义。在共产主义社会，由于人类劳动的生产力大大提高，人类的一切正常需要都能够满足，人类的平等和幸福就能够实现了。这种复杂的、科学的共产主义是对史前期那种简单的、粗糙的共产主义的完美复归。人类再次回到共产主义，"他们将找到自己的失去的幸福和洗掉私有制时代的低下的利益和情欲、自私的和反社会的道德"④。在他看来，共产主义社会中，人类的优美和高贵的品质将达到尽善尽美的境地，他发出这样的憧憬和感叹："那些注定会看到万象更新的人们将是幸福的，三倍的幸福！"⑤

由上面的论述可以看出，拉法格对马克思主义与道德关系作出了充分的论述，涉及诸多方面。但是，我们在后来者的评述也可以看到，有不少学者认为拉法格对马克思主义伦理思想的阐发存在问题。首先，有人认为拉法格对经济决定论的解读过于简化，使得马克思主义改变了原有面貌。⑥ 有人认为拉法格关于"共产主义社会根本不需要道德"的看法

---

① ［法］拉法格：《拉法格文选》（上卷），中共中央马克思、恩格斯、列宁、斯大林著作编译局编，人民出版社1985年版，第168页。
② ［法］拉法格：《唯心史观与唯物史观》，王子野译，生活·读书·新知三联书店1965年版，第12页。
③ ［法］拉法格：《唯心史观与唯物史观》，王子野译，生活·读书·新知三联书店1965年版，第21页。
④ ［法］拉法格：《财产及其起源》，王子野译，生活·读书·新知三联书店1962年版，第169页。
⑤ ［法］拉法格：《财产及其起源》，王子野译，生活·读书·新知三联书店1962年版，第169页。
⑥ ［波兰］莱泽克·克拉科夫斯基：《马克思主义的主要流派》（第二卷），马翎等译，黑龙江大学出版社2015年版，第135页。

是不正确的。①还有人进一步指出，拉法格以一种独特的逻辑夸张，将共产主义社会中的善、高尚等概念也统统取消，是错误的做法。②克拉科夫斯基则直接把拉法格的思想称为"快乐主义的马克思主义"，认为这一思想是"18世纪感觉论和关于高尚原始人的神话、达尔文后的进化论以及马克思主义的混合物"③。这些评价并不都是中肯的，但其中揭示了早期马克思主义者在理解"马克思主义与道德"关系时的一些问题，值得我们深入思考。

四

通过以上两位著名的马克思主义者对"马克思主义与道德"的关系问题的或直接或隐含的回应和发展，我们可以发现，早期马克思主义者的看法涉及对马克思主义的基本性质的判定。如果我们认为马克思主义是关于社会历史发展的理论，主要用来论证资本主义必然灭亡、共产主义必然到来的历史规律，就有可能产生这样截然不同的两种做法：（1）以经济决定论解释一切社会现象，道德因其阶级性在共产主义社会被取消；（2）把来源于其他哲学体系的伦理学说以不矛盾地方式加进马克思主义，使其具有道德内容。无论是哪种方式，都是以事实和价值的二元区分为前提的。

在马克思主义中，如何理解价值判断与事实判断的关系是极为重要的问题。克拉科夫斯基将这一问题表述为"自然主义与道德主义之间不可调和的冲突"④。事实与价值的二元论在19世纪末20世纪初备受推崇。这直接影响了人们对马克思主义与道德关系的判定。如果马克思主义是社会科学，为我们提供的是关于社会发展的客观规律，在马克思主义之中就不包含道德法则。倍倍尔选择忽视"从事实推不出价值，从价值推

---

① 王义奎、赵云莲：《试论拉法格的伦理思想》，《法国研究》1987年第2期。
② [苏]哈·尼·莫姆江：《拉法格与马克思主义哲学》，张大翔、张凡琪等译，国际文化出版公司1987年版，第273页。
③ [波兰]莱泽克·克拉科夫斯基：《马克思主义的主要流派》（第二卷），马翎等译，黑龙江大学出版社2015年版，第139页。
④ [波兰]莱泽克·克拉科夫斯基：《马克思主义的主要流派》（第二卷），马翎等译，黑龙江大学出版社2015年版，第137页。

不出事实"的观点,认为科学的社会主义显示了人类道德的最高水准;像饶勒斯那样的修正主义者选择把康德的道德哲学加进马克思主义,与马克思主义的科学理论并行;拉法格则选择坚持马克思主义的科学性从而将阶级社会的道德判定为意识形态,并在共产主义社会取消了道德。

针对上述问题,后来的研究者给出了不同的对应之策。罗德尼·佩弗认为,问题的根源在于马克思、恩格斯对事实判断和价值判断的关系理解得不够清晰。如果能够把这两种具有不同性质的判断区分开来,他们就不会产生对道德的误解。正因为马克思没有意识到"X 是好的"这个判断中的"好的"并非"X"的永恒属性,他才会将全部道德都判定为意识形态。也就是说,"好的"这一属性与事物的永恒的自然属性不同,"好的"所起的并非描述作用,而是规劝或称赞;如果"好的"并非永恒的、普遍有效的属性,我们也就明白词语"好的"并不是指代"某种'永恒的、不变的实体'或指'超凡的'道德原则(如在《圣经》中或'自然法'中),或指在世界历史中所固有的某种道德原则或世界精神的发展(如黑格尔所指出的)"[1]。在这个意义上,道德就不再是以往哲学家所信奉的、历史中固有的、可以误导人的永恒真理了。因此,佩弗认为,如果我们可以清晰地区分事实判断和价值判断,不仅确保了马克思主义的科学性,也能为道德理论在马克思哲学中的存在留下可能的空间。

道格拉斯·凯尔纳则主张在对马克思主义的理解中,不应该像休谟那样,把事实和价值、道德话语和科学话语、理论和实践截然分开。他认为:"将[事实和价值]区分成描述性的学科和规范性的学科是马克思之后经验实证主义传统的一种运作方式,同马克思的理论渊源、理论结构和理论与实践结合的运作方式是截然不同的。"[2] 这个意义上,凯尔纳主张我们不能把马克思的道德理论归在传统的道德哲学体系之中,因为马克思不是从人的本质来推导人类的价值体系和道德体系的;我们也不能用当代道德话语(即将"是"与"应当"分离的道德话语体系)来理解马克思的道德理论。也就是说,"马克思不解决传统道德理论的问题,

---

[1] [美] R. G. 佩弗:《马克思主义、道德与社会正义》,吕梁山等译,高等教育出版社 2010 年版,第 278 页。

[2] Douglas Kellner, "Marxism, Morality and Ideology", *Canadian Journal of Philosophy*, Supplementary, 1981 (7).

也不解决当代道德理论的问题，毋宁说他是忽视这样的问题，并试图以人类学的和实践—政治的层面来发展其道德批判和道德理论"①。

具有鲜明的科学性的马克思主义是否定一切道德内容，还是只是拒斥代表资产阶级意识形态的道德主义？马克思主义中理论与实践的关系是以理论指导实践或者理论为实践服务的方式获得暂时兼容还是从根本上说马克思主义的理论和实践是一体的？早期的马克思主义者以他们勇于探索的精神为研究"马克思主义与道德"的关系进而发展马克思主义伦理学提供了意义重大的问题框架。我们在当代研究者中看到诸多针对这些问题的回应，罗德尼·佩弗的"道德社会学阐释"、理查德·米勒的"非功利的后果论阐释"、乔治·麦卡锡的"古典社会伦理学阐释"都试图解决"马克思主义与道德"的冲突，在道德知识论上实现对马克思主义伦理学的合理阐释。我们对于这些问题的研究将随着当代伦理学理论和社会现实地不断发展而持续下去。

（原载《江苏行政学院学报》2020 年第 6 期）

---

① Douglas Kellner, "Marxism, Morality and Ideology", *Canadian Journal of Philosophy*, Supplementary, 1981 (7).

略论分析的马克思主义学派对
马克思伦理思想的分析和建构

马克思主义伦理思想的性质问题是马克思主义哲学研究中一个重大的理论问题。对于这个问题的理解直接关系到对马克思主义哲学性质的理解，也直接关系到对马克思主义的评定。本文聚焦于20世纪70年代以来兴盛的分析的马克思主义学派，具体讨论了他们在马克思伦理思想研究方面取得的成果。通过相关理论证明：对历史唯物主义的理解和判断始终与对马克思伦理思想的解释纠缠在一起，历史唯物主义是理解马克思伦理思想、解决马克思道德悖论的关键。

一 理论背景

马克思主义伦理思想是一个长期存在争论的话题。一直以来国内外马克思主义研究者始终没有停止过对"具有鲜明的科学性的马克思主义是否有伦理学，以及如果有，是什么样的伦理学"的争论。尽管随着西方马克思主义运动的日益衰落，对这个问题的争论不再占据主流地位，但作为一个尚需澄清的问题，对马克思道德理论的研究仍然需要当代学者不懈的努力。近些年来，分析的马克思主义学派日益强大，他们引发了又一轮马克思研究热潮，而对马克思道德理论的研究自然也引起了他们极大的兴趣，正如英国学者肖恩·塞耶斯所说："（马克思主义的道德观）已经成为分析的马克思主义者们的一个主要讨论话题。"[1] 应该说，自20世纪90年代以后，中国的马克思主义研究已经进入了一个全新的时期：大部分学者已经完全摆脱了传统教科书思维模式的影响；也掌握了

---

[1] Sean Sayers, *Marxism and Human Nature*, London: Routledge, 1998, p.112.

西方马克思主义研究的脉络和发展状况；最主要的是，中国学者开始了自身具有鲜明特色的独立思考，在马克思主义研究方面取得了丰硕的成果。在这样的新形势下，考察当代西方马克思主义伦理思想研究的现状，对于中国的马克思主义伦理学研究是十分必要的。

马克思主义伦理思想研究作为一个重大的理论课题主要表现在如何理解马克思哲学与人道主义的关系问题。20世纪60年代以前，国外马克思主义哲学界对于马克思哲学与人道主义的关系有两种基本的理解。以弗洛姆为代表的"马克思主义的人道主义者"（Marxist Humanists）看重马克思早期的人道主义思想，并认为他后期著作中的科学思想是退步和非人道主义的；以阿尔都塞为代表的"科学主义的马克思主义者"（Scientific Marxists）把历史唯物主义看作代表马克思独特思想境界的科学，并由此判断他早期的人道主义思想是反科学和不成熟的。20世纪60年代兴盛的南斯拉夫实践派试图对上述两种极端看法做出融合。他们认为马克思主义作为一种人道主义，一种哲学，是以实践的观点为哲学基础的。这是一种在强调马克思的早期思想以及早期西方马克思主义思想的基础上统一人道主义与唯物主义的尝试。这种人道主义与历史唯物主义的勾连因为对"消极的必然性"的推崇而在实际上取消了社会历史的客观决定性，从而消解了马克思哲学的唯物主义性质，因此，我们仍然可以把"南斯拉夫实践派"算作是马克思主义的人道主义者。但上述研究为我们彰显了马克思伦理思想中存在的一个悖论：马克思早期以人道主义立场批判资产阶级剥削无产阶级的不道德性与后期著作中表达的弃绝道德、把道德贬斥为意识形态之间存在着鲜明的对立。这种道德悖论具体包括三种形式：以人的类本质为基础的人道主义与科学的历史唯物主义的对立；对资本主义的谴责与道德被判定是意识形态之间的对立以及作为意识形态的道德与共产主义道德之间的对立。任何想要试图解决马克思道德悖论的人都需要找到一个中介以化解上述三种对立。

二 分析的马克思主义

自20世纪70年代之后，众多的马克思主义研究者从不同的角度对马克思主义的道德悖论进行论证，并提出相应的解决办法。对马克思道德思想的研究热情高涨。分析的马克思主义是其中的主力军。他们用分析的方法进行马克思主义研究,重点关注如何从实际问题(比如制度、阶级关系、剥削以及经济危机等)来分析和澄清马克思的思想,挖掘马克思思想的源头,并规范马克思的理论。对理论内容和现实生活的关注使社会、历史、伦理等问题进入分析马克思主义者的学术视野,他们讨论的主题大多围绕这些问题展开。其中比较具有代表性的是史蒂文·卢克斯、理查德·米勒、G. A. 科恩、乔治·布伦克特和菲利普·凯因等。

卢克斯和米勒试图对马克思的道德悖论提出自己的解决方式。史蒂文·卢克斯是第一个明确使用"马克思道德悖论"的学者。他在《马克思主义与道德》一书的开篇就指出:"马克思对道德的态度是自相矛盾的(paradoxical)。"[①] 这种自相矛盾主要表现在"一方面,把道德本身理解、揭示、宣告为过时之物;另一方面,又把道德视作是与政治活动与政治斗争相关的东西而去信仰它、诉诸它,并极力向别人说明这一点"[②]。卢克斯认为,这种在道德理解上的悖论在马克思经典著作中表现得非常突出,而在西方马克思主义那里就不那么明显了。通过前文的分析,我们可以理解,卢克斯的这一判断所依据的是这样的事实:即在西方马克思主义那里,"马克思的道德理论"要么以强势地位压倒马克思主义哲学的科学性表述,要么被根本否弃。从表面上看,这似乎是消解了"马克思道德悖论";实质上,更加突出地表现了"马克思道德悖论"。卢克斯对马克思道德悖论的这种理解与他解决道德悖论的方法以及他对马克思哲学总体性质的判断密切关联。

卢克斯解决"马克思道德悖论"的方法是区分"法权(Recht)的道德"和"解放的道德":法权的道德在马克思看来是一种意识形态,是应该被抛弃的过时的东西,而解放的道德才是真正的应该被提倡的道德观点。[③] 具体地说,卢克斯认为,法权作为一个英文中不存在的术语,主要和道德领域中的正义、权利、公平和义务相关。在马克思和恩格斯看来,

---

[①] [美]史蒂文·卢克斯:《马克思主义与道德》,袁聚录译,高等教育出版社2009年版,第1页。

[②] [美]史蒂文·卢克斯:《马克思主义与道德》,袁聚录译,高等教育出版社2009年版,第4页。

[③] [美]史蒂文·卢克斯:《马克思主义与道德》,袁聚录译,高等教育出版社2009年版,第37页。

法权在本质上是属于意识形态的，因为法权的原则来源于人们之间的物质关系以及由此产生的人与人之间的对抗，也就是说，产生法权的条件是"历史地决定的，是阶级社会特有的，亟而且即将被消除"[1]。因此，马克思和恩格斯在其著作，特别是《德意志意识形态》中对法权始终采取鄙视和讽刺的态度。但是，卢克斯认为，人类解放对马克思来说却有着至关重要的积极意义，它关系着人类如何摆脱之前受奴役、受剥削的历史，达到一种社会空前团结、个体自由完满实现的理想。也就是说，人类解放事业关系着共产主义社会的实现问题。在共产主义社会中，"利己主义与利他主义之间，政治的公共领域与公民社会的私人领域之间的区别，以及'人分为公人和私人的这种二重化'都已被克服"[2]。由于法权在本质上是意识形态的，并在现实中起着维护阶级社会利益、限制普通人自由、迷惑大众思想的作用，应该予以否弃。马克思、恩格斯一致认为，所有的社会冲突都可以追溯到社会分化那里去。所以，共产主义的实现，是"人和自然界之间、人和人之间的矛盾的真正解决"[3]。在这个意义上，解放的道德对于人类来说就是最为重要的了。

卢克斯清晰地指出：马克思的道德悖论只是所谓的"道德悖论"，也就是说，马克思道德悖论存在于从传统的观点理解马克思哲学的思想之中，正是由于对马克思哲学的教条式理解，我们才从马克思的思想中发现了马克思关于道德理论的混乱的、互相矛盾的观点。因此，关于"法权的道德"和"解放的道德"的区分，也只是卢克斯站在马克思主义经典作家的立场上为马克思主义作出的辩护。而他真正的立场和意图则是在肯定马克思道德理论的某些优点的同时，更加关注对其理论的批判。用卢克斯自己的话说，他要论证的是："马克思主义从一开始就显示了某种处理道德问题的方法，而这种方法使它未能对以它的名义采取的措施予以道德上的抵制；尤其是，尽管马克思主义的自由观是丰富的，对人类解放的憧憬是令人注目的，但它没能对我们必须生活在其中的世界里的正义、权利和手段—目的的问题给予足够的解释，因此也就不能对不

---

[1] [美]史蒂文·卢克斯：《马克思主义与道德》，袁聚录译，高等教育出版社2009年版，第42页。

[2] [美]史蒂文·卢克斯：《马克思主义与道德》，袁聚录译，高等教育出版社2009年版，第42页。

[3] 马克思：《1844年经济学哲学手稿》，人民出版社2000年版，第81页。

正义、侵权和诉诸不允许的手段等作出充分的回应"①。从这里可以看出，马克思的道德悖论虽然在卢克斯那里第一次被清晰而充分地表达了出来，却没有得到正面的解决。他对解放的道德和法权的道德的区分，表面上是想要区分马克思的道德理论和以往的道德理论，让我们明确马克思的道德悖论不过是一个误解，但实际上他要展示的是这个显性的道德悖论背后所隐藏的另一个道德悖论：即马克思和马克思主义思想既是反乌托邦的，又是乌托邦的。具体来说，这个悖论是指"一方面，从一开始，它（马克思主义）就一直尽力使自己有别于乌托邦的社会主义，宣称自己是科学的和革命的；另一方面，它显然又一直集中在对未来被解放的世界的幻想上，它坚信这样的世界孕育在现实之中"②。对于这两种态度在马克思以及后来的马克思主义思想中的胶着，在卢克斯看来，主要是由于马克思道德理论本身缺乏足够的理论清晰度。他强调，马克思有着丰富的自由思想和引人注目的人类解放的远见，但认为马克思的历史唯物主义理论中所包含的结果主义引发了社会主义实践中的不公正、强权和暴力，从而最终导致解放道德的虚幻。因此，在最终的意义上，卢克斯并非真正地解决马克思的道德悖论，而以批判马克思道德理论的方式消解了马克思道德理论本身。

米勒用另一种方式描述马克思思想中的悖论：在宽泛的意义上，马克思是一个道德学家，有时甚至是一个态度坚决的道德学家；但马克思又经常公开地抨击道德和基本的道德概念。为什么会产生这样的悖论呢？米勒认为从根本上说这取决于我们对道德的理解。人们通常认为，世界上存在着在本质上被称为道德的东西，它的对立面就是狭隘的自我利益。米勒认为这是一个非此即彼的极端看法。实际上，大多数人忽视了道德和自我利益之间的这个广大的领域。在这个领域中，人们所谈论的话题虽然不是纯然的道德，但也不能说是不道德。米勒举例说："在日常生活中，那些超出道德要求范围的对家庭或朋友的忠诚，就处于自我中心和

---

① ［美］史蒂文·卢克斯：《马克思主义与道德》，袁聚录译，高等教育出版社 2009 年版，第 175 页。

② ［美］史蒂文·卢克斯：《马克思主义与道德》，袁聚录译，高等教育出版社 2009 年版，第 45 页。

道德之间。"① 如果我们把这个长期被人们忽视的领域重视起来，我们也就会发现马克思的道德关注正在于此。

根据上述对道德的理解，我们就知道，传统的道德哲学，特别是以康德为代表的义务论理论，是一个追求纯然道德的极端。这种理论把"道德作为解决政治问题（也就是为了解决政治问题而选择社会制度和策略）的基础。米勒把这种看法叫作"政治道德观"（the moral point of view in politics）。政治道德观有三个显著的特征：平等（人们被平等看待和尊重，被赋予平等地位）、一般性规范（将一般性的、有效的规范原则应用于具体事例即可解决那些主要的政治问题）、普遍性（任何一个可以理性思考的人都可以接受上述一般性规范）。② 从这个标准来看，马克思的哲学与道德无关，并且马克思是批判这种道德观的，认为这三个特征和原则对于我们选择一个值得追求的社会制度是不合适的。

道德领域的另一个极端是利己主义。对自我利益的追求在马克思那里同样无效。米勒援引马克思在《德意志意识形态》中对施蒂纳的批判予以证明："对于我们这位圣者来说，共产主义简直是不能理解的，因为共产主义者既不拿利己主义来反对自我牺牲，也不拿自我牺牲来反对利己主义，理论上既不是从那情感的形式，也不是从那夸张的思想形式去领会这个对立……共产主义者不向人民提出道德上的要求，例如你们应该彼此互爱呀、不要做利己主义者呀等等；相反，他们清楚地知道，无论利己主义还是自我牺牲，都是一定条件下个人自我实现的一种必要形式。"③

既然马克思反对纯然的政治道德观，也不诉诸利己主义，我们就需要思考：马克思所倚赖的原则是什么？也就是说，马克思在放弃了别人都坚持的原则之后，用什么来代替它们？米勒认为马克思成功地把握住了"狭隘的自我利益与本然的道德之间一直被忽略的广大区域"，从而为我们提供了一个合宜的看法（a decent outlook）。那么，这个"合宜"的关于道德的看法与传统的道德观点之间到底存在什么样的区别呢？其合

---

① Richard Miller, *Analyzing Marx: Morality, Power and History*, Princeton, N. J.: Princeton University Press, 1984, p. 16.

② Richard Miller, *Analyzing Marx: Morality, Power and History*, Princeton, N. J.: Princeton University Press, 1984, p. 17.

③《马克思恩格斯全集》（第3卷），人民出版社1960年版，第275页。

宜性表现在哪里呢？米勒从四个方面加以论述：

1. 在指导人们进行政治选择的标准上，马克思倾向于那种可以关注较大范围的和较长时期的原则。这是一个合宜的看法，因为马克思既不不相信存在一个可以指导所有历史时期的政治选择的标准，也不赞同诉诸反复无常的、短期的利益。

2. 在其原则所指导的对象方面，马克思倾向于以人群中的大多数，即工人阶级整体利益和愿望为目的。这是一个合宜的选择，因为马克思既不是为社会上的所有人，也不是为社会上的极少数人，而是为人们中的大多数，提供一种在进行社会和政治选择时的指导原则。

3. 在指导工人阶级进行政治选择的具体原则方面，马克思诉诸一个基本善（即社会福祉）的序列。这是一个合宜的形态。马克思拒斥了具有抽象性的、纯形式的善，也不接受对自我利益的追求，而是认为"自由、互惠、自我表达、避免痛苦和早亡以及其他与此类似的基本善等"①是我们要关注的重点。

4. 在实现目标的方式上，马克思为我们提供的办法是取消道德，追求一种由特定经验和交往产生的品质典范，比如爱、有为素不相识的人做出牺牲的意愿等等。这是一个适宜的方法。米勒相信，"或许人道主义与狭隘私利之间的平衡可以通过这种形成品格典范的方式得以更好地理解"②。

通过以上四点，米勒告诉我们，关于"道德和非道德"的区分是产生马克思道德悖论，也是过于夸大马克思与传统道德哲学家差别的根本原因。如果我们从宽泛的意义上理解道德问题的广大领域，我们也就可以理解马克思关于道德观点的定位，理解马克思是以最为人道的方式反对纯形式的道德，是以为大多数人提供指导原则的方式倡导一种与"政治道德观"具有相同作用的看法。通过这种方式，米勒认为，马克思的道德悖论实际上是一个虚假的悖论。虽然论述了马克思有关道德理论的基本观点，但米勒因为明确判断马克思反对本质主义的道德，被学界划分在持"马克思主义的反道德主义"（Marxist Anti-moralism）观点的队

---

① Richard Miller, "Marx and Morality", in Roland Pencock and John W. Chapmaneds. *Marxism: NOMOS* XXVI., New York: New York University, 1983, p. 20.
② Richard Miller, "Marx and Morality", in Roland Pencock and John W. Chapmaneds. *Marxism: NOMOS* XXVI., New York: New York University, 1983, p. 30.

伍中。

在分析马克思主义那里,我们还发现另外一些更重要的解决马克思道德悖论的尝试。一些学者意识到从马克思的历史唯物主义去寻找其道德哲学根源的可行性和重要性。比如对历史唯物主义作出功能性解释的G. A. 科恩。科恩虽然关注的重点并非马克思的道德理论,但我们从他的论述中也看出了一种以历史的理论理解马克思道德理论的线索。科恩认为马克思的理论中有两个主题:一是生产力选择什么样的生产关系与该种生产关系推动生产能力发展的程度相关;二是生产力总是在不断发展。以上两点可以概括地表述为"首要性命题"和"发展命题"。① 在科恩看来,许多学者对马克思强调"生产力的首要性"持反对意见,是因为他们认为这意味着生产力作为某种非人的东西成为人类社会发展的动力从而控制着人本身,贬低了人性。也就是说,他们认为,"首要性命题"是贬低人道主义的。② 这种判断从另一个侧面来说,表明了那些反对者实际上是把历史唯物主义看作一种"技术决定论",认为历史唯物主义的观点把技术或与技术同类的非人的东西看作历史发展的动力。正是由于非人的东西优越于人,他们才得出"首要性命题"是反人道主义的结论。

科恩却提出相反的观点。他认为无论在实践中还是马克思的理论中,生产力的发展始终与人自身能力的发展保持一致:生产力的提高实际上就是人的劳动能力的提高。有了这样的认识,人们就会理解,马克思强调的技术发展(也就是社会生产力的提高)并非贬抑人性,而是凸显人自身的进步。科恩还特别指出,随着共产主义社会中生产力的全面发展,人类个体的自由活动将达到一个前所未有的高度。科恩的核心观点是:"历史是人的能力发展的历史,然而它的发展过程是不以人的意志为转移的。这并没有把某种超人(extra-human)的东西放在历史的中心。它当然设定了人们自己创造自己历史的意义,但是它在达到我们与共产主义一起到来的'自觉组织的社会'之前,不管是好是坏恰恰是真的。"③ 科

---

① 参见 [英] G. A. 科亨《卡尔·马克思的历史理论——一个辩护》,岳长龄译,重庆出版社1989年版,第146页。
② 参见 [英] G. A. 科亨《卡尔·马克思的历史理论——一个辩护》,岳长龄译,重庆出版社1989年版,第160页。
③ 参见 [英] G. A. 科亨《卡尔·马克思的历史理论——一个辩护》,岳长龄译,重庆出版社1989年版,第161—162页。

恩的功能性解释为我们理解历史唯物主义开创了一条全新的道路：在其中，生产力不再是一种人之外的某种单独的力量，它的发展与作为理性存在的人的活动息息相关①，并且在不断改变着人类的生存状况，满足着人们的各种需要。科恩的观点为我们提供了一个重要的视角，他提醒我们把历史唯物主义的解释与对人的理解联系起来。

科恩认为，马克思的理论中有两个主题：一是生产力选择什么样的生产关系与该种生产关系推动生产能力发展的程度相关；二是生产力总是在不断发展。②许多学者对马克思强调"生产力的首要性"持反对意见，因为他们认为这意味着生产力作为某种非人的东西成为人类社会发展的动力从而控制着人本身，贬低了人性。科恩却提出相反的观点。他认为无论在实践中还是马克思的理论中，生产力的发展始终与人自身能力的发展保持一致：生产力的提高实际上就是人的劳动能力的提高。有了这样的认识，人们就会理解，马克思强调的技术发展（也就是社会生产力的提高）并非贬抑人性，而是凸显人自身的进步。科恩还特别指出，随着共产主义社会中生产力的全面发展，人类个体的自由活动将达到一个前所未有的高度。科恩的功能性解释为我们理解历史唯物主义开创了一条全新的道路：在其中，生产力不再是一种人之外的某种单独的力量，它的发展与作为理性存在的人的活动息息相关，并且在不断改变着人类的生存状况，满足着人们的各种需要。科恩的观点为我们提供了一个重要的视角，他提醒我们把历史唯物主义的解释与对人的理解联系起来。

布伦克特认为历史唯物主义是马克思的元伦理学。他声称马克思不是道德哲学家，但他有道德理论。马克思反对的是道德主义和责任伦理学，却追求一种建立在自由之上的美德伦理学。马克思的道德理论是他的科学观点的组成部分，历史唯物主义是马克思的元伦理学。在《马克思的自由伦理学》的第二章和第三章，布伦克特重新解释了历史唯物主义。第一步，布伦克特重新确立了历史唯物主义的基础。他认为，在马克思的理论中，生产力不是于生产关系分立，而是两者互相结合形成了

---

① 虽然科恩承认人的本质是随着历史的发展而发展的，但理性是人的本质的基本特点之一。参见［英］G. A. 科亨《卡尔·马克思的历史理论——一个辩护》，岳长龄译，重庆出版社1989年版，第165—166页。

② 参见［英］G. A. 科亨《卡尔·马克思的历史理论——一个辩护》，岳长龄译，重庆出版社1989年版，第173—179页。

生产方式。所以作为历史唯物主义基础的不是生产力而是生产方式。第二步，布伦克特重组了生产方式的内容。众所周知，马克思把劳动力看作生产力的重要元素之一，它包括技巧、培训、专业知识和经验。除了这些，布伦克特把道德和价值观也加进了上述名单，因为他认为如果科学技术以及某人为将来工作所做的训练可以成为生产力的组成元素，一个人的道德结构和价值观在他的工作中也起了作用，也应该被看作是组成要素。[1] 通过这样的改造，道德就成为生产方式的组成部分由社会意识转变成社会存在了。

凯因则认为，历史唯物主义原理是一个宽泛的理论。这个理论表明，在物质条件和各种意识形式——政治、法律、美学、宗教和伦理学之间存在着一定的关系。而且，历史唯物主义原理起码是隐含着对于美学、法律、宗教、伦理学和其他理论的需要，需要把这些理论制定出来。凯因相信，马克思必须有关于上述意识形式的理论，而且历史唯物主义是形成这些理论的关键。从这种视角出发，凯因断定："马克思在一生中没有坚持单一的伦理学思想。"[2] 他对马克思的思想分期进行了全新的划分：

第一期（1835—1844）：此时马克思的道德理论是根据一种类似于亚里士多德的本质概念建立起来的，并且马克思试图把这种本质概念和一种类似于康德"绝对命令"的普遍化概念统一起来。此时，马克思相信伦理学的作用，认为道德在改变世界的过程中有着现实的影响。

第二期（1845—1856）：在《德意志意识形态》中，马克思放弃了此前的道德观，并认为道德是意识形态的虚幻，必将在共产主义社会中消失。此后将近十年的时间里马克思都坚持这种看法。

第三期（1857—1883）：在《政治经济学批判导言》和《资本论》中，马克思又开始论证道德，这里的道德不再是意识形态的虚幻，在共产主义社会中也不会消失。但在资本主义社会里它是无力超越现存世界和推动革命的。尽管如此，道德在马克思的理论中仍然起着重要的作用。

---

[1] George Brenkert, *Marx's Ethics of Freedom*, London: Routledge & Kegan Paul, 1983, p. 36.
[2] Philip Kain, *Marx and Ethics*, Oxford: Clarendon Press, 1988, p. 1.

三 趋势

政治哲学研究是当代哲学研究的最强音。在当代政治哲学研究中，由罗尔斯和德沃金开创和发展的自由主义平等观念无疑是其中的主线。这种潮流也影响到马克思主义哲学研究。科恩的学生威尔·金里卡（Will Kymlicka）在《当代政治哲学》中认为，随着共产主义运动在实践上的低潮，对无产阶级革命必将胜利的信念只能从道德上证明其合法性，也就是说，马克思主义者需要证明为什么社会主义社会比资本主义福利社会更自由、公正和民主。这将是作为科学马克思主义作为历史必然性理论的衰落，取而代之的是作为规范的政治理论的马克思主义。

在政治领域内进行马克思主义研究的有三种倾向：第一，分析的马克思主义者主流试图在自由平等主义的方向上重构马克思主义。分析学派的马克思主义最早争论的主要是关于马克思对正义概念的态度，以及马克思对资本主义本身的正义与否的态度。争论的焦点最终可以这样表述：马克思是以一个中立者的身份认为不能用更高层次的社会道德标准来评判之前的社会，还是以一个无产阶级革命家的身份认为社会主义具有道德上地优先地位呢？随着争论的进行，分析学派的马克思主义者们试图在自由的平等主义方向上找到马克思主义正义观的位置。该学派的三位领军人物都赞同这样的理论立场。其中，约翰·罗默（John E. Roemer）提出市场社会主义（Market Socialism），试图融合自由的平等主义与社会主义理论。这种观点认为任何公平有效的社会都应该为市场留下空间。它除了强调资本和劳动力市场的作用，更强调自由的平等主义对社会主义的制约。这种的理论倾向实际上是放松了马克思主义与历史目的论和哲学决定论之间的联系，保留了其政治批判功能。第二，麦克·沃尔泽（Michael Walzer）、戴维·米勒（David Miller）、伊立沙白·安德森（Elizabeth Anderson）等试图从不同于自由主义的角度为平等寻找独特的社会主义理论的哲学基础。他们从社会民主的传统理论中寻找对平等的解释，强调"社会平等"（或者说是市民平等/民主平等），以区别自由主义所倡导的个人的"分配平等"。第三，安德鲁·列文（Andrew Levine）和简·富兰克林（Jane Franklin）等则从后马克思主义的立场为平等概念寻找社会主义理论上的解释。这些学者倡导左派知识分子为英国新工党重新解读"社会主义"的意义。

四 评价

上述对马克思道德悖论的解决方式并不能让我们满意。卢克斯和米勒的解决方式从根本上说仍然是以弱化历史唯物主义在马克思思想中的地位为代价的；科恩的主要理论兴趣并不是探讨历史唯物主义与道德的关系，所以他的看法仅仅是一个苗头，并没有完全深入下去；而布伦克特和凯因虽然明确指出了历史唯物主义与道德的关系，但他们对历史唯物主义的重新解释很大程度上是对马克思原有思想的篡改，存在着很大的问题。因此，上述解决马克思道德悖论的尝试从根本上说只是深化和丰富了我们对马克思道德悖论的认识，并未从根本上解决问题，我们在其中看到的或者是一个被传统道德哲学重新框定的马克思，或者是被作者的意图篡改了的马克思，却不是那个想要改变世界同时也改变哲学的马克思。

分析马克思主义再一次为我们确定了研究马克思主义伦理学的线索，那就是，只有从研究马克思哲学的历史观乃至马克思哲学自身的性质出发，才能确定马克思哲学为何种人道主义。当然，从历史观的角度理解伦理学并不是分析马克思主义学派的独创，能够认识到这种联系是历史发展的必然。自文艺复兴以来，随着人们对人的价值和意义的强调，现代伦理学已经不再是那种包含人生哲学甚至宗教学说、不仅考察人的人生理想和自我修养还考虑人的生命意义和终极关切的传统意义上的广义伦理学，而转变为考虑人的行为和行为准则、考虑人与人以及人与社会关系的狭义伦理学了。

对历史观的理解也发生着几乎同步的变化，历史学家维柯在18世纪初期提出"历史是人创造的"，这一思想确立了人类历史是由人自己创造出来的信念，旗帜鲜明地把人提升为历史的主体，历史不再是上帝或神灵的旨意。此后，对人的理解成为历史观的主题。在这个意义上，伦理学这门研究人类实践的古老学问是与历史观纠结在一起的，一个人对历史观的研究必定影响着他对道德哲学的研究。通过对马克思伦理思想研究史的总结和分析，我们不难看出，对历史唯物主义的理解和判断始终与对马克思伦理思想的解释纠缠在一起。而且，随着我们对历史唯物主义的理解越来越内涵丰富，马克思道德理论的悖论也越来越深刻地呈现。这是历史呈现给我们的一条线索：从历史唯物主义中寻找解释马克思主义伦理学的视角和方法，用马克思创立的历史唯物主义视角来分析和评判马克思对道德哲学的贡献，历史唯物主义是理解马克思道德理论、解决马克思道德悖论的关键。

（原载《长春市委党校学报》2009年第6期）

《哲学通论》与当代中国的马克思主义哲学研究

《哲学通论》一书不仅是中国哲学研究进步的产物，而且大大推进了中国马克思主义哲学研究的进程。这主要表现在，《哲学通论》进一步推动了教科书哲学改革；它倡导的注重"哲学观"研究和前提批判的思维方式为繁荣和发展当代马克思主义哲学研究提供了视角和方法；它以特有的哲学理解方式推进了马克思主义中国化研究的步伐。

一

孙正聿教授写作并出版《哲学通论》的一个目的是进一步改革教科书哲学，并以此推进马克思主义哲学改革。孙正聿教授开始讲授"哲学通论"课程是在1995年，《哲学通论》一书出版是在1998年。在此之前，中国哲学界的教科书改革已经进行了很长的时间。20世纪80年代围绕人道主义、主体性以及历史创造者等问题的各种论争都显示出"文革"后中国思想界试图挣脱政治中心主义的束缚、改革教科书体系以及思考中国哲学路径的决心。这其中最重要的成果应该是高清海教授主持编写的《马克思主义哲学基础》（上、下册）。然而，虽然中国哲学界在20世纪80年代的讨论如火如荼，我们也应该看到，这种教科书改革的成果和影响仅限于思想界或者更准确地说是哲学界。在更广大的中国大学马克思主义理论教育的讲坛上，传统的教科书体系依然盛行。这也就出现了所谓的"讲坛哲学"和"论坛哲学"并存的局面。因此，《哲学通论》在20世纪90年代"应运而生"，它不仅是"适应中国哲学界对哲学追问而产生的"①，而且是为着提高哲学教育的水平和普遍的哲学教养而产生的②。这种应运而生不仅表达了中国哲学界对哲学是什么的反思，也是有意识地想要通过《哲学通论》推进讲坛哲学的改革，推进马克思主义哲学的改革。

《哲学通论》通过追问"哲学是什么"实现了对"马克思主义哲学是什么"的探寻。《哲学通论》的开篇就倡导以推进哲学自我理解的方式推进哲学改革。书中提出，"哲学观"问题"不仅是哲学家们关注的首要问题，而且也是决定他们的哲学能否成为一种独特的哲学理论的首要问题，并且决定他们的哲学具有何种程度的合理性的首要问题"③。以"哲学究竟是什么"为主线，《哲学通论》在全部哲学史和当代哲学的广阔背景中，通过对哲学自身的追问和反思，告诉我们：哲学不是科学。这种通过"哲学不是什么"来回答"哲学是什么"的方式本身就是作者对教科书体系的一种反对。当我们试图从哲学对科学的反思关系中理解哲学的时候，我们并非从《哲学通论》中获得了某种"终极真理"，我们可以领会的是作者以"前提批判"的基本理念和解释原则探索哲学自身的一种追求，这构成了《哲学通论》最鲜明的特色：以哲学家自身的观念和方法来解读哲学，而不是提供一套评价一切的体系和标准。正是这种专著型教材的产生才能切实推进教科书哲学改革，普遍提高国人的学术素养，进而在更广阔的空间和背景中推动马克思主义哲学的研究。

二

《哲学通论》为繁荣和发展当代马克思主义哲学研究提供了视角和方法。在当代西方马克思主义研究中占据主流的是分析学派的马克思主义，他们从20世纪70年代开始就以"分析的"方法重新思考马克思主义思想。这种研究倾向具体来说主要是借助于博弈理论、决策理论等广泛应

---

① 孙正聿：《〈哲学通论〉与当代中国哲学》，转引自《孙正聿哲学文集》（第9卷），吉林人民出版社2007年版，第592页。
② 参见高清海《培养创造性的头脑》，转引自《孙正聿哲学文集》（第9卷），吉林人民出版社2007年版，第607页。
③ 孙正聿：《哲学通论》，辽宁人民出版社1998年版，第21页。

用于当代经济学的理性选择理论（rational choice theory）以及分析哲学的概念和技巧，研究如何从实际问题（比如制度理论、阶级关系、剥削以及经济危机等）澄清马克思的思想。这就是"分析学派的马克思主义"。G. A. 科恩在 2000 年再版了他的代表作——《卡尔·马克思的历史理论：一个辩护》。在新版的"导言"中，科恩对分析学派的马克思主义作了总结：分析学派的马克思主义在广义上是要反对"辩证思维"；在狭义上是要反对"整体性思维"。在科恩看来，辩证方法因其模棱两可而无法与分析方法抗衡；而整体性思维又因其缺乏微观分析而遭到质疑。从根本上说，分析学派的马克思主义认为马克思主义本身缺乏有价值的方法，因此需要求助于当代西方哲学和社会科学的"分析方法"。"分析"与马克思主义的关系是：分析没有问题，有问题的是马克思主义；分析就是用来澄清马克思主义的。分析的马克思主义者首先要为马克思主义理论辩护；但在辩护过程中，如果马克思主义理论中的某些论题无法经受分析方法的检验，它们就将被淘汰，马克思主义也就不可避免地在发展中被"重建"。

马克思主义自诞生之日就以其开放性和批判性而具有顽强的生命力。乔纳森·伍尔夫（Jonathan Wolff）说过，通常我们根据"深度、创新性、洞察力、原创性和其他优点评价一些伟大哲学家的著作，然而真理，至少全部真理或者说仅仅是真理常常被排在关注对象的末尾"[1]。对于马克思这样一个在不同场合、针对不同人物、出于不同目的而作出过一些预言的思想家来说，他某些预言的失败并不等于他思想本身的无价值。在这一点上，我们完全可以判断，某些分析学派的马克思主义者以及后马克思主义者对马克思主义的批评是粗暴的、不合理的。琼·罗宾逊（Joan Robinson）[2] 所开启的后马克思主义建基于绝对意义的认识论立场，追求非此即彼的单向度命题体系，认为只要他们反对了马克思主义中的一条真理，他们就否定了整个马克思主义的真实性。正像理查德·伍尔夫（Richard Wolff）和史蒂芬·库伦伯格（Stephen Cullenberg）所批判的：后马克思主义是反马克思主义，而这种反对不是建立在对复杂的马克思

---

[1] Jonathan Wolff, *Why Read Marx Today*, New York: Oxford University Press, 2002, p. 201.
[2] 琼·罗宾逊系剑桥大学教授，1942 年出版了《论马克思的经济学》。在她的影响下，学界形成了如今政治经济学界的后马克思主义学派。

主义传统的丰富性的深刻理解之上。① 同样，我们对于马克思主义的继承和发展，不应局限在马克思及其后继者提出的某些真理和教条，更不意味着我们可以用外在的原则和方法对马克思主义哲学任意臧否，我们应该关注的是马克思哲学的独特性、创新性和时代性。

哲学应该按其本性来理解，我们研究马克思主义哲学的时候自然需要遵照马克思主义哲学的本性，而这实质上是要求我们回答马克思的哲学观是什么。遵循《哲学通论》的研究思路，我们可以确定，马克思主义哲学研究首先需要关注的是马克思的哲学观问题，因为这不仅是马克思主义研究的首要问题、决定性问题，还是确定马克思主义哲学合理性的关键问题。马克思主义的哲学就是马克思对哲学本身的个性化理解和特殊要求，其中体现的是马克思独特的思维方式和哲学解释原则。《哲学通论》的作者认为，"哲学是哲学家以人类的名义讲个人的故事，哲学又是哲学家以人类的名义讲个人的故事"②。对于马克思而言，从哲学观上把握其思想实质显得更为重要，因为马克思在对哲学的理解上实现了对传统哲学革命性的超越。马克思提出："哲学家们只是用不同的方式解释世界，问题在于改变世界。"③ 通过对马克思哲学观的探究，我们可以发现，马克思发展了一种新的哲学解释原则，这不是在原来的路上大踏步前进，而是开启了一条新的哲学路向。简略地说，马克思的哲学观主要表现在从现实的人的感性活动出发理解人与世界的关系，以谋求全人类的解放。通过对德国古典哲学的批判，马克思哲学的出发点不再是人们自己创造的关于"人"的理想，而是"从事实际活动的人"，不再是意识决定生活，而是生活决定意识。不从哲学观上把握马克思主义哲学，就无法领会其精髓，更无法发现马克思所实现的哲学革命，也就不能真正从哲学的意义上确认马克思主义哲学的合理性。

从哲学观的角度理解马克思主义哲学，不仅符合马克思主义哲学的特性，也为我们理解其当代性提供了全新的视野和思路。当代的马克思主义研究不可避免地面临着马克思主义的原创性与其当代意义之间的关

---

① Richard Wolff & Stephen Cullenberg, "Marxism and Post-Marxism", *Social Text*, 1986, No. 15, p. 133.

② 孙正聿：《当代中国的马克思主义哲学研究》，《河南大学学报》（社会科学版）2005年第4期。

③ 《马克思恩格斯选集》（第1卷），人民出版社2012年版，第140页。

系问题。具体来说，就是我们该如何理解"回到马克思"与"让马克思走入当代"的关系。一些学者针对这个问题展开了积极的具有历史意义的讨论。讨论的具体细节包括：1. 有无"本真的马克思存在"（这是讨论的前提）。如果有，本真的马克思是什么？如果我们无法直接面对和恢复本真的马克思，我们该如何评价马克思，如何看待对他的思想继承？2. 以何种方式"回到马克思"。是通过对马克思的文本解读，在学术层面进行客观性研究和分析，以期更真实的把握马克思本人的思想，还是澄清马克思主义研究的混乱，正本清源以求返本开新，激活马克思的思想方法在当代的意义？从哲学观的角度把握这个问题会让我们有更清晰的思路。马克思说过，"哲学是自己时代的精神的精华"。哲学不是脱离历史和时代的"绝对真理"，不同时代的哲学家有不同的哲学观。也就是说，任何哲学观在求解人类性问题的同时一定标注着时代性的烙印，而只有在对时代性问题的把握中才能体现哲学的人类性高度。因此，我们一方面不放弃对马克思思想本身真实样貌和原初状态的追求，但这并不是要完全还原马克思思想的真实状态，因为后者并不实际，也无意义；另一方面，我们"让马克思走入当代"并不是无意识、无限制的盲目创新，而是以马克思的文本为依据的理论阐释，实现马克思主义哲学与当今时代精神的契合，释放马克思哲学观的当代意义。

三

　　《哲学通论》以推进哲学自我理解的方式推进了中国式的马克思主义哲学研究。

　　当代中国的马克思主义哲学研究有自己的问题意识和理论特色。"文化大革命"结束后对人性、人道主义和异化问题的广泛争论是当代中国马克思哲学界创新性工作的序曲。在这场大讨论中，人们就人在马克思主义中的地位、人道主义与马克思主义的关系、马克思的异化理论等重大理论问题进行了长时间的争论。虽然争论没有得出确定的结果，但这样一场热烈而广泛的大讨论开启了中国学术界改革苏联教科书模式的进程，也将中国的马克思主义研究推向一个崭新的阶段。在这之后的二十年里，中国的马克思主义研究者用短暂的时期、激烈的争论和对话完成了和西方马克思主义研究相似的道路，并开始了"有中国特色的马克思主义"哲学研究。我们可以自信地说，中国的马克思主义哲学研究已经具有深厚的理论基础和先进的研究水平。这和中国庞大的马克思主义研究者队伍有关，和中国人对马克思深沉的敬重有关，也和全球化的世界历史进程有关，更和转型期的中国社会的时代特色有关。

《哲学通论》是中国哲学乃至中国马克思主义哲学研究进步的产物，但它同时也大大推进了中国式马克思主义哲学研究的进程。批判教科书体系的外在目标，倡导哲学观研究的理论追求以及前提批判的内在逻辑，使《哲学通论》不仅实现了提升国人哲学素养的使命，而且实现了对马克思主义哲学自我理解的推动。更重要的是，在这样一种思维方式和理论视角的引导下，我们能够确切认识到马克思主义哲学中国化的现实性与必然性。正如《哲学通论》作者常说的，任何真正的哲学都是"有我的哲学"。中国的马克思主义哲学研究也必然是有中国特色的马克思主义哲学研究。正是因为我们面对着当代中国及其与世界关系的巨大发展和变革，当代中国的马克思主义哲学研究才具有了更深刻的问题意识、超前意识和反思意识，在与社会实践的交流中也推进着马克思主义哲学自身的发展。用孙正聿教授的概括就是，哲学是"以时代性内容、民族性形式和个体性风格求索人类性问题"[①]。

（原载《吉林师范大学学报》2009年第3期）

[①] 孙正聿：《以哲学的工作方式推进马克思主义哲学研究》，《学术月刊》2007年第5期。

第三编 世界历史与世界图景研究

儒家的世界主义与斯多葛学派的世界公民主义

古希腊的斯多葛学派为我们提供了一个构建世界性城邦的理论体系，其中强调了作为世界公民的诸神与圣人之间不分亲疏远近而平等待人的德性，表达了一种道德哲学上的严格的世界公民主义态度。儒家思想传统中存着一种立足于地域性共同体追求天下大同的思想。在儒家看来，处于自我、家庭、国家和世界等各种关系之中的人，在仁与礼的交互作用下，可以有效地处理对自我共同体的特殊责任与关照共同体外陌生人的普遍责任之间的张力，从而在道德层面成就一种温和的、循序渐进的世界主义。从根本的意义上看，儒家思想因其包容性强、持久绵长且照拂一切人而更具实践性，也更具当代价值。

在当代西方的哲学话语中，同 Cosmopolitanism 相关的主要是这样一个理念："所有的人类，无论其政治立场如何，都可以（并且至少可以）属于一个人类共同体，而这个共同体是应该并且可以培育的。"[①] 也就是说，在当代西方政治哲学和道德哲学的相关文本中，Cosmopolitanism 这一理念的核心是对普世的人类共同体的谋划。在这种宽泛的意义之下，Cosmopolitanism 可以涵盖的立场和观点更加丰富和具有包容性。从最基本的层面上，它可以被解释成"世界公民主义"，即以每个具有独立性的平等公民为主体构建世界性的城邦或国家；也可以解释成"世界主义"，即在各自共同体内承担特殊责任的成员同时以仁爱对待共同体外的其他人，以求天下大同。正是在这个前提之下，跨文化讨论 Cosmopolitanism 才成为可能，我们对儒家的世界主义与斯多葛学派的世界公民主义的比较性研究也才成为可能。

当现代西方学者在西方学术传统中追问世界公民主义的源头时，大

[①] Pauline Kleingeld & Eric Brown, "Cosmopolitanism", Stanford Encyclopedia of Philosophy, viewed 30 Mar. 2013, http://plato.stanford.edu/entries/cosmopolitanism.

部分都同意这个源头在古希腊的斯多葛学派那里。① 斯多葛学派提出，个人可以通过与体现神性本然的理性一致来实现一个世界公民社会，他们称之为世界城邦（Cosmopolis）。只有那些借助正确的理性与本然一致，从而具备德性的人才能成为世界城邦的公民。世界公民们分有共同善，因此，对他们而言，帮助他人共享这种善就是帮助自己分有善。"即使从未谋面，世界公民们也能做到互助互益。"② 促使他们帮助别人的不是来自地域的、血缘的或者友爱的因素，而是他们自身中具有的理性。

在中国哲学传统中，我们可以在儒家思想中找到有关培育和建立人类共同体的构想和理解。③ 儒家倡导的世界性社会主要体现在对天下大同的描述中。在《礼记》中，记录了孔子对鲁国的状态痛心疾首，并假借古代之名描述了上古大道运行时的理想社会，表达了他对天下一家的向往。在孔子的蓝图中，包含了四个方面：（1）社会的领袖是因为其德性、天赋和能力被推举出来的；（2）信义、和平和荣光是社会每个成员都追求的；（3）有合适的条款规定老幼病残者可以获得照顾，并享受幸福生活；（4）男人与女人在社会上都有适当的位置。在这样的社会中，对于一个人来说，他的家庭成员同家庭以外的人之间没有显著区别，人们都不"独亲其亲，独子其子"；每一个人和物都能发挥其最大功能；劫匪、小偷和背信者都无处使坏。④ 但孔子也认识到，现实与这种理想的图景存在巨大的差距。现实社会是"天下为家。各亲其亲，各子其子，货力为

---

① 有关"世界公民主义"在西方思想中的起源，可参见 Eric Brown, *Stoic Cosmopolitanism*, Cambridge: Cambridge University Press, 2007; Pauline Kleingeld, "Six Varieties of Cosmopolitanism in Late Eighteenth – Century German", *Journal of the History of Ideas*. 1999. 60（3），pp. 505 – 524; Nussbaum, Martha, "Kant and Stoic Cosmopolitanism", *The Journal of Political Philosophy*. 1997, 5（1）: 1 – 25; John Sellars, "Stoic Cosmopolitanism and Zeno's Republic", *History of Political Thought*, 2007. 28（1），pp. 1 – 29.

② Eric Brown, *Stoic Cosmopolitanism*, Cambridge: Cambridge University Press, 2007, pp. 98 – 99.

③ 有关"世界主义"在儒家思想中的体现，可参见赵汀阳《天下体系：世界制度哲学导论》，江苏教育出版社 2005 年版；童世骏：《中国思想与对话普遍主义》，《世界哲学》2006 年第 4 期；Pheng Cheah, "Chinese Cosmopolitanism in Two Tenses and Postcolonial National Memory", *New Faculty Lecture Series of UC Berkeley*, 2000, pp. 1 – 52; Shan Chun, "On Chinese Cosmopolitanism", *Culture Mandala: Bulletin of the Centre for East – West Cultural & Economic Studies*, 2009, 8（2），pp. 20 – 29.

④ 参见（东汉）郑玄注、（唐）孔颖达疏《礼记正义》，北京大学出版社 2000 年版，第 769 页。

己"①。面对这样一个现实，孔子不得不以一种更为合适的、立足于现实的方式追求他的理想。孔子和儒家的大部分理论诉求都是立足于"小康"社会的，他们希冀个体在内在的仁和外在的礼的指导下行动并最终实现天下太平。

在这篇文章中，我通过关注儒家和斯多葛学派的思想，考察两者有关世界性人类共同体的核心观念，比较两者的差异以及产生这种差异的原因，并尝试提出对当代世界主义或世界公民主义的理解。

一

儒家经典和斯多葛学派残篇中对世界性国家或社会的描述首先体现了他们在自然哲学上的不同立场。在古代人的眼中，自然不仅是自然现象，同时也展现了现象背后那创造和引导世间万物的自然神的作用。所以自然与人的关系实际上体现的是自然神与人的关系。考虑到这一层面，我们可以说，自然与人的关系涉及两个方面。一方面是人由自然创造，从自然中生成，并在自然的关照下生存；另一方面是人如何以自己的实践与自然发生关联。在比较接近的历史时期，古代中国人与古代希腊人体会着类似的生活经验，却产生了不同的反应。

儒家与斯多葛学派在自然哲学方面的差异主要表现在以下两个方面：

首先，两个学派在自然神对人的作用力上存在不同看法。在儒家看来，天是人的创造者和统治者。换句话说，天就是自然。所以，孔子认为天与人的关系同自然与人的关系一致。或者可以说，天人关系是通过自然与人的关系体现出来的。同时，天是人在日常生活中效仿的道德典型。天不仅是人的存在源头，而且是其道德观念的源头。然而，天并不直接对人显现，而只通过自然世界的现象直接地给人以指导。《论语》中说："天何言哉！四时行焉，百物生焉。天何言哉！"②通过四季更替，日出日落，人类获得对自然法的认识。

斯多葛学派同样提出了一种对神的自然解释。他们认为神在与人的

---

① （东汉）郑玄注、（唐）孔颖达疏：《礼记正义》，北京大学出版社2000年版，第769页。
② 毛子水注译：《论语今注今译》，重庆出版社2008年版，第296页。

关系上扮演双重角色。首先，神是永恒的，并且创造了地球上的万物；其次，神有灵魂，而人的灵魂是其碎片。根据我们所拥有的克里希波斯（斯多葛学派第三代领袖人物）的残篇，他相信自然中没有什么事是徒劳的。他确定神性的惠赐本质，认为神对人是慈爱的、友善的。神是为了每一个人类个体以及他们之间的关照而创造了人，而动物的存在不过是为了满足人类的生活需求。也就是说，人以外的他物是为人创造的，而人生来是为了完成和模仿神的世界[1]。在克里希波斯的等级化安排中，我们看到一种激进的目的论模式。神意是如此伟大，以至于它所安排的世界是可能世界之中最好的世界；它使万物都朝着一种完美状态进发。根据这样一个安排，我们首先可以看到神在任何地方、任何时候都影响着人。其次，神让人类从一开始就是完满的。因此，在斯多葛学派的自然哲学中，神扮演的是一个比孔子思想中更重要的角色。

其次，儒家和斯多葛学派对人与自然的关系中人所扮演的角色也有不同看法。在儒家的观点中，尽管天是万物的原因，但人作为天与万物之间最为重要的纽带始终是最重要的元素。每一个人都有机会通过追求和理解天和天所启示的道德目标而更加接近于天。儒家相信在人类的心灵中有更为先在的道德原则，尽管他们可能因为人出生后的各种欲望和利益而变得模糊。去除欲望和利益，人就可以成功地获得对内在价值的追求。天人合一是一个人可以达到的最高境界。那么一个人怎样可以达到这样的境界呢？儒家认为人应尽力理解和观察这个充满着天的智慧的世界。理解了天的本质并意识到人不能与天分离之后，真正的天人合一才能实现。如同孟子所言："万物皆备于我矣。反身而诚，乐莫大焉。"[2]因此，在儒家看来，人与自然的联系是积极的，并且人在世界之中占据着一个重要的位置。人是天的结果，只有人可以理解天的本质。没有人，天是无目的、无生命且无力的。

斯多葛学派则从一种目的论的视角认为人是根据自然神的秩序来安排的；并且人的生命因为人类的恶而不断堕落。因此，一个人应该追求的目标就是与神性一致，因为神是决定万物存在的原因，是万物所以如

---

[1] 参见 *Stoicorvm Vetervm Fragmenta*（SVF），Vol. Ⅱ，pp. 1152 – 1153。英文转引自 Josiah Gould.，*The Philosophy of Chrysippus*，Leiden：E. J. Brill，1971，p. 156.

[2] 史次耘注译：《孟子今注今译》，重庆出版社 2008 年版，第 362 页。

此的"道":"我们的本然是宇宙本然的部分。"① 理解人类道德教化的最充分的方式是从根本上思考自然以及宇宙秩序和法则。斯多葛学派相信,"神是世界本身,世界是神性的普世发散"②,因此,一个人除了顺应本然之外别无选择和作为。我们由此可以判断,人在斯多葛学派的理论中可以发挥的作用比在儒家那里小很多。

从上面的比较来看,儒家和斯多葛学派在考虑人和自然关系时强调了不同的方面。对自然神的作用力和人所承担的角色的不同侧重恰恰印证了儒家和斯多葛学派对于世界共同体以及人在共同体中的作用的不同看法。但儒家和斯多葛学派在自然观上的结论是一致的:在儒家那里叫作"天人合一",在斯多葛学派那里叫作"人与自然一致",两者都强调了人效法自然的重要性。这个结论是联结自然哲学和道德哲学的重要纽带,关涉到它们对于在实践生活中人该如何成为一个好人的根本看法。

二

儒家和斯多葛学派对于人如何成为好人的看法根植于他们各自的自然哲学立场。同时,他们对于"人如何成为好人"这个道德哲学核心话题的不同论证,也反映了他们对世界性人类共同体的不同追求。

儒家哲学关注的中心是人性,因此,儒家要解决的主要问题是如何在天所彰显的方式的感染下成就一个好人。孔子提供的是仁的理论。《论语》从三个方面体现了仁的含义。首先是对待仁的态度。儒家认为每一个人都应该有对仁的渴望并真诚地追求仁的境界,接近仁的状态。因此,在追求仁的过程中,最重要的事并不是依赖别人的帮助,而是自己主动地去追求。也就是说,人成为人是一种内在的成人的要求在发生作用,不能期冀外在的他人的帮助。对于那些想要成为好人的人来说,这是最基本的责任。其次,孔子倡导以一种积极的方式关爱他人。孔子认为好人的行动表现在下面这个原则之中:"己欲立而立人,己欲达而达人。"③

---

① Josiah Gould, *The Philosophy of Chrysippus*, Leiden: E. J. Brill, 1971, p. 164.
② Josiah Gould, *The Philosophy of Chrysippus*, Leiden: E. J. Brill, 1971, p. 155.
③ 毛子水注译:《论语今注今译》,重庆出版社2008年版,第98页。

儒家这种从自身出发，去关照和扶持他人的积极的态度体现了行仁之道。第三，孔子认为从消极的意义上爱人也非常重要。他倡导"己所不欲，勿施于人"①。儒家思想所表达的黄金法则以一种迂回的方式告诉我们如何做一个好人，正像杰哈德·泽查（Gerhald Zecha）所言："往往告诉我们不该做什么比列出一些我们该做的事务清单更简单明了。"②

"仁"的理论考虑的不仅是一个人的内在教化和完善，还考虑他的实际行为。仁不仅与个体的人的道德相关，也同社会的基本道德原则相关。这就涉及儒家道德哲学中另外一个至关重要的概念——礼。礼一方面可以解释为社会规范和制度；另一方面也是一系列关于虔敬的社会风俗习惯的复合体。孔子一再强调，礼得以运用，"天下国家可得而正也"③。然而，仁和礼都不能单独构成人性培养的规则。只有礼和仁的相互结合，才可以实现上述目的。仁给予礼一种稳定的、内在的基础；礼可以成为判断一个人道德与否的外在标准，也就是说，可以判断一个人是否遵从仁的原则行事。

总之，仁与礼相互契合，成就了人与人之间的关系以及人类个体与社会的关系。这些责任不仅关照了个人自身，也关照了他人和社会整体。从仁和礼的相互关系中，我们可以发现儒家哲学对人有更高的要求，赋予人更大的责任。即便如此，儒家仍旧强调，每一个人都应该并且可以在一生中始终追求对这些责任的承担，从而使他个人完善的过程与社会的完善过程成为一个整体。

斯多葛学派道德哲学的关键词是激情、德性和生命的最终目的。他们对于生命最终目的的原则是"一个人的行为要始终同他对本然的体会一致"，因为共同本然（Common Nature）能够让其依附者区别什么是好的，什么是坏的。在此，"共同本然"包括两个方面的含义：在自然哲学中，共同本然表示万物存在所依赖的不可违抗的规律；在道德哲学中，共同本然表示一个人行动时要遵循的行为原则。如果你想要成为一个好人，你别无选择，只能是遵循共同本然。因此，无论是自然规律还是社会规范，共同本然都是不证自明的，无论人们是否遵循它，它都在那里展现自己。

---

① 毛子水注译：《论语今注今译》，重庆出版社2008年版，第265页。
② Gerhard Zecha, "The Golden Rule and Sustainable Development", *Problems of Sustainable Development*, 2011.6（1），p.49.
③ （东汉）郑玄注、（唐）孔颖达疏：《礼记正义》，北京大学出版社2000年版，第773页。

根据这种决定论的观点，斯多葛学派认为生命的最终目的就是依照理性生存，因为理性是依照神所拥有的德性和超越性来发挥作用的。理性也可以帮助我们理解和区分好坏、利弊，或者制定与此有关的命令和戒条。激情则是人在生活中形成的、对某一个特殊事情的善或恶的错误判断。这一判断引起了一种过度的冲动，并使灵魂破碎。在克里希波斯看来，应该在激情尚处于萌芽状态时就消灭它，因为旺盛的激情会反叛理性，并做出与理智相反的行为。如果一个人已经遭遇激情，我们就无计可施了。克里希波斯这里暗含的意思是一个人应该对激情造成的有害影响负责；激情与神和他人无关，只是一个人自己的堕落；而且这种堕落是一条不归路。

与儒家对天和人的统一性的重视相比，斯多葛学派更强调神与人的分离。在这个学派看来，一个人可以做的就是选择与自然一致，对自己的行为负责。这表明其道德哲学最基本的特征是建基于心理一元主义和自然哲学的决定论基础上的个人主义和理性主义。斯多葛学派通过两个道德行为原则来实现世界国家。一个原则是人应该意识到善就是宇宙因果结构的有序的合理性；如果一个人有足够的善的智慧，并致力于对于神性的追求，他就有机会与神一致。另外一个原则是人之中必须具有自身就是善的东西，以便他们在任何时候都拥有善。以上两个原则告诉我们，和宇宙秩序一致就可以拥有善，也就可以成为一个世界公民。斯多葛学派倡导的是一种精英式的世界城邦，一个人只有努力成为一个圣人才可以在世界城邦中占有一席之地。而人一旦遭遇激情，他就失去了成为世界公民的可能性。只有一个合格的存在者（神或者圣人）可以体现共同本然，才可以作为世界城邦的一员。

三

无论是大同社会还是世界城邦，它们所呈现出的社会图景对我们来说都是理想。儒家和斯多葛学派仍然通过自己的智慧为我们提供了实现这种理想的方式。

在儒家看来，大同社会的出发点是小康社会。他们希望以仁和礼的理论通过首先实现小康社会以最终实现大同社会；他们相信只要每一个社会成员根据仁和礼的原则努力使自己完善和提高，一个世界性的社会就可以实现。这种对世界主义的态度是一种逐渐的、循序渐进的追求。儒家认为，一个社会的发展进程同一个人的发展进程是一致的。他们考虑的主要是社会之中的人，他们对小康社会中如何依据仁和礼构建个人与个人、个人与家庭以及个人与国家之间的关系更为关注。

在《大学》中，我们看到孔子试图解决社会中的不同关系。对这一过程的论证是分两个层面的。一个层面是自上而下的："古之欲明明德于天下者，先治其国；欲治其国者，先齐其家；欲齐其家者，先修其身；欲修其身者，先正其心；欲正其心者，先诚其意；欲诚其意者，先致其知；致知在格物。"① 另外一个层面是自下而上的。在儒家看来，如果一个探索世界的人获得完全的人生智慧，他就会获得真正的思想和德性，从而使一种更高层次的自我教化成为可能，同时他能对家庭、国家甚至整个世界作出贡献。实际上，这两种过程是同一个硬币的两面。这涉及个人的内外、个人与家庭和邻里、家庭和国家之间的仁与礼。

在这一系列关系中，家庭具有重要的政治功能。我们可以从两个方面来理解家庭的功能。首先关涉的是家庭及其成员。每个家庭成员都应该在内以仁的原则来统摄其行为，在外以礼的原则经营家庭，从而使他们可以进一步为社会作出贡献。第二个方面是家庭作为一个整体同国家的关系。想要统治国家的人首先要治理好自己的家庭。这是前提条件。换句话说，如果每个人的家庭被治理好了，国家同样可以治理好。因此，在家和国之间存在一种因果关系。中国传统社会是由家庭这个基本单元组成的。家庭是所有社会组织的中心。一个人在仁与礼的指导下有热爱和保护自己家庭成员的特殊责任。而且，一个人也应该把自己放在他人的位置上考虑问题，把别人当作自己的家庭成员一样。因为人生是一个不断完善的发展过程。随着时间推移，一个人的理解力和思考力不断加深，他对别人的态度也会越来越好。也就是说，在儒家看来，一个人对天下（世界）的看法也是一个逐渐上升的过程，从而推己及人，由近及远，从亲友到陌生人，逐渐延展。

斯多葛学派为我们提供的路径独具特色。在他们看来，世界公民在追求自己的生存艺术和帮助他人实现美德的过程中，可以具体从事三种

---

① 宋天正注译：《大学中庸今注今译》，重庆出版社2008年版，第4—5页。

职业：法庭上的诉讼、公共事务的管理和私人教师。这三种事业之所以可以被推崇，是因为它们可以更有效地使世界公民发挥其功能。克里希波斯（Chrysippus）鼓励人们在异国的法庭上服务或者在外邦的土地上做私人教师。除此之外，他似乎认同昔尼克派的观点，认为"一个人在某个特定城邦之内所具有的公民身份在世界城邦中影响甚微"①。也就是说，世界公民不会因为他曾经是某个城邦的公民，而在帮助别人的过程中，有选择地对他的同胞施与特殊照顾。玛莎·C. 努斯鲍姆（Martha C. Nussbaum）在谈论斯多葛学派的世界公民主义时，选择了一个非常极端地事例作出说明。她说，一个斯多葛学派眼中的世界公民之所以抚养他的孩子，并非因为这个孩子在血缘上和他有着亲密关系，而是因为抚养孩子是人类整体的利益和本性的需要。②斯多葛学派相信，圣人的道路就是与共同本然一致，并且帮助别人去获得一种与美德符合的状态。世界公民应该尝试尽最大的努力帮助需要帮助的人，而不考虑这些人是不是他们的同胞。一个人对他的家庭成员或同胞并不肩负特殊的责任，他只承担对人类作为整体的责任。

四

对于儒家的世界主义和斯多葛学派的世界公民主义，我们应该报以至高的崇敬，因为他们的看法相对于他们同时代的人来说是一种进步。那时的人们主要思考的还是国家性的或地域性的问题。可以确认的是，儒家和斯多葛学派的理论都可以看作道德或伦理世界主义（Moral Cosmopolitanism）。这种判断的根据有二：一，儒家和斯多葛学派都认为世界性的人类共同体可以通过其成员效法自然秩序、不断提升自己的道德获得完美德性来实现；二，在他们对于世界性共同体的构建中，虽然涉及一些政治策略，却并没有构建具体的政治制度和法律体系。因此，我们可以得出结论说，儒家和斯多葛学派的理论更倾向于道德层面而不是政治或经济层面。

---

① Eric Brown, *Stoic Cosmopolitanism*, Cambridge：Cambridge University Press, 2007, p. 13.
② Martha C. Nussbaum, "Kant and Stoic Cosmopolitanism", *The Journal of Political Philosophy*, 1997.5（1）, p. 9.

在道德层面内部，儒家和斯多葛学派的思想却有着显著的差别。首先，在世界性人类共同体的构建方式和实现方式上，儒家是一种世界主义的观点，而斯多葛学派是一种世界公民主义的立场。儒家在考虑人与天的关系时，存在着一种对于人性的强调；在涉及个体的自我完善过程时，认为一个人对于仁和礼的理解，直接影响着他对自己和外在世界的理解，而仁和礼最终体现的是天的精神；在涉及个体与他人关系时，强调家庭是社会的基本单元，对作为家庭成员的个体而言，最重要的任务就是处理与家庭相关的各种关系。因此，儒家实现世界性社会的方法是通过规劝人们像对待家庭成员一样对待他人，从而使天下所有的人如同生活在一个大家庭之中。当然，这个过程不能一蹴而就，而是循序渐进的。儒家对世界性共同体的构建体现了对于每一个人的信任和肯定，个人、家庭、国家、天下，在这种渐进而宽容的理论中实现了利益上的和解，从而取消了相互之间的对立，形成了以关系为连接的体系。正如有学者所言，"在这种角度下，没有人会被看作是他者或者局外人，因为，按照定义，对于天下来说就不会有人是身处局外的"[1]。因此，我们将这种忽略共同体成员的主体地位，强调人与人以及人与世界关系的看法称为世界主义。而斯多葛学派则在存在论的意义上认为神创造了人，并且人在被创造之初是完善的，因此，人的本质与神的本性是一致的；他们在人与人的关系上认为人并不与其他人分离，帮助别人与本性符合也就是帮助自己完善德性。但斯多葛学派因强调人对神性的服从和激情对人的破坏性影响而认为只有神和圣人因为具有与共同本然一致的能力，才是世界性城邦的公民。这种严苛的拣选排除了所有人成为世界公民的可能，从而区分了世俗的本土城邦和精英式的世界城邦。因此，我们将这种以平等而完善的公民构建世界性社会的方式称为世界公民主义。

其次，根据葆琳·克林赫尔德（Pauline Kleingeld）和埃里克·布朗（Eric Brown）的理论[2]，在世界性共同体的成员对待他人的态度上，我们

---

[1] 童世骏：《中国思想与对话普遍主义》，《世界哲学》2006 年第 4 期。
[2] 克林赫尔德和布朗认为，严格的世界公民主义是指世界公民只对促进人类整体利益负有责任，对他的同胞并不承担特殊责任；而温和的世界主义则认为世界公民承认在世界范围内负有帮助他人的义务，但同时他也肩负着对自己的同胞的特殊责任。参见 Pauline Kleingeld & Eric Brown, "Cosmopolitanism", *Stanford Encyclopedia of Philosophy*, viewed 30 Mar. 2013, http://plato.stanford.edu/entries/cosmopolitanism.

可以判断儒家是一种温和的世界主义态度,而斯多葛学派表达的是一种严格的世界公民主义态度。儒家认为一个人对自己的家国负有特殊的责任,但同时他也应承担起完善和幸福天下人的责任。对于一个人来说,他处于不同责任形成的一系列同心圆之中心,尽管责任的程度和范围有所不同,但彼此之间并不冲突反而相互助益,共同成就了个体的道德完善,而每个人的完善成就的是普天之下人类共同体的和平与合作。斯多葛学派强调作为世界公民的诸神与圣人互益互助,只是要遵循他们分有的共同的善,并不因为相互之间的亲疏远近而有所差异;世界公民并不对其同胞负有特殊的责任。对于一个世界公民来说,他处于一个单独的圆圈之中心,对待他之外的所有人都负有同等的责任。我们因此认为斯多葛学派的理论是一种严格的世界公民主义。

我们今天讨论儒家的世界主义或斯多葛学派的世界公民主义,不能不考虑的一个问题是这些思想传统对当代的意义。在这个层面上,儒家思想和斯多葛学派思想中存在的问题是首先需要面对和思考的。斯多葛学派的世界公民主义最受质疑的地方在于世界城邦的现实性问题。对世界公民的严格甄选和世界公民责任的无差别性给世界城邦的实际运行提出了极为艰巨的任务,世界城邦的世俗化成了斯多葛学派需要解决的最棘手的问题。人们对儒家世界主义的最大质疑是认为天下观念中包含着大一统或者帝国主义的倾向。如果"天下"指的是君主所可能统治的国土和臣民,那么儒家的世界主义确实是一种政治上和文化上的霸权。但儒家的"天下"观念从根本上是一个哲学概念[①],是中国人理解世界的一种思维方式。正是从人与天下共存的理念出发,儒家的世界主义为一个人的安身立命提供了更为宽广的视野、更具包容性的态度、更有实践性的行为规范和更加绵长有力的渐进性道路。因此,相比较而言,儒家传统中所体现的世界主义观念对于当代具有更大的价值和意义。

(原载《吉林大学社会科学学报》2014 年第 3 期)

[①] 类似观点可参见张耀南:《论中国哲学的"世界主义"视野及其价值》,《北京大学学报》2005 年第 3 期;赵汀阳:《天下体系:世界制度哲学导论》,江苏教育出版社 2005 年版。

古代世界公民主义与现代世界公民主义

"世界公民"这个术语起源于古希腊的 Kosmopolitês（Worldcitizen）[1]，斯多葛学派（从早期到希腊化罗马时期）的很多哲学家都阐述了自己的世界公民主义立场。但是大部分当代的世界公民主义观点都继承自康德。自20世纪90年代以来，北美和欧洲政治哲学界出版了大量关于"世界公民主义"的著作和研究论文。政治哲学家们对世界公民主义重新产生了兴趣，而大多数人的兴趣是受康德启发的。康德在晚年的一系列论文，特别是《论永久和平》中表达了深邃的世界公民思想。这些思想被当代西方思想家们继承和改造，在政治、经济和文化领域中形成了各种不同的立场和观点。可以说，以康德思想为出发点形成了有关世界公民主义的研究谱系和网络，众多对立的观点和看法散布其中。纽约大学塞缪尔·谢弗勒（Samuel Scheffler）指出："在当代哲学家和理论家们中间，并没有就世界公民立场的内容达成一致。"[2] 在笔者看来，要想理清当代世界公民思想的研究线索，把握其主要问题，首先要剖析古代世界公民主义与现代世界公民主义的区别与联系，正本清源，方能返本开新。

对于现代世界公民思想与古希腊世界公民思想之间的关系，哲学界产生了极为对立的两种观点：大部分学者认为，康德的世界公民思想是在启蒙哲学影响下的产物，有着鲜明的时代特征，完全不同于古希腊的哲学传统；也有一些人认为，康德的世界公民思想虽然从18世纪的传统中生成，但这一思想甚至其所产生的传统本身都深受希腊罗马的斯多葛

---

[1] Kosmopolitês 一词最先来源于昔尼克派的第欧根尼。有人问他："你从哪里来？"他回答道："我是一个世界公民。"［转引自 Martha Nussbaum, "Kant and Stoic Cosmopolitanism", *The Journal of Political Philosophy*, 1997.5 (1), p.4］

[2] Samuel Scheffler, "Conceptions of cosmopolitanism", *Utilitas*, 1999.11 (3), p.255.

主义影响。① 针对这样的状况，从义理上弄清其中的根源，对于理解当下纷繁复杂的观点具有非常重要的意义。

一

从表面上看，现代世界公民思想与斯多葛学派的世界公民思想之间存在着很大的差异，主要表现为以下两个方面：

首先，现代世界公民主义与古希腊世界公民主义在对"世界国家"的理解上不同。希腊先哲在开创"世界公民"概念时并没有以清晰的观点论证世界共和国的建立。对于第欧根尼（Diogenes）"我是一个世界公民"的表达，直接逻辑是：我并非我所在的城邦的公民，而是一个世界共和国的公民。但我们在文献中并没有发现他关于建立世界性城邦的记载。以昔尼克派的哲学观点来判断，第欧根尼有关世界公民的根本性想法应该是通过否定自己的本土身份，来否定风俗、惯例，强调与天然本性一致，过怡然自得的生活。在后来斯多葛学派的世界公民思想中，哲学家们开始强调宇宙（cosmos）是一个大的城邦（polis）。特别是在克里希波斯那里，世界城邦（cosmopolis）成为一个主要概念。克里希波斯从两方面描述世界城邦：（1）一个人要成为世界城邦的公民，需要明白善是世界运行的因果结构，只有充分认识善并努力践行的人才有可能成为世界城邦的公民；（2）只有众神和圣人们因为在任何情况下都具备善的品质才是世界城邦的公民。② 由上述两点，我们可以得出结论，古希腊思想家们认为成为世界公民是需要具备理智、德性等条件的，因而世界国家是理想的、高水准的。特别是在斯多葛学派那里，城邦是一个符合法律要求的人类共同体，世界城邦则是因神的理性而以完美的秩序运行的共同体。③ 在这个意义上，我们可以看出，斯多葛学派认为世俗的城邦与

---

① 参见 Martha Nussbaum, "Kant and Stoic Cosmopolitanism", *The Journal of Political Philosophy*, 1997. 5 (1), pp. 1 – 25; Pauline Kleingeld & Eric Brown, "Cosmopolitanism", in *Stanford Encyclopedia of Philosophy*, viewed 21 Sep. 2013, http://plato.stanford.edu/entries/cosmopolitanism.

② Qu Hongmei, "A Comparative Study on Confucius' and Chrysippus' Cosmopolitan Theories", *Frontiers of Philosophy in China*, 2013. 8 (3), p. 406.

③ 参见 Inwood, B. & Gerson, L., *The Stoics Reader: Selected Writings and Testimonia*, Indianapolis: Hackett Publishing House, Inc, 1994, p. 16.

世界城邦存在很大区别，普通人是不能够成为世界公民的，只有诸神和圣人因其分有神的理性才能够达到一个世界公民的标准。

然而，在当代西方的世界公民思想研究中，人们关于世界国家的主要观点是，"所有的人类，无论其政治关系如何，都至少属于一个人类共同体，而这一共同体是可以培育的"①。也就是说，在当代世界公民主义的话语中，人类的世界共同体是世俗化的，是可实现的。康德在其晚年一系列政治论文中都提到过世界国家的构想，并认为通过自由民族联合体的间接方式可以最终促成世界国家的建立，以实现永久和平。② 尤尔根·哈贝马斯（Jürgen Habermas）把康德的政治理想改写成一个强制性的世界联邦，认为康德成功地提醒世人要创立一个全球性的共同体，但康德关于世界公民秩序的看法需要"重建"：像联合国这样的世界性组织不应只是因为各国立法不同而建立的平衡机构，而应是一个具有强制力的、有效的、超国家的、世界公民性的政体。③ 罗尔斯则利用康德的政治理论去证明一个温和的、非强制性的联邦政府的理想。他认为康德从来都不赞成建立一种强制性的世界政府，而是建议形成国家间自愿的、非强制性的联盟。由此，罗尔斯提出：依赖一种作为"现实的乌托邦"的"万民法"（The Law of Peoples），我们可以建立理想的、自由民族的联合体。也就是说如果可以从政治自由主义中发展出"万民法"，就可以将地区性的自由民族扩展成"万民社会"。④ 康德、哈贝马斯、罗尔斯等人所论证的世界共同体尽管在构成方式、论证依据上各不相同，但其共同的特征是：我们可以在现实的人类世界中形成一个世界性国家。

现代世界公民主义与古希腊世界公民主义的另一个差异表现在世界公民对待他人的态度上。在克里希波斯看来，神为了人的利益而创造了人，并且人在创造之初就是完美的，分有神的理性，因此人的本性与神的本性是同一的，人和人之间的本性也是同一的；作为世界公民的诸神

---

① Pauline Kleingeld & Eric Brown, "Cosmopolitanism", in Stanford Encyclopedia of Philosophy, viewed 21 Sep. 2013, http: //plato. stanford. edu/entries/cosmopolitanism.

② [德] 康德：《历史理性批判文集》，何兆武译，商务印书馆1997年版，第1—21页；第97—144页。

③ 参见 Jürgen Harbemas, "Kant's Idea of Perpetual Peace, with the Benefit of Two Hundred Years' Hindsight", in James Bohman & MatthiasLutz‑Bachmann, eds., *Perpetual Peace: essays on Kant's Cosmopolitan Ideal*, Cambridge: The MIT Press, 1997, pp. 113 – 154.

④ John Rawls, *The Law of Peoples*, Cambridge: Harvard University Press, 1999, pp. 3 – 10.

和圣人们是遵循神所赋予人的正确理性而活着，帮助别人实现其本性也就是帮助自己与神性契合；诸神和圣人作为世界公民，在对别人实施帮助时不会因为那些人与他们的亲疏远近而有所差别，不会对自己的同胞有特殊的照顾。正因如此，一些学者将这种没有等级划分的看法称为"严格的世界公民主义"[1]。

从康德思想出发的一些当代世界公民立场却持有一种温和的态度。在康德本人那里我们就可以看到这种温和的世界公民主义。他强调在一个共和国之中，公民在立法、执行等方面对国家负有某些特殊的责任，同时，作为一个世界公民，他也应该对陌生人提供救助，使其免于沦落。[2] 谢弗勒以一种非还原主义的立场区分了关系（relathionship）和互动（interaction）对人的特殊责任的影响，认为"任何形式完满的世界公民主义都需要首先既尊重普遍价值也尊重公民的特殊政治责任，进而应采取措施将两者有机地结合"[3]。就此我们可以发现，"温和的世界公民主义"是一种有等差的看法，就仿佛存在一系列同心圆，站在圆心的世界公民面对不同圆圈上的不同人群，具有不同的责任，但这些责任之间并不互相冲突。

二

虽然上述列举的差异在古希腊世界公民思想和现代世界公民思想的比较中是真实存在的，却需要认真地检视和审查。正是通过这种对差异性的具体分析和理解，我们才可以看出古代世界公民主义与现代世界公民主义的联系，找到其中发展、流变的道路和线索。

有关世界国家的超越性和世俗性的差别，实际上反映出不同时代思想家们对世界公民思想的理论立场的差别。斯多葛哲学家强调通过个人的自我完善，过上符合理性的生活，从而成为世界城邦的神圣一员，是从道德的立场论证世界公民的合法性。在他们看来，世界公民是遵从

---

[1] Eric Brown, *Stoic Cosmopolitanism*, Cambridge: Cambridge University Press, 2007, p. 99.
[2] ［德］康德：《历史理性批判文集》，何兆武译，商务印书馆1997年版，第115页。
[3] Samuel Scheffler, "Relationships and Responsibilities", *Philosophy and Public Affairs*, 1997. 26 (3), p. 197.

"法"而存在的，但这种"法"并非制度化的法令，而是一个公民依照正当的理性应该做什么或不应该做什么的标准。从这个意义上看，古希腊的世界公民思想是属于道德哲学层面的。而现代思想家对世界国家可行性的各种具体论证，很明显是一种政治立场的尝试。除了康德、哈贝马斯和罗尔斯的版本，学者们甚至已经在更细微之处论证世界性国家的可能性。涛慕思·博格（Thomas Pogge）试图将罗尔斯的观点发展成一种"平等主义的万民法"。他通过将政府的权威以垂直扩散的方式进行消解以减少贫穷、战争和压迫。实现这种方式需要三个条件：决策的去中心化、为确保决策人不被排斥的必要的集中化以及以人类理性对上述两个方面的均衡。[1] 而詹姆斯·博曼（James Bohman）以一种世界公民主义的共和主义观点来批判罗尔斯的理想模型，认为要避免暴政就需要回归康德的"世界公民的共和主义"传统中去。[2] 这些具体的政治性谋划已经将《论永久和平》中康德对于哲学与政治的尴尬关系的提醒抛诸脑后，并且也确实在诸如国际正义、国际法理等方面产生了影响。

那么，古希腊思想家没有对世界公民主义的政治考虑吗？同样，康德世界公民主义没有道德哲学上的理论基础吗？实际上，对于世界公民主义的道德维度和政治维度的思考自古至今一直是思想家们关注的重点，因为这与世界公民主义的现实性问题息息相关。世界公民仅仅是人类的道德理想还是可以付诸实践的政治行动？这个问题，在斯多葛思想家们那里已经开始被深入考察了。

在古希腊的世界公民思想中，道德维度与政治维度是结合在一起的。在斯多葛学派看来，一个人对其他人的真正帮助有两个方面：一方面是个体自身对恶的抑制和善的推进，因为一个人如果没有德性的自我完善，他对别人的帮助可能因为鲁莽、愚笨等而造成伤害；另一方面是发展"仁慈"这一主要的社会德性，不仅要关爱亲友，更要惠及陌生人。以这样的观点看，一个人作为世界公民只需要遵从宇宙的秩序、实现个体的道德完善，无须关注他所在的社会的制度、习惯和规则。但这并非古代世界公民思想的全部。作为斯多葛学派中期的领袖，克里希波斯对世界

---

[1] Thomas Pogge, "An Egalitarian Law of Peoples", *Philosophy and Public Affairs*, 1994. 23 (3), pp. 195–224.

[2] James Bohman, "Republican Cosmopolitanism", *The Journal of Political Philosophy*, 2004. 12 (3), pp. 336–352.

公民思想有更深远的"革新",他在提出对世界公民的道德要求的同时,也强调公民以个人力量对政治事务的积极参与。克里希波斯的建议包括三个方面。首先,一个有理性的人应该从事某种政治事业,这是完善自身和帮助他人的绝佳途径,因为从事政治活动可以作为榜样更有效地影响他人,也可以优化法律从而制约不良行为。其次,一个人在选择从事政治事业的地点上不应以更好的服务同胞为目的,而应以最大限度地帮助他人为旨归,因此,选择到自己城邦以外的地方服务或者将参与政治的机会留给来到本土的外邦人都是值得推崇的方式。最后,如果外部环境和制度允许,公民从事政治事业的结果将是城邦的和谐平安,并且因为从事政治的人并不以地域或血缘划界,使得和谐城邦的复制成为可能,进而促成世界和平。[1]

上述表明,古希腊的世界公民思想既包含着道德维度也包含着政治维度。但从两者的关系来看,很明显道德维度统摄着政治维度,这与斯多葛哲学传统(即人性应该是对神性的效仿)有关。但无论如何,我们在克里希波斯那里看到了更为丰富、深入的世界公民思想。在克里希波斯之前,有人倡导成为无血缘和地域束缚的世界公民(比如绝对的世界公民主义者第欧根尼),有人赞同对城邦以外的陌生人予以指导和帮助(比如恪守对城邦的依附关系的苏格拉底)。克里希波斯的伟大贡献在于将两者有机地整合在一起并形成了对于人类实践的切实指导,从而奠定了世界公民思想的真实基础。尽管形成一个斯多葛哲学家所描述的世界共和国仍旧遥不可及,但世界公民已经不再是一个空喊的口号和不负责任的借口了。世界公民主义最受诟病的现实性问题在克里希波斯这里已经被重视并尝试得到解决了。

在现代世界公民思想中,尤其是康德那里,道德维度与政治维度以更加内在而复杂的形式结合在一起。康德认为所有人作为有理性的存在者都是一个道德共同体的成员,他们是道德世界自由平等的立法者和守法者,是道德世界的公民,对其他人具有最基本的道德责任。[2] 康德认为

---

[1] Eric Brown, *Stoic Cosmopolitanism*, Cambridge: Cambridge University Press, 2007, pp. 121 – 122.
[2] 《康德著作全集》(第4卷),李秋零主编,中国人民大学出版社2005年版,第471页。

在政治体制中情况亦如此。① 每一个人都有获得自由的基本权利，而一个正义的国家就是以法律维护人的自由的国家。在这样的国家中，每个公民都是自由、平等、独立的共同立法者。世界国家就是这样一个共和国。从这个意义上看，世界公民思想的道德维度和政治维度是契合在一起的，或者更具体地说，在康德那里，道德是权利学说本身，而政治是权利学说的应用。然而康德在《永久和评论》中已经明显意识到了经验的政治与理性的道德之间并非一致，而是存在着冲突。因而康德在哲学史上第一次作出了明确的判断：政治与道德应当是分离的。② 但这并非康德思想的全部，康德相信，随着历史的进步，政治与道德的一致在完全的世界公民状态中是可以实现的，正如他所言："如果实现公共权利状态乃是义务，尽管是只存在于一种无限进步着的接近过程之中，又如果它是一种很有根据的希望；那么永久和平就不是一个空洞的观念，而是一项逐步在解决并且在不断朝着它的鹄的接近的任务了。"③

从古代思想家和现代思想家对世界公民的道德维度和政治维度的不同理解上，我们可以看出哲学史上思想家们对理论知识和实践知识的关系在理解上的演进。在古希腊思想家那里，理论知识和实践知识的一致性是理所当然的，而且更重要的是，理论知识比实践知识更具优越性，因而后者通常是从前者之中生成的。但在康德那里，理论知识及其应用之间一定需要有行动者的意志或者叫作个体的实践性，否则这种行动并不具有价值。因此，政治的经验性和境遇性就产生了政治维度与道德维度之间关系的变化：不再是政治从道德中生成，而是政治与道德互补。④

三

对于古代世界公民主义与现代世界公民主义的另一个明显差异，即

---

① 《康德著作全集》（第6卷），李秋零主编，中国人民大学出版社2007年版，第363、366页。
② ［德］康德：《历史理性批判文集》，何兆武译，商务印书馆1997年版，第130—139页。
③ ［德］康德：《历史理性批判文集》，何兆武译，商务印书馆1997年版，第144页。
④ V. 哈格特：《哲学退位——论康德哲学中哲学和政治的关系》，《世界哲学》2008年第5期，第60—70页。

严格的世界公民主义与温和的世界公民主义的差异，我们也应该审慎对待。古代思想家对世界公民主义的看法不能仅仅粗略地判定为严格的世界公民主义，而是需要我们进行细致的分析；严格与温和的态度也并非只是存在于古代与现代之间。在古希腊世界公民主义者之间、斯多葛学派与康德主义之间，乃至当代世界公民主义者之间亦存在严格与温和之争。我们应该在对世界公民主义及其反对观点的宏观把握中理解人们面对世界公民主义的不同态度，这是涉及如何理解世界公民主义本身的关键性问题。

在古希腊，世界公民主义只是少数人的看法，更为主流的是反世界公民主义的态度。大部分古希腊思想家同柏拉图和亚里士多德一样，认为最优越的公民治理形式是城邦。用玛莎·努斯鲍姆的总结就是：希腊城邦的优越之处在于它提供给我们一种独特的政治生活范式，"这种范式除了依赖理性，更多的是依赖共同体的稳固性；除了依赖规则，更多的是依赖附属关系；除了依赖对于历史进步的乐观主义，更多的是依赖对人类有限性和道德的认识"①。因此，在这样的传统中，一个人首要的身份是作为一个城邦的公民，对于城邦的依赖和忠诚是公民最大的责任。这种传统在当代依然存在相当数量的拥护者，以伯纳德·威廉姆斯（Bernard Williams）和麦金太尔为代表的社群主义者就在此行列中。

世界公民主义的反对者们最强烈的攻击是指向极端的世界公民主义的。以第欧根尼为代表的昔尼克派强调自己作为四海为家的世界公民存在，完全放弃自己的本土身份。反对者们认为人作为政治的动物，必然与他所在的国家或城邦具有紧密的联系，从而形成一种特殊的身份认同感，而世界公民作为无家国观念的人，实际上是在推卸责任，正如后来卢梭所说："（世界公民）自诩爱一切人，为的是可以有权不爱任何人。"② 当代社群主义者对极端世界公民主义者的反对已经不再执着于公民身份问题而是关注文化结构问题，因为他们已经清醒地意识到，随着全球化的进程日益加剧，公民身份已经开始变得不那么重要。像萨尔曼·拉什迪（Salman Rashdie）、杰里米·沃尔德伦（Jeremy Waldron）这

---

① Martha Nussbaum, "Kant and Stoic Cosmopolitanism", *The Journal of Political Philosophy*, 1997.5 (1), p.2.

② [法]卢梭：《社会契约论》，何兆武译，商务印书馆2003年版，第192页。

样的极端世界公民主义者认为,世界公民主义为我们提供了一种生存于世界的方式,这种方式不需要建构身份认同;我们可以通过万花筒式的文化资源获得各种有意义的选择;因此我们虽然需要文化,却不需要文化结构和文化整合。① 麦金太尔对这种看法提出了强烈反对,他们认为道德和自由都来源于一个人作为成员而存在的共同体及其文化;文化是一个人进行有意义的选择的价值来源。② 由此可见,那种完全抛弃本土的身份认同、文化认同和民族归属感的极端世界公民主义在心理上和伦理上都很难让人接受。但需要指出的是,这种极端观点无论在古代还是在当代都不是世界公民思想的主流。

我们所强调的严格的抑或温和的世界公民主义都不是用世界的、普世的身份取消本土的身份,正如努斯鲍姆所言,"斯多葛学派强调,一个人作为世界公民并不一定要放弃他的本土身份和隶属关系,相反,这种本土身份和隶属关系常常使生命丰富性更加广大源"③。在这个意义上,世界公民思想的反对者们以文化身份和公民身份来指责世界公民主义是无效的。严格的世界公民主义与温和的世界公民主义最大的差别不在于世界公民如何看待自己的本土身份,而在于世界公民对待其他人的态度。在严格的世界公民主义看来,一个世界公民无论处于何种位置,他最关注的是人类共同体,而不是自己所属的特殊共同体;一个世界公民对其身边的人给予关注并不因为他们是家人、国人从而具有先在的优越性,而是因为这种关注符合人类共同体的需要。温和的世界公民主义则认为我们应该把世界上每一个人看作是具有平等价值的个体,但同时我们也需要对我们自己所属的团体负有特殊的责任和义务。

这种温和的态度实际上面临着一个问题:一旦你肩负着对特殊个体和组织的特殊责任,你如何能够同时平等地对待每一个人?这是来自严格的世界公民主义和反世界公民主义的两方面的诘问,因为严格的世界公民主义者为了平等地对待每一个人舍弃了对家人和国人的特殊忠诚和

---

① 参见 Jeremy Waldron, "Minority Cultures and The Cosmopolitan Alternative", *University of Michigan Journal of Law Reform*, 1992. 25 (3&4), pp. 751 – 793.

② 参见 Alasdair MacIntyre, A., "Is Patriotism a Virtue" in Beiner, R., ed., *Theorizing Citizenship*, New York: State University of New York Press, 1995, pp. 210 – 228.

③ Martha Nussbaum, "Kant and Stoic Cosmopolitanism", *The Journal of Political Philosophy*, 1997. 5 (1), p. 9.

责任，而反世界公民主义者为了保留对自己共同体的依附和忠诚放弃了平等观念。也就是说，如果温和的世界公民主义想要成立，就需要解决个人的平等价值与个体对其所属的共同体的忠诚和责任之间具有不相容性这个问题。康德对于这个问题的解决方式是合理的政治体制。在"永久和平论"的第一个正式条款中，康德提出："每个国家的公民体制都应该是共和制。"① 在一个共和制的国家中，体制保证了每个社会成员的自由、每个人对唯一共同的立法的尊重以及每个人在法律面前的平等。因此，共和制国家的公民并不是作为一个共同体的依附者而存在，而是作为一个独立平等的个体而存在，他所要承担的对国家的责任与他作为世界公民对其他人要承担的责任并不冲突，而是一致的。谢弗勒则认为对共同体的忠诚与个人的平等价值间并不存在不相容的问题。他相信人们做出某些承担特殊责任的行为并非因为行为所牵涉的关系是特殊的，而是在产生这些关系的社会背景中存在着引导人们行为的规范和制度。② 内化于心的制度和规范可以引导人们作出判断，从而化解了因关系特殊而产生的忠诚和责任与平等观念之间的紧张，使温和的世界公民主义成为一种更具实践性和包容性的观点。

总之，无论严格的世界公民主义抑或温和的世界公民主义，他们的共同之处在于将人类共同体中的每一个成员看作是平等的、有理性的公民，一个世界公民对于其他人的帮助并非为了显示自己在德性上的完善，或者将自己的秩序和理念推广到他人那里，而是对自己和他人人性的尊重。这是世界公民主义同世界主义（或者普世主义）的最大差别，也是判断世界公民主义的最显著特征，正是在这个意义上，我们说斯多葛的世界公民主义是古代世界公民主义的代表，康德的世界公民主义是现代世界公民主义的代表，两者尽管存在差异，却是一脉相承，可以同日而语。

（原载《哲学研究》2014 年第 1 期）

---

① ［德］康德：《历史理性批判文集》，何兆武译，商务印书馆 1997 年版，第 105 页。
② Samuel Scheffler, "Conceptions of cosmopolitanism", *Utilitas*, 1999. 11 (3), p. 268.

康德世界公民思想的四个焦点问题

在当代西方关于世界公民主义的研究热潮中，康德的世界公民思想成为最主要的理论来源和根据。但与此同时，学者们对康德的世界公民思想本身也产生不同的认识和理解。学界主要聚焦于四个方面的问题展开了对康德世界公民思想的争论：康德的战争与和平理论、康德关于世界国家（世界共和国）的理想、康德的世界公民法（权）理论和康德的"世界公民的爱国主义"观点。对于康德世界公民思想焦点问题的争论表达了对康德思想本身的挖掘和延续，也是对当代世界公民理论的丰富和发展。深入研究上述焦点问题是当代世界公民主义研究不可回避的理论任务。

一 为什么是康德？

从20世纪90年代以来，在欧洲和北美的政治哲学领域掀起了一股有关世界公民主义[①]的研究热潮。学者们以各自不同的立场和角度对世界公民主义理论在不同领域的可能影响和作用作出相应阐释，产生了大量的

[①] 面对当代世界公民主义思想热闹的研究场面，当我们回顾哲学史，试图探寻世界公民主义源头的时候，我们可以找到的第一个表达世界公民思想的人是犬儒学派的第欧根尼。据说有人问他从哪里来，他回答说："I am a citizen of the cosmopolity (kosmopolitês)."这就是世界公民（Cosmopolitan）一词的出处。但是在古希腊，真正系统地阐述"世界公民主义"思想的是斯多葛学派。更确切地说，是斯多葛派的第三位领袖——克里希波斯。克里希波斯的看法大致如下：首先，他承认神为了人的利益而创造了人，并且人在创造之初就是完美的，分有神的理性，因此人的本性与上帝的本性是同一的。同时人和人之间的本性也是同一的。其次，帮助别人实现其本性也就是帮助自己与自然契合。最后，神灵和贤人（gods and sages）是最具理性的，他们能够与自然完全契合，他们是世界城邦中的公民。他们对别人的帮助不会因为那些人与他们的亲疏远近而有所差别，他们不会对自己的同胞有特殊的照顾，他们完全因为他们所分有的理性去帮助别人。参见 Eric Brown, *Stoic Cosmopolitanism*, Cambridge, 2007.

学术著作和论文。要对当代西方纷繁复杂的世界公民主义思想有一个清晰的把握,需要有强有力的整理线索和理论根据。不如此,就无法看清表面繁华背后的潜流,无法真正了解世界公民主义在当代兴盛的原因,更无法对世界公民主义本身有实质的理解。

目前西方学界的研究成果可以通过《斯坦福哲学百科全书》关于"世界公民主义"的条目[①]窥得一二。此文由葆琳·克林赫尔德与埃里克·布朗合作完成,它为我们提供了两种研究整理当代世界公民主义思想的方法:

1. 从伦理、政治、文化和经济四个方面对当代世界公民主义思想做出划分。在克林赫尔德和布朗看来,伦理上的世界公民主义强调作为世界公民,我们有责任为他人提供帮助、尊重和推动普遍人权和正义;政治上的世界公民主义则以不同的形式倡导一种具有世界公民民主的世界性政府;文化上的世界公民主义主要关注文化的多样性并倡导一种多元文化的融合共生;而经济上的世界公民主义则注重全球性经济市场的形成,以促进自由贸易、减少政府干预。

2. 从"严格"(Strict)和"温和"(Moderate)两个方面对当代世界公民主义思想做出划分。"严格的世界公民主义"是指作为一个世界公民,我们对待任何其他的世界公民都应该是平等公正的,不应因亲疏远近而有所差别。这类似于一个圆圈,圆心是某一个世界公民的话,整个圆就是他面对的世界,他与其他人的关系就如同圆的半径,所有的长度都是一样的。与此相对应,也有很多人持一种"温和的世界公民主义"的态度。他们赞同一个世界公民对整个世界负有相应的责任、对其他世界公民应给予关爱,但他们也相信,一个世界公民可以对自己的同胞、朋友和亲人有特殊的关爱和责任,这并不与其世界公民责任相冲突。这类似于一系列的同心圆。圆心是某一个世界公民的话,他对外在世界的责任和关爱是有层次的,推己及人,由近及远,从亲人到陌生。但整个同心圆系列并不因为半径不同而互相冲突,而是和谐地处于一个系统之中。

需要注意的是,上述第一种划分能够让我们对当代世界公民思想有

[①] 参见 Pauline Keingeld & Eric Brown, "Cosmopolitanism", from *Stanford Encyclopedia of Philosophy*, http://plato.stanford.edu/entries/cosmopolitanism/ <2010-03-10>.

全面而清晰地把握，但某些思想家的观点却往往因为特定领域的划分而无法呈现出丰富性；而通过严格抑或温和来划分世界公民主义似乎过于松散，无法参透当代西方世界公民主义思想的精细与微妙。以上两种划分如果结合在一起，又可将世界公民主义细分成不同的方面，给我们很好的参照，让我们可以把握世界公民主义思想在实践中的不同程度。从这一系列划分中，我们也可以看出诸种世界公民主义理论的共同特征，那就是确立一种可以包括全人类在内的共同体，无论凝聚这种共同体的是伦理关系、政治关系、文化关系还是经济关系，也不管这种共同体的运作是通过世界上每一个人的完全责任还是不完全责任。

　　但是，在具体阅读当代北美和欧洲政治哲学界出版的关于"世界公民主义"的众多文献之后，我们不难发现，康德的世界公民思想是不可回避的理论资源和前提。正如加州大学伯克利分校的塞缪尔·谢弗勒教授所言："近些年来，政治哲学家们开始对世界公民主义重新产生兴趣。"① "Resurgence" 这个词用在这里表示一种对此前理论的复兴。这样一种复兴在很大程度上不是对古希腊世界公民思想的复兴，而是由于康德的一本小册子——《永久和评论》。1995 年，为纪念《永久和平论》出版 200 周年，同时纪念"二战"结束 50 周年、联合国成立 50 周年，在德国法兰克福召开了有关"康德世界公民思想"的研讨会。那次会议的论文集后来由 MIT 出版社出版，名字就叫作《永久和平》②。以此为契机，围绕康德世界公民思想阐发自身看法的论文和书籍层出不穷。学者们或从康德立场出发讨论当代世界公民思想的发展路径，或从自身立场出发补充康德世界公民思想的不足之处。无论是支持、反对还是发展、改良，都不可回避地要面对康德的世界公民思想。从这一理论事件中，我们可以找到把握当代西方世界公民主义思想研究脉络的更切实的方法。那就是，以康德的世界公民思想为出发点，结合上述两种对当代世界公民主义思想的划分，从而更真实地把握这一领域的研究状况和思路。

　　基于上述理论前提，我们有必要通过对康德文本的研究深入挖掘康

---

　　① 原文是："In recent years, political philosophy has been a resurgence of interest in the idea of cosmopolitanism". 参见 Samuel Scheffler, "Conceptions of Cosmopolitanism", *Utilitas*, November 1999, Vol. 11, No. 3, pp. 255–276.

　　② 此书全称为：*Perpetual Peace: Essays on Kant's Cosmopolitan Ideal.*, ed. by James Bohman & Matthias Lutz-Bachmann, The MIT Press, 1997.

德的世界公民思想，并从康德的道德哲学中领会其世界公民精神。康德在他晚年所写的一系列有关政治哲学和历史哲学的论文以及《道德形而上学》（1797）中，都涉及世界公民思想。不仅如此，《纯粹理性批判》（特别是先验辩证论第一卷第一章"论一般的理念"部分）、《实践理性批判》、《道德形而上学原理》等著作也不容忽视。在这些著作中，康德将它的道德哲学与政治哲学做了很好的勾连，这是我们理解康德世界公民思想的根源所在。

二 康德世界公民思想的焦点问题

从康德的著作中，我们发现他在两个领域里阐发了世界公民主义思想。首先，他是一个道德上的世界公民主义者。他认为，每一个有理性的存在者都是一个道德共同体的成员，在不需要考虑到其他人的国籍、语言、宗教、习俗和其他外在情况的前提下，对他人负有道德义务；因此，每一个人都应被看作是一个道德世界的公民，根据"要只按照你同时认为也能成为普遍规律的准则去行动"[①] 这一绝对命令，成为自由平等的共同立法者。关于这一点，康德在《永久和评论》里解释"合法的自由"（Rightful Freedom）时说得更清楚。康德提出理性自身的自由法则："就我的自由而论，则我自身对于神圣的、纯由理性而可以被我认识到的法则并不受任何约束，除了仅仅是我自己所能予以同意的而外。"[②] 从这同一个原理出发，可以引申出两个方面。一方面，每一个有理性的存在者，因着由自由而获得的平等权利，可以把自己"当作是一个超感世界的国家公民"[③]，这就是道德的世界公民主义。另一方面，自由原则同时保证了所谓"合法的自由"可以解释为："它乃是不必服从任何外界法律的权限，除了我能予以同意的法律而外。"[④] 人与人之间的关系如此，国家与国家的关系亦如此。在此基础上，康德倡导永久和平、反对战争、提出自由国家的联盟、确立世界公民法（权）并明确爱国主义与世界公

[①] ［德］康德：《道德形而上学原理》，苗力田译，上海人民出版社1986年版，第72页。
[②] ［德］康德：《历史理性批判文集》，何兆武译，商务印书馆1996年版，第106页。
[③] ［德］康德：《历史理性批判文集》，何兆武译，商务印书馆1996年版，第106页。
[④] ［德］康德：《历史理性批判文集》，何兆武译，商务印书馆1996年版，第105页。

民主义的关系。这一系列理论表明,康德也是一个政治上的世界公民主义者。无论是道德上的世界公民主义还是政治上的世界公民主义,都是惦记于同样的基础,而且所有这些工作的唯一目的——永久和平。

在对康德的政治世界公民主义的理解上,学界展开了深入细致的讨论,一些焦点问题相应产生。在世界公民主义的当代研究中,这些问题关系到我们如何理解康德道德哲学与政治哲学的关系,如何评价康德世界公民思想的前后一致性,以及如何阐发康德思想的当代性。因此,揭示康德世界公民思想的焦点问题,发现其中的症结并尝试寻找可能的答案,是本文的主要目的。

具体来说,康德世界公民思想的焦点问题集中在以下四个方面。

1. 如何理解康德世界和平理论?也即如何理解康德的战争理论?

康德关于世界公民主义的所有观点都是为了实现永久和平。我们因此可以把康德的"和平"概念划分成两个层次。从广义上说,和平是康德哲学规划的唯一目标。"永久和平论"的六个先决条款、三个正式条款和两条系论都是为实现这一目标而进行的论证。从狭义上说,康德为建立永久的世界和平提出了在人类事务中永远清除战争的具体措施。据此,我们可以先从如何理解康德的战争理论来理解他的和平概念。

康德从哲学角度对于战争的理解具有划时代的意义。在康德以前,大部分哲学家都认为人类本性中的恶是战争的真正根源。在他们看来,一个国家卷入战争是因为这个国家的某个或某些激进分子的道德败坏,是他们本性恶的反映。文艺复兴时期荷兰著名的人文主义者伊拉斯谟就明确表示,君主们不道德的天性是产生战争最主要的原因。[1] 但康德将这一普遍看法彻底推翻。在康德看来,产生战争的根本原因是一个国家在政权方式上的问题(比如这个国家体制上的专制)。国家政权方式上的问题引起了某些统治者或国民的道德败坏,从而战争频仍。康德一再强调,领导得好的政权并不一定就是好的国家体制,"政权方式比起国家形式来,对于人民确实无比地更加重要"[2]。这一反转可以看作是康德在和平理论上实现的"哥白尼式革命"。康德告诉我们,既然引发战争的是不合理的政权方式,因此要想战争永久消失,就需要确立适当的政权方式。

---

[1] 参见 Desiderius Erasmus, *The Complaint of Peace*, New York: Cosimo, Inc., 2004.
[2] [德] 康德:《历史理性批判文集》,何兆武译,商务印书馆1996年版,第109页。

在"永久和平论"的第一个正式条款中,康德提出,"每个国家的公民体制都应该是共和制"①。在一个共和制的国家中,由于从体制上保证了构成各种公民宪法的原始基础,那些确保和平的因素(比如每个社会成员的自由、每个人对唯一共同的立法的依赖以及每个人在法律面前的平等)都得以真正实现。不仅如此,康德还强调,由于在共和制的国家中,全体臣民都是国家公民,他们是决定是否应该进行战争的主体,他们会对给自己带来深重灾难的战争决定深思熟虑。而在非共和制的国家,领袖不是国家公民的一员,而是国家的主人,他们会为了扩大自己的财富和地位而轻易地作出发动战争的决定。因而,避免战争、实现永久和平的愿望只有在合理的国家体制(即代议制体系中的共和制)下才有可能实现。

但是,我们现在面对两个问题:(1)一个国家如何从专制走向共和?(2)只有所有的专制政府都被共和体制所代替,永久和平才能够实现,这一目的又如何实现?人们在这些问题上从康德那里读出了不同的意思。通常来说,康德在《世界公民观点之下的普遍历史观念》和《永久和平论》中表达了这样一个看法:是大自然这位伟大的设计师驱使各民族建立共和政府,从而形成世界和平。不管是通过内部争斗还是外部战争,自然机制利用人类自私的倾向,让他们在遭受战争摧残之后意识到只有共和制才是最符合他们利益、能确保他们安全的体制。而一旦共和政府建立,产生战争的内部原因就消失了。进一步,一旦所有国家都建立了共和政府,那么国与国之间发生战争的外部原因也消失了。于是,永久和平得以实现。正如康德自己所说:"大自然便以这种方式通过人类倾向的机制本身而保证了永久和平。"②

关于这一设想,当代学者从不同角度提出质疑。一些学者把康德的观点称作"玫瑰色的方案"(Rosy Scenario),认为康德明显地以经验主义的方法论证共和制和永久和平的必然性,与他的哲学原则不符。③ 另外一些学者则批评康德对战争的态度模棱两可。一方面,康德认为我们没有权利干涉一个国家的内部事务,不管这个国家本身有多大的问题。在

---

① [德]康德:《历史理性批判文集》,何兆武译,商务印书馆1996年版,第105页。
② [德]康德:《历史理性批判文集》,何兆武译,商务印书馆1996年版,第128页。
③ 参见 Michael Doyle, "Kant, Liberal Legacies, and Foreign Affairs", *Philosophy and Public Affairs*, Part 1, Vol. 12, No. 3, Summer 1983; Part 2, Vol. 12, No. 4, Fall 1983.

"国与国之间永久和平的先决条款"中,康德明确提出:"任何国家均不得以武力干涉其他国家的体制和政权。"① 也就是说,没有任何理由可以用作掀起一场针对他国的战争。另一方面,康德又似乎赞同以革命的暴力来推翻专制体制,以促进永久和平这一最终目标的实现。他在提到法国大革命的时候,认为与法国人在专制统治下所遭受的艰难困苦相比,雅各宾派的行为或许是值得赞许的。② 这样一个矛盾引起人们对康德的责难。肯尼思·华尔兹（Kenneth Waltz）明确表示,康德为了实现正义而允许使用暴力的看法问题很大。因为正义观念没有客观标准,不同国家有不同的正义观。如果一些国家想要把自己的正义观点以武力强加给别国,以促成别国的改革、建立世界范围内公正永久的和平,那么,其结果必然是一种为永久和平而进行的永久战争（perpetual war for perpetual peace）。③

那么,康德以自然机制推导永久和平的方法与他的哲学原则矛盾吗?康德是要用永久战争来实现永久和平吗? 对于第一个问题,我们或许可以这样理解:康德以经验主义的方法来推导普遍的共和制和永久和平,并非认为自然安排是永久和平的完全保证,而是表明,自然以其"神意"为我们提供了一种可能性,一种可以接近的观念:人类需得在其自身之中形成一种人人都得以自由的普遍有效的意志,而且只有整个人类物种都有此认识才可以做到这一点。康德认为,人类以其自私的倾向是不能够产生崇高的共和制的,可是,"大自然就来支持这种受人敬爱的但在实践上又是软弱无力的、建立在理性基础上的公意了"④。即便如此,没有所有有理性存在者对向善的前提的充分认识、对道德责任的自由选择,超感性的道德共同体就不可能形成;没有所有公民对纯粹的权利原则的客观现实性的认识、对权利实现的共同信念,永久和平的世界共和国也无法实现。尽管康德在《道德形而上学原理》的结尾慨叹人们"并不明

---

① [德]康德:《历史理性批判文集》,何兆武译,商务印书馆1996年版,第101页。
② G. P. Gooch, *Germany and the French Revolution*, Lodon: Longmans, Green and Co., 1920, p. 269.
③ Kenneth Waltz, *Man, the State, and War*, New York: Columbia University Press, 1959, p. 113.
④ [德]康德:《历史理性批判文集》,何兆武译,商务印书馆1996年版,第125页。

了道德命令的无条件的实践必然性"①,也在《世界公民观点之下的普遍历史观念》中承认建立起一个普遍法治的公民社会这个问题,"是最困难的问题,同时又是最后才能被人类解决的问题"②,但康德并不赞成我们从经验或功利出发,设计出一种实用的权利半成品,康德坚信:"一切政治都必须在权利面前屈膝,只有这样才能希望达到,虽则是长路漫漫地,它在坚定不移地闪耀着光辉的那个阶段。"③ 这正体现了康德道德哲学与政治哲学的一致性和纯粹性。

至于康德是否以永久战争来实现永久和平,这个问题的答案当然是否定的。我们应该首先确定,战争在康德眼中是绝对错误的。康德强调,对于国与国的外在关系而言,任何人或任何国家都"不能要求一个国家放弃它的体制,哪怕是专制体制"④。这是最大限度地维护一种权利体制的表现,也表现出权利原则在康德的政治公民主义中具有基础性的作用。关于康德对法国大革命的积极态度,康德的观点亦非常明确:"如果通过一场由坏的体制所造成的革命的激荡,以不合权利的方式竟形成了一种更合法的体制,那么这时候再要把这个民族重新带回到旧的体制里去,就必须被认为是不能容许的事了。"⑤

当然,如果仅仅关注康德在"永久和评论"第一个正式条款中所表达的世界公民思想,并不能展示康德思想的丰富性。我们需要对他的第二和第三个正式条款有所理解。

2. 如何理解康德关于世界国家(世界共和国)的理想?

康德在"永久和平论"的第二个正式条款中提出:"国际权力应该以自由国家的联盟制度为基础。"⑥ 对于康德的世界公民理想,当代学者在理解上有一种标准看法。他们认为,成熟的康德世界公民思想著作中倡导一个非强制性的自愿结成的国家联盟(a voluntary league of states),这与他早期提出的具有强制性和危险性且缺乏现实性的世界国家(a state of states 或者 a world republic with coercion)的理想形成鲜明的对照。这种看

---

① [德] 康德:《道德形而上学原理》,苗力田译,上海人民出版社1986年版,第120—121页。
② [德] 康德:《历史理性批判文集》,何兆武译,商务印书馆1996年版,第9页。
③ [德] 康德:《历史理性批判文集》,何兆武译,商务印书馆1996年版,第139页。
④ [德] 康德:《历史理性批判文集》,何兆武译,商务印书馆1996年版,第132页。
⑤ [德] 康德:《历史理性批判文集》,何兆武译,商务印书馆1996年版,第132页。
⑥ [德] 康德:《历史理性批判文集》,何兆武译,商务印书馆1996年版,第110页。

法的提出与康德在其文本中表现出的暧昧不清有关。在"世界公民观点之下的普遍历史观念"(1784)中,康德表达了一种理性需要世界国家建立的渴望,即"脱离野蛮人的没有法律的状态而走向各民族的联盟。"①在康德看来,"每一个国家,纵令是最小的国家也不必靠自身的力量或自己的法令而只须靠这一伟大的各民族的联盟(foedusamphic - tionum),只须靠一种联合的力量以及联合意志的合法决议,就可以指望着自己的安全和权利了"②。康德强调在这种"国家共同体"(Gemeinwesen)中,不同的国家服从共同的约定和立法,并在共同的权威领导下执行这些立法,从而产生一种与"公民共同体"(Civil Commonwealth)的公民状态类似的"世界公民状态"。在"论通常的说法:这在理论上可能是正确的,但在实践上是行不通的"(1793)中,康德似乎开始转变:虽然他依旧认为国家应该通过加入一个国家联盟、服从共同的立法来促进世界和平,但他不再强调以强力保障共同立法的施行。他在文中既倡导一种联邦制的世界国家又倡导一种无强制的国家联盟。但在后来的《永久和平论》和《道德形而上学》中,康德着重倡导一种无强制的国家联盟的形成。为了导向永久和平,康德希望以"一种防止战争的、持久的并且不断扩大的联盟"这种消极产品代替"世界共和国"这样的积极观念。③

康德自己在这个问题上的含混态度导致当代研究者的广泛争论。其中颇具代表性的是哈贝马斯和罗尔斯的对立看法。哈贝马斯相信,如果遵循康德自身的原则,我们会发现国家联盟的力量远不如有强制力的世界共和国有效,而联合国就应该在国际事务中向着世界共和国的方向发展。④罗尔斯则认为,康德在思想上发生了从"世界共和国"到"自愿的国家联盟"的转变,是因为康德意识到世界共和国的可行性是个巨大的理论和实践困难,因为这样一个世界政府会经常被不同的地区和民族

---

① [德]康德:《历史理性批判文集》,何兆武译,商务印书馆1996年版,第12页。
② [德]康德:《历史理性批判文集》,何兆武译,商务印书馆1996年版,第12页。
③ [德]康德:《历史理性批判文集》,何兆武译,商务印书馆1996年版,第114页。
④ Jürgen Habermas, "Kant's Idea of Perpetual Peace, with the Benefit of Two Hundred Years' Hindsight", in James Bohman & Matthias Lutz - Bachmann, eds., *Perpetual Peace: Essays on Kant's Cosmopolitan Ideal*, Cambridge: MIT Press, 1997, pp. 113 - 153.

想要获得政治自由和自治时所引发的国内战争所摧毁。①

面对这个矛盾，我们还是要根据康德前后期著作的连续性和康德政治哲学的架构来进行解读。康德对自愿的国家联盟的辩护和对具有强制力的世界国家理想的论证是不矛盾的。康德想要通过非强制的国家联合体实现一个理想的世界国家。康德强调，在自然状态下的国家没有权利强迫其他国家违背自己的意愿加入联合政府，而自愿的国家联合体有助于我们接近世界国家的实现。康德并非反对世界国家。只是如果有人不愿意摆脱自然状态，又不可以以强力让他们服从，自愿的国家联盟就是一个必要的手段，可以促进这些人摆脱自然状态。在世界国家的理想与国际权利的基本预设（即这种法理状态必定是出自某种不可能建立在强制法的基础之上的契约，而应是一种持续的、自由的结合）之间存在着矛盾，国家联合体有助于调停、联结和协商。永久和平这个目标的实现不是直接地而是间接地。达到世界国家的正确道路是首先发展自愿的国家联盟。

那么，在康德的世界公民构想中，立法秩序和个人权利是如何定位的呢？我们可以在"永久和平第三项正式条款"中找到答案。

3. 如何理解康德的世界公民权利（法）思想（Weltbürgerrecht）？

在康德的政治理论中，公共权利体系包括国家权利、国际权利和世界公民权利。相应地，康德认为合法的公民体制包括三种：根据属于同一个民族的人们的国家公民权利的体制（民法）、根据国家之间相互关系的国际权利的体制（国际法）和根据世界公民权利的体制（世界公民法）②。民法关注的是一个国家内公民之间的相互作用；国际法表达的是国家之间的相互作用；世界公民法表达的则自愿的国家联盟中不同国家和公民之间的相互作用，它关注的是作为人而存在的个体，而不是作为某国公民而存在的个体。在康德看来，在关系上相互外在的国家和个体在世界公民法权中则可以互相联系起来。

在"永久和平第三项正式条款"中，康德说："世界公民权利将限于

---

① 参见 John Rawls, *The Law of Peoples*, Cambridge: Harvard University, 1999, p. 36. 罗尔斯的原文是："Here I follow Kant's lead in Perpetual Peace (1795) in thinking that a world government—by which I mean a unified political regime with the legal powers normally exercised by central governments—would either be a global despotism or else would rule over a fragile empire torn by frequent civil-strife as various regions and peoples tried to gain their political freedom and autonomy."

② ［德］康德：《历史理性批判文集》，何兆武译，商务印书馆1996年版，第105页。

以普遍友好为条件。"① 这是世界公民权利的核心。友好意味着一个陌生人展示自己，并试图与别人建立联系的权利，意味着他在抵达别人的领土时不应被敌对的权利。这是个人有权与其他国家的公民建立联系的"访问权利"（a right of resort），因为每一个人都有共同占有地球表面并参与社会的权利；没有任何人比别人有更多的权利可以在地球上的某一块地方生存。但康德也提出，陌生人没有权利要求进入他人领地（the right of a guest），因为那需要缔结特殊的条约，据此可以让陌生人在别国领土上停留一段时间。也就是说，康德倡导一种接近（approach）的权利，而非进入（entry）的权利。这确保了一种对帝国主义侵略和殖民主义的制约。康德也提出友好就是指一个没有危害性的陌生者来到另一片土地上不会受到敌视的那种权利。你可以拒绝陌生人，只要保证他不会因此而沦落（destruction），而这个沦落包含的不仅仅是死亡，还有精神伤害和身体失能等等。这其实是确保了人们有为避难者提供更多帮助的义务。对于帝国主义和殖民主义的反对以及为避难者提供帮助，对于今天的我们来说，并不是新鲜的话题。但在康德的年代，盛行的是奴隶贸易和殖民统治，能够有这样的洞见实为罕见。这也导致康德的世界公民权利理论直到 20 世纪末才为人们广泛接受。

面对康德的世界公民权利思想，当代研究者提出了一个理论上的两难：要么世界公民法是个冠冕堂皇却不切实际的概念，它的内容完全可以在国际法中得到体现；如果坚持认为世界公民法是一个必要的概念，没有强制性的世界国家的预设它就无法得以制定和实现。② 于是我们就面临这样一个问题：如何证明世界公民法权既不是多余的，又不是形上的，而恰恰是公法权利体系的合理补充？

要解决这个问题，我们需要从两方面考虑。首先，国际法并不能涵盖世界公民法。因为通常来讲，国际法是国家与国家之间的法；而康德在《永久和平论》和《道德形而上学》中都表示，无论是国家还是个人对外处于相互影响的关系中时都可以被看作是一个普遍的人类国家的公民。也就是说，在世界国家的范围内，民族国家作为一分子而存在，个

---

① ［德］康德：《历史理性批判文集》，何兆武译，商务印书馆 1996 年版，第 115 页。
② Jürgen Habermas, "Kant's Idea of Perpetual Peace, with the Benefit of Two Hundred Years' Hindsight", in James Bohman & Matthias Lutz-Bachmann, eds., *Perpetual Peace: Essays on Kant's Cosmopolitan Ideal*, Cambridge: MIT Press, 1997, pp. 59–77.

人也不再是作为某个国家的公民而存在，而是作为世界公民而存在。这是国际法无法涵盖的领域。其次，世界公民法在国家自愿联盟中也可以得到某种程度的实现。尽管为了杜绝专制、确保法律不被滥用，康德一再强调法律和法律的强制执行是一个硬币的正反面，二者缺一不可。但即使在没有强制性的国家自愿联盟中，世界公民法也可以以跨国的形式制定。世界公民法并不一定要在强制性的世界国家中才能存在。在通常情况下，个人只有作为某一特定国家的公民，才可以成为国际法中的权利主体。也就是说，只有具有国籍的人，才具有国际法中的合法地位。然而，随着世界经济和政治全球化的发展，一个个体也可以提升为国际法中的权利主体。一些新的权利不再系于某个具有特定个体的国籍，而是系于个体本身。比如，在难民身份合法化的发展改进中情况就是如此。在现行的国际惯例当中，那些因宗教、种族、政治观点或某种社会组织成员身份而面临危险的人都应该得到法律保护。此时，当事人的国籍已经不在考虑之列。我们可以看到，在当今世界，联合国所扮演的正是康德构想中自愿的国家联盟代言人的角色。而国际法在某些方面拓宽了个体权利的领域从而与康德所确立的世界公民法异曲同工。可见，世界公民法既不多余，也并非形而上学意义上的悬设，它就是为谋求永久和平而对国家权利和国际权利的补充。

4. 如何理解康德关于世界公民的爱国主义（Cosmopolitan Patriotism）观点？

学界关于爱国主义和世界公民主义的标准看法是：爱国主义与世界公民主义是相互对立的。一提到世界公民主义者，人们往往会联想到他们与国家和家庭关联甚少。包括卢梭在内的很多人甚至认为，世界公民主义者不过是以爱所有人的名义而有权谁也不爱。而一提到爱国主义，人们往往会将之与民族主义等同。因此，一个人往往要在一种英雄式的普世主义（世界公民主义）或一种伦理的特殊主义（爱国主义）之间做出选择。

康德在其著作中既讨论了世界公民主义又讨论了爱国主义。他倡导一种以永久和平为鹄的的世界公民观点，认为那种民族主义的虚妄（即认为自己的国家一定优越于其他国家的看法）应该被彻底根除并被世界公民主义所代替。但是，康德也在他的著作中多次表达了对爱国主义的支持。于是，我们需要回答如下问题：康德如何解决爱国主义与世界公民主义之间的对立？我们能否在康德的思想中找到一种融合爱国主义和世界公民主义的方式？如果能，这是一种什么样的爱国主义呢？

康德在其著作中坚持一种特殊的爱国主义。在《论通常的说法：这在理论上可能是正确的，但在实践上是行不通的》一文中，康德区分了"父权政治"和"祖国政治"，认为前者是最大的专制主义，而后者则是一种爱国的思想方式，即"国家中的每一个人都把共同体看成是母亲的怀胎或者说把祖国看成是父亲的土地……为的只是通过共同意志的法律来保卫它的权利，而不是自命有权使它服从自己无条件的随心所欲的运用"①。这是对共同体中每个公民的自由权利的确认。在《道德形而上学》中，康德区分了"父权政府"和"爱国政府"，认为前者是所有政府中最专制的，后者则"一方面把臣民当作大家庭中的成员，但同时又把他们作为公民来对待，并且依据法律，承认他们的独立性"②。这是对共同体中每个公民的独立性的确认。

我们可以把这种爱国主义称为"公民的爱国主义"（Civic Patriotism）。从上述引文中我们可以看出，站在国家立场的爱国和站在公民个人立场的爱国是一致的，这是因为它起源于共和主义传统。共和政府是为满足公民的共同利益服务的，而公民是为追求共同的政治利益而结合在一起的自由平等的个人。公民的爱国主义表达的就是对共同享有的政治自由和维护这种自由的制度的热爱。在这种爱国主义中，爱国就是指维护共同利益。它注重的是个人的公民身份（citizenship），具有内在的政治本性，不依赖于特定的民族和种族联系寻找认同感。"公民的爱国主义"首先和"民族主义的爱国主义"（Nationalist Patriotism）不同。后者不注重公民得以存在的政治共同体，而是注重个人所属的民族和国家的利益。爱国就是对民族国家的热爱。这个意义上的爱国主义要保护民族内部的严密性，强调成员身份（membership）的重要性。"公民的爱国主义"也不同于那种"基于特质的爱国主义"（Trait-Based Patriotism）。后一种爱国主义是一个国民因为国家的特殊性质而表达出对它的热爱。比如因国家美丽、富有或安定而爱国。这种爱国主义与独特的政治体系和民族性都没太大关系，引起他们的热爱的只是祖国所具有的独特特性。

---

① [德] 康德：《历史理性批判文集》，何兆武译，商务印书馆1996年版，第183页。
② [德] 康德：《法的形而上学原理》，沈叔平译，商务印书馆1991年版，第144页。

康德对于不同种类的爱国主义的取舍与他的世界公民理论是联系在一起的。进一步说,康德的道德理论与他的政治理论是联系在一起的。康德认为所有人作为有理性的存在者都是一个道德共同体的成员,他们是道德世界自由平等的立法者和守法者,是道德世界的公民,对其他人具有最基本的道德责任。这种责任分为完全责任:即一个人无论何时何地都应平等地对待每一个人,比如不能欺骗别人;不完全责任,即一个人应该有如何以及在何种程度上履行完全责任的自由度,比如帮助别人。在政治体制中情况亦如此。每一个人都有获得自由的基本权利,而一个正义的国家就是以法律维护人的自由的国家。在这样的国家中,每个公民都是自由、平等、独立的共同立法者。世界国家就是这样一个共和国。为避免专制和集权,成熟的康德思想中表达了对世界国家理想实现的搁置,他倡导的是一种无强迫的政府间自愿联盟的形成。在康德看来,"民族主义的爱国主义"表明某些人需要一种民族联系以体现他们的身份和所属的幸福,这不是对所有人利益的谋求,因而与世界主义思想冲突;"基于特质的爱国主义"表达的是人根据偶然的心理因素和感觉所具有的爱国主义,亦不能发展成为世界公民主义。只有"公民的爱国主义"可以弥合推进普遍正义的一般责任与为自己国家谋求正义的特殊责任之间的鸿沟,作为公民的完全责任与作为世界公民的不完全责任之间没有内在矛盾。这种形式的爱国主义可以发展成一种世界公民主义。需要强调的是,康德并非完全否认"民族主义的爱国主义"和"基于特质的爱国主义",他认为这两种爱国主义也具有道德价值,并为他们保留了地盘。康德的看法是,只有"公民的爱国主义"可以不涉及"同胞优先"的原则,从而使爱国主义与世界公民主义不相冲突。正如哈贝马斯所言,这种爱国主义在某种程度上可以与种族多元主义和国家多元主义相容,因为在这种爱国主义中,单个种族或国家的传统与世界共同体的理念不再是对立的了。[①]

[①] Jürgen Habermas, "Citizenship and National Identity," in Jurgen Habermas, *Between Facts and Norms: Contributions to a Discourse Theory of Law and Democracy*, Cambridge: MIT, 1996, p.497. 原文是:"In the democratic constitutional state, which understands itself as an association of free and equal persons, state membership depends on the principle of voluntariness. Here, the conventional ascriptive characteristics of domicile and birth (jus soli and jussanguinis) by no means justify a person's being irrevocably subjected to that government's sovereign authority."

从上述四个方面我们可以看出，在世界公民主义思想的发展中，康德是一个里程碑式的人物。我们在他的思想中可以发现当代政治哲学中争论的各种话题。康德的"世界公民主义"思想是当代研究不可回避的理论资源和前提。因此，以康德思想为出发点理解或分析当代世界公民主义思想，有助于理清其中的线索和思路，也有助于更加深入地理解康德自身的思想，特别是康德道德哲学与政治哲学之间的关联。由于康德哲学的影响深远和重大意义，从他的思想出发，引申出了多条关于世界公民思想的道路。在当代政治哲学中，对世界公民主义思想的争论除了围绕对康德思想的理解、发展、继承和修订而展开讨论，还有以康德或康德谱系的思想为理论支撑解决现实问题的讨论（学者们比较关注的话题有移民、少数民族文化保护、种族歧视、恐怖主义、对他国援助、女性解放等）。这将是笔者接下来的研究重点。

（原载《吉林大学社会科学学报》2012 年第 1 期）

文化多元背景下的社会文化建构与道德治理

世界范围内的多元文化和国家范围内的文化多元在当代表现得尤为明显。在这样的背景下，将文化碎片化、杂烩化的世界公民主义观点和坚持一元文化的保守观点都不利于社会道德治理，在某一共同体内建立一种包容性强、尊重其他文化并愿意变化和交流的社会文化才是更为明智的选择。在这样的社会文化之中，良好有效的道德治理才得以展开，并最终影响文化的发展。

2011年10月25日，中国共产党十七届六中全会通过的《中共中央关于深化文化体制改革，推动社会主义文化大发展大繁荣若干重大问题的决定》提出，要推进公民道德建设工程，开展道德领域突出问题专项教育和治理，把诚信建设摆在突出位置。以此为契机，国内学术界尤其是伦理学界连续召开了几次关于"道德治理问题"的学术会议①，学者们围绕"道德治理"概念本身、道德治理的主体和客体、道德治理的价值和意义等理论问题展开了广泛的交流和探讨，并产生了一系列重要的学术成果。② 本文在现有理论研究的基础上，进一步思考道德治理的文化背景和社会背景，探究社会文化建构与道德治理之间的互动关系，并试图寻求现时代道德治理的合理道路。

---

① 相关会议主要包括2012年10月13—14日由天津社会科学院主办的"道德治理与道德文化建设"——纪念《道德与文明》杂志社创刊30周年学术研究会；2012年11月2日由上海市伦理学会主办的"道德治理与社会风气"学术研讨会；2013年10月12—13日在石家庄举行的"伦理治理与社会秩序"——中国伦理学会第八次全国代表大会等。

② 有关"道德治理"的代表性成果，可参见杨义芹《当前中国社会道德治理论析》，《齐鲁学刊》2012年第5期；卫建国：《道德治理问题论略》，《光明日报》2012年11月17日；龙静云：《道德治理：核心价值观实现的重要路径》，《光明日报》2012年8月10日等。

一　文化多元性与社会文化建构

自现代以来，随着全球化的步伐日益加快，世界各民族的文化跨越了地域限制，在愈来愈频繁的交往中相互交叉、相互兼容、相互碰撞。在全球化的趋势下，文化的走向是复杂的：一方面是随着交往的普遍化而出现的趋同和融合现象；另一方面是强势文化想要突出其地位使世界文化泛化和民族文化死守阵地、坚持本民族的特色和独立性。单就中华文明自身而言，它作为一种吸收和同化了众多文化元素的文明，自古以来就不是以儒家文化或道家文化等某种单一样态发展起来的。中国文化的当代形态亦展现了鲜明的多元性特征。

面对文化的多样性和多元性，如何确保一个共同体内有可以影响和培育公民道德的共同文化存在，成为一个非常重要而迫切的问题。在这一方面，加拿大学者威尔·金里卡为我们提供了一个很好的思路。金里卡在他的多篇文章和著作中都强调一个核心概念：Societal Culture。同为形容词，Societal 一词与 Social 存在着一个显著的差异。虽然 Societal Culture 和 Social Culture 在中文里都可译成"社会文化"。但前者指的是与社会的结构、组织和功能有关的"社会文化"，而后者指的是各种不同的、相对狭小的共同体内的文化，我们或许可以称之为"社团文化"或者"社区文化"。也就是说，金里卡所关注的是那种与社会的结构、组织和功能有关的社会文化。具体来说，金里卡认为社会文化是指"聚集于边境之内的文化——它围绕某种共享的语言，而这种语言无论在公共生活还是在私人生活的社会机构中都受到广泛运用（学校、媒体、法律、经济、政府，等等）"[①]。社会文化的重点是它所涉及的共同的语言和社会机构，而不是因地缘和血缘联系在一起的共同的宗教信仰、家庭习俗或个人生活方式。在民族国家的层面上，社会文化不仅涉及人们的共同记忆和价值观，涉及共同的制度和实践，还涉及公共和私人领域。

多元文化背景下的文化建设只能是一种社会文化建设。恩斯特·盖

[①]　[加]威尔·金里卡:《当代政治哲学》，刘莘译，生活·读书·新知三联书店2004年版，第619页。

尔纳（Ernest Gellner）认为，社会文化不是一直存在，它与现代化的进程相关。[①] 在现代社会中，文化样式注定是多元的。那种将所有人统一于单一文化选择和固定文化形式的时代已经不存在了。这是市场经济的必然结果。理想化、单一化的价值观已经转变为世俗化、多元化的价值观。面对这样的形势，重新确立单一的价值观既不可行，也不符合时代需要。现代化涉及一种共同文化的普及（其中包括一种标准化的语言），而且这种共同文化包含着相同的政治、经济和教育体制。胡锦涛同志在党的十七大报告中提出："建设社会主义核心价值体系，增强社会主义意识形态的吸引力和凝聚力。"这表明，只有在共同的制度、语言和文字等元素的凝聚作用下，文化的多样性以及民族的多样性才可以受到保护和约束并保持平衡。在这种情况下形成的"社会文化"是力量绵长的却不是空洞的。文化不仅自身具有价值，它更是人们进行选择的载体，是人们获得身份认同和归属感的背景。社会文化在弱的却更具包容力的空间中为共同体的成员提供了确认自己、实现自己、进行道德选择的平台。

在这一方面，西方的很多国家都为我们提供了经验。无论是荷兰、德国还是美国，许多国家也都致力于发展其社会文化。美国虽然没有宪法所认可的官方语言，但美国政府在对各州的管辖边界的设定中要确保说英语的人在各州人口是大多数，在移民政策上要保证只有会英语的人才能申请成为公民。同时政府通过电影、文学以及其他相关方面展示出美国精神和自由、平等、民主的核心价值观。我们在新英格兰地区随处可以看见他们的爱国主义教育基地。要想参观美国国会，就一定得先坐到一个会议室里看美国建国的纪录片。美国政府在诸多细微之处体现了他们的爱国主义教育和对社会文化的培育。金里卡认为，美国社会的文化就是合并了多种文化样式从而包容了大多数美国人的社会文化，它不是单一的，但它是强势的。[②] 他还认为，现代社会中只能存在社会文化，而且这种社会文化倾向于成为国家文化。[③]

基于此，只有在一种有效的社会文化中，自觉的道德治理才可以形

---

① Ernest Gellner, *Nations and Nationalism*, Oxford: Blackwell, 1983, p. 32.
② Will Kymlicka, *Multicultural Citizenship: A Liberal Theory of Minority Rights*, Oxford: Clarendon Press, 1995, p. 77.
③ Will Kymlicka, *Multicultural Citizenship: A Liberal Theory of Minority Rights*, Oxford: Clarendon Press, 1995, p. 80.

成。社会文化不是一个单一的、固态的强文化，而是一种包容性强、流动性大的共同文化，其中表征着文化的多样性和整体性的统一。由此出发，我们才可以发挥每个社会成员的力量，建构起自强、自信、自觉的道德观念。但可以想见的是，这是一个润物无声、潜移默化的长期过程，社会文化建设绝不会像社会经济建设那般立竿见影。

二 社会文化与道德治理

文化多元背景下的社会文化与道德治理的关系是非常复杂的，其中最为重要的问题就是如何保持社会文化与道德治理之间的张力，使社会文化为道德治理提供良好有序的环境，这主要是因为，即便作为一种宽松的、不带有强制性的共同文化，社会文化在它作用于每一个社会成员的过程中仍然具有强大的约束力。在这种情况下，要确保社会文化对道德治理的正向支持和扶助，就要求我们正确理解和看待社会成员个体与社会之间、小众团体与大众之间以及社会成员个体之间的相互关系。在这一方面，我们目前可以得到的借鉴有以下几种：

1. 自由主义视域内的"区别性对待"方式。金里卡从自由主义的角度认为文化以其宽阔的背景为个体自由的实现提供了有意义的丰富选择，使个人自治和个体的自我尊重得以可能。但是在文化多元的国家里，很容易产生社会文化的模式倾向于社会成员的大多数而对一小部分人不利，对于小众群体的成员来说，他们在社会文化中不可避免地会遭遇不平等对待。因此，金里卡认为"区别性对待的群体权利"（Group-differentiated Rights）可以作为保护小众文化的方法，抵消不平等环境对少数文化的成员的歧视或忽略。[1] 通过对小众群体的特殊保护，弥补不平等造成的伤害，并且促使其成员作出有意义的选择。

同样针对西方国家内部的文化非正义，查尔斯·泰勒作为一个共和主义者，在"承认的政治"一文中提出了自己的独到见解。他认为，在现代社会中，"自我"和"独特性"都依赖于交往才能获得承认，"我的

---

[1] Will Kymlicka, *Multicultural Citizenship: A Liberal Theory of Minority Rights*, Oxford: Clarendon Press, 1995, p. 113.

认同是通过与他者半是公开、半是内心的对话、协商而形成的……我的认同本质性地依赖于我和他者的对话关系"[1]。拒绝给予承认可能会对被拒绝的人造成严重的伤害,而当代女性主义、种族关系和文化多元主义的讨论,全都建立在拒绝承认可以成为一种压迫形式这个前提的基础上。泰勒因此把文化多元主义看作是"承认的政治"(Politics of Recognition),认为多种多样的文化认同和语言应具有平等的价值。平等的承认是思考一切的逻辑起点。

通过"区别性对待"和"承认的政治",每个个体的道德选择在社会文化中获得认可,同时也保证了个体能够在这种文化中自由呼吸、自由发展,社会对个体产生的道德上的治理就其所产生的文化而言是具有包容性的和丰富性的,因此,道德治理本身也不会成为强制性的说教和规劝,从而与个体自身的道德自治之间不会产生巨大的摩擦和对立,最终将产生和谐的个体与社群的关系。

2. 后殖民主义视域内的"特殊保护"方式。在后殖民主义的视角中,人们已经不再关注民主社会内部主流群体与小众群体之间的文化正义问题,而是关注自由民主的政权与非自由民主的政权之间的文化正义问题。这种文化多元主义已经从向国家政权索要对原住民的特殊权利和保护,发展为诉求原住民保有其自我管理和自我发展的主权。比如,海库·帕瑞克(Bhikhu Parekh)认为自由主义并非独立于文化,它本身就是一种独特的文化,这种文化并不比其他文化更高一筹,因而并不能为不同文化处理相互间的关系提供一种公平合理的框架,以自由主义的价值观评判非自由的国家就是不正义的。[2]

"特殊保护"的方式强调了不同社会文化之间的共生共存问题。由不同社会文化生发出不同的社会伦理,因而其道德治理方式也不尽相同。在这样的情况下,弱势的社会文化要求其平等地位就成为比较合理的方式。

3. 全球化视域内的相互尊重和交流。全球化视域中的文化多元主义在更为广大的范围内提醒人们不要过分执着于文化差异性和文化统一性

---

[1] [加]查尔斯·泰勒:《承认的政治》,载汪晖、陈燕谷主编《文化与公共性》,生活·读书·新知三联书店2005年版,第298页。

[2] Bhikhu Parekh, *Rethinking Multiculturalism: Cultural Diversity and Political Theory*, Cambridge, MA: Harvard University Press, 2000, pp. 219–223.

之间的对立，而要发展一种差异中的统一或者寓差异于统一的立场。这种看法的前提是认同每种社会文化存在的合理性和平等地位。德国艾森人文与社会科学高等研究所首席研究员约恩·吕森（Jörn Rüsen）的核心看法是，欧洲文化或者西方文化并不是评判其他文化的标准和范式，任何一个文化中都存在着人道的和合理的元素。因此，文化的对话与交流应该首先从自我反省和自我批判开始，这是一种社会文化能够接受全球化挑战的前提。

在这个基础上，吕森提出一种多元文化的相互尊重和交流，以期实现对人类共同文化本性的理解和对文化差异的关注。这实际上是一个不同文化间的交流与融合的方案。这个方案分为两个步骤：一，在各种文化范式中寻求一些可以与他者沟通的元素，使文化交流不因原有范式的强势束缚而难以达成；二，提供一种可以将不同的文化元素整合起来的概念框架。需要作出解释的是，在吕森看来，这种可以整合不同元素的概念框架并不构成新的束缚，而是在现实生活中，更好地促进不同文化样式的交流和沟通，保持它们的原有特色，并不断完善和发展。只有这样一种人道主义的文化人类学，才可以使不同文化传统中的人们分享彼此的观点、解决人类文化路向中的诸多问题。[①] 这种看法不同于文化的世界公民主义。以杰里米·沃尔德伦为代表的世界公民主义者们认为，世界是由人类个体组成的，而文化是个体的存在方式，因此世界文化是由世界上众多个体文化碎片汇聚在一起形成的杂烩。沃尔德伦强调："一个世界公民会需要文化意义，但不需要同质的文化结构，需要文化但不需要文化整合。"[②] 吕森的看法则是在保有各民族的文化结构的前提下，尝试找到文化间可以沟通和交流的最低门槛，从而让世界分享民族文化的独特资源，同时促进民族文化的繁荣发展。

通过上述三种视角，我们可以在如何理解中国社会文化的培育、如何处理社会文化与其他小众文化之间关系、如何保障少数民族文化遗产及其道德治理方式以及如何与其他国家进行社会文化和道德治理方面的沟通交流等方面获得合适的借鉴。

---

① Jörn Rüsen, "Humanism in the Era of Globalization", in *Humanism in Intercultural Perspective: Experiences and Expectations*, Bielefeld: Transcript – Verlag, 2009, pp. 11 – 21.

② Jeremy Waldron, "Minority Cultures and the Cosmopolitan Alternative", *University of Michigan Journal of Law Reform*, 1992, Vol. 25: 3&4, p. 786.

可以说，在中国，一个有效的社会文化正在形成。在此过程中，处理好上述问题和关系是我们必须面对的。道德治理作为一种影响社会的力量，从来都不是通过强制性或欺骗性手段来实现的。即使在以宗教形式产生道德治理的过程中，强权、暴力和欺诈也不能产生最终的巨大作用。比如，在伊斯兰文化中，先知们想要通过伦理策略和手段获得力量、实现治理，也要遵循基本的道德原则。他们不是通过集权统治者们通常使用的暴力和欺骗等手段，而是通过诚实的、友善的、合理地商讨来实现观念的普及。不仅如此，道德治理也是依赖于公众参与而实现的。道德治理不同于政治治理方式，它不应该作为一种外部力量强加于社会成员身上。和谐完善的道德治理应该是在社会和个体之间没有间隙：一方面是社会鼓励个体根据自身的天赋和能力参与解决问题，形成自己的价值体系；另一方面是个体积极主动地参与道德治理，不断为整个社会道德风尚的建设作出贡献。只有在一个包容性强并且可变化的社会文化之中，小众文化和异端文化可以存在并获得应有的尊重，不同文化之间的交流得到支持，社会成员的道德选择是理智而自由的，真正的道德治理才能够形成。

（原载《伦理治理与社会秩序》，河北大学出版社2013年版，第47—51页）

理论自信何以可能

在当下谈论理论自信我们具备什么样的条件？这也许是我们讨论理论自信的一个基本前提。如何在跨文化的交往和交流中提高理论自信则是全球化过程中每个人都必须面对的问题。本文将从实践自信、文化自信和学理自信的层面以及文化多元主义的视角阐述当代中国理论自信何以可能。

对于一个学者而言，理论自信主要表现为参与现实话题讨论时有的说，并且说得好。对于一种文化而言，理论自信主要表现在参与世界性讨论时有自己的声音，并且是有力的、可理解性的声音。从根本上说，我们在今天讨论理论自信何以可能，不是关于一个人有没有理论自信的问题，而是关于一群人有没有理论自信的问题。对于"理论自信何以可能"这个与"我们"相关的话题，我主要想涉及两个话题：一是我们现在具备什么样的条件；二是我们可能面临什么样的问题。

一 我们现在具备什么样的条件

1. 中国社会现实为我们提供了丰富的实践经验，此即为实践自信。具体表现为理论与实践的交互影响。习近平总书记在哲学社会科学工作座谈会上说："当代中国正在进行着前无古人的伟大实践，必将给理论创造、学术繁荣提供强大动力和广阔空间。这是一个需要理论而且一定能够产生理论的时代，这是一个需要思想而且一定能够产生思想的时代。努力从鲜活而生动的社会实践中寄去理论创新的智慧和源泉，提炼出具有中国特色、时代特点，充满生机与活力的理论话语和学术概念。"

我想以我一直关注的马克思道德理论研究来说明这个问题。在西方哲学视野中，有很多人认为马克思主义在中国的革命和实践中并没有发挥重要的作用和价值，甚至有一些极端的学者和实践家们认为，"信仰马克思主义的中国知识分子和哲学家们并不真正理解产生于欧洲文化传统的马克思主义"。① 他们会有这种思想的主要理由是：中国文化固有的思维模式和框架阻碍了中国人对于来自另外一个文化系统的马克思主义的理解。这种看法在马克思主义进入中国的初期非常流行。但是在今天，我们可以看到，马克思主义的理论和实践在中国已经取得了卓越的成就，越来越多的中国学者将自己的研究成果展现给世界，中国的马克思主义哲学研究也在整个世界的马克思主义哲学研究中扮演着越来越重要的角色。正如尼克·奈特在他的《马克思主义哲学在中国》一书中所说："中国哲学家们理解、发展和应用马克思主义的努力是意义重大的，这不仅为理解中国的马克思主义历史和马克思主义运动，而且为整个马克思主义的历史作出了重要贡献。"②

中国马克思主义工作者不仅有着庞大的队伍，而且有着对马克思深沉的敬重和深刻的理解。尽管很多人的研究工作并没有被国外研究者了解和认识，这是历史造成的原因，却并不妨碍我们自信地说，在当今世界有关马克思主义的研究中，中国哲学界具有深厚的理论基础和先进的研究水平。

比如，在关于马克思道德理论的研究方面，当代英美世界的分析的马克思主义产生了大量的理论成果。他们在对待功利主义与马克思主义的关系问题上，显现出了对马克思文本的精细分析；在如何理解意识形态与马克思主义哲学的关系问题上，从概念上对意识形态作出了细致而清晰的划分；在观察马克思的道德悖论方面，他们的分析也像仪器检查一样细致入微。我们在实际经验中都知道，CT 或核磁共振可以帮我们查出疾病，让我们认真对待病情，但我们却不能因此将人的身体切开、分段，保留其中有用的、没有被感染的，去除病变的、没有价值的部分。因此，用"头痛医头，脚痛医脚"的局部治疗的方式对待马克思主义研究是有问题的。分析的马克思主义者缺乏对整体马克思的一个宏观的把握以及对马克思所表达的时代精神的深切共鸣，无法从马克思著作的片

---

① 参见 Nick Knight, *Marxist Philosophy in China: From Qu Qiubai to Mao Zedong*, 1923 - 1945, Amsterdam: Springer, the Netherlands, 2005, p. xi.

② Nick Knight, *Marxist Philosophy in China: From Qu Qiubai to Mao Zedong*, 1923 - 1945, Amsterdam: Springer, the Netherlands, p. xii.

段中理解马克思道德理论的整体气质。

中国的马克思主义研究却在20世纪90年代以后取得了重大进展，特别是在理解历史唯物主义的地位和意义方面，中国学者作出了突出贡献：历史唯物主义成为整体把握和理解马克思主义哲学的金钥匙。学者们从不同的视角表达了对马克思主义的判定上的共识：马克思主义哲学的新唯物主义是历史唯物主义；历史唯物主义不仅是马克思哲学的历史观还是它的世界观。比较有代表性的观点包括刘福森的"历史生存论"解释、张一兵的"历史现象学"解释以及俞吾金的"社会生产关系本体论"解释。这种对历史唯物主义即马克思主义哲学性质的判定直接决定了人们对马克思思想转变的判断，也极为有力地促进了人们对马克思人道主义理论的判定和理解，从而超越了西方学者在人道主义框架内理解马克思的范式。在上述理论研究的基础上，学者们就马克思前后期思想转变的性质以及统一的可能性提出了不同的看法，为我们在当代研究马克思思想中的人道主义维度进而判断马克思道德理论的性质和方法提供了丰富的理论资源。

应该说，中国学界取得的这些丰硕成果，从学理上说与人们开始重视从历史的角度、实践的角度和辩证的角度理解马克思主义及其当代价值有着密切的关系，从实践上说是不仅因为我们的社会为学者们进行深入研究提供了便捷、宽松的工作条件和环境，更因为社会本身的发展为学术研究提供了丰富的经验资源和思想启示。只有所见、所闻在不断发展，所想才会更加丰盈。这就是我们的理论自信所具备的实践条件。

2. 博大精深的中华文明所显现出的深厚底蕴，此即为文化自信。虽然经过"文革"的破坏，传统文化失去了它原有的牢靠根基，但人民大众骨子里的文化精神以民俗和家风的形式仍然存在着。关于这一方面，我想用我所关注的生态伦理学研究来加以说明。

20世纪80年代以后的一段时期内，西方学者的生态伦理思想被介绍到我国。面对着刚刚传入的西方学者的新鲜思想，我国的生态伦理学的研究曾一度显得轰轰烈烈。这种轰轰烈烈其实表现为我们在理论上的一种不自信，因为我们基本上只是在讨论由西方学者提出的问题，而未能提出并回答具有中国文化特色的"中国化"的生态伦理问题；我们对现实问题也没有作出适合于中国文化的、有中国特色的理论论证，因而没有实质上的理论突破。关于生态伦理学研究的几乎所有基本命题，都是直接从西方学者那里拿过来的。这就是我国生态伦理学的研究所面对的主要困境。

造成这种现象的根本原因之一,就是我们在对生态伦理的理解上存在问题:因为生态伦理学的概念是西方学者提出来的,所以我们就认为生态伦理学是属于西方的,于是,我们就按照西方的生态伦理学那样去提出问题,并按照西方文化精神去思考和回答问题。我们把生态伦理的研究变成了介绍、传播、梳理西方学术成果的工作。我们没有意识到,生态伦理学还有"中国化"的问题。

我们不仅没有努力实现生态伦理学的"中国化",反而努力做着把中国传统文化中的生态伦理学思想"西方化"的工作。人们按照西方生态伦理学的理论框架重新来梳理中国文化中的生态伦理思想"片段",把这些独特的具有中国特色的生态伦理思想纳入西方的生态伦理体系;人们用西方文化的精神重新解释中国文化的概念:把中国文化中的"道"解释为西方文化的"规律",把中国哲学的"道论"解释为西方哲学的"本体论"。

按照这种研究方式,我们既不能深入挖掘出中国传统文化中的真正有价值的生态伦理思想,也不能创造出适合于中国文化的生态伦理学。这样的生态伦理学既不能为中国文化的精英们所接受,也不能成为普通大众内心的自觉信念。

可是,在阅读西方环境伦理学研究的最新成果时,我们发现,相当多的学者开始借助中国传统文化来寻找解决生态困境的出路。他们在理解人与自然关系的时候依赖一个更广大的实体概念,即整个的自然生态系统或者中国人所说的"天道"。在"天道"之中,人就不再是绝对主体,而是其中一员。人在保有其创造力和开展基本实践活动的同时,其改造自然的主体性就会受到有效的限制和规范。人与自然作为共同的生命体才真正可以同呼吸、共命运,而环境伦理所倡导的"一个天、物、人统一的和谐的世界"才能真正实现。弗雷亚·马修斯(Freya Mathews)则借助中国的道家思想提出传统与现代之外的"第三条道路"。在他看来,人类社会存在三种形态:(1)求诸外的形态,这一形态对应着以宗教为根基的传统的或者说前物质主义的社会;(2)工具主义的形态,这一形态对应着现代的、物质主义的世俗社会;(3)协同形态,这一形态对应着未来的后物质主义社会。后物质主义寻求自然的主观内在性,倡导宇宙的规范性，尊重世界的完整性。① 中国的道家思想为协同形态提供了强大的哲学支持，从而使一种全新的文明能够有意识地遵循道，并成就为一种反应敏锐且可持续的文明。可以说，西方环境伦理学的这一新的转向是在思考自身局限性的基础上，吸收东方思想特别是中国传统文化中的元素形成的。这与当代中国学者对环境伦理全球化和本土化的研究研究不谋而合。

就像解决环境问题是全人类共同的使命和责任一样，以更契合时代精神的思维方式思考环境伦理学问题也是中西方学者的共同关注。不同文化结构可能会形成对环境伦理问题的不同理解，但只要人们在承认自身局限性的前提下愿意互相借鉴，一种可以对话和沟通的全球环境伦理就可以为不同文化中的人们所接受。正如尤金·哈格罗夫（Eugene Hargrove）所说："只有在文化借鉴中，当环境伦理以其自身缓慢的节奏发展时，一种单一的、普世的、国际环境伦理才最终可能出现。"②

3. 全球化背景下的中西文化交流中，中国学者的观点和声音日益重要，此即为学理自信。钱锺书在 20 世纪 80 年代末针对当时的中西文化比较热潮，就曾经谈过："有些人连中文、西文都不懂，谈得上什么比较？戈培尔说过，有人和我谈文化，我就拔出手枪来。现在要是有人和我谈中西文化比较，如果我有手枪的话，我也一定拔出来！"但从我的个人经验和体会来看，钱老的这个指责在当代可能就不大存在了。

随着越来越多的留学生归国，更为专业和学术的研究氛围和风格日益彰显。他们大多可以以英语或他种语言为工作语言，阐述自己具有中国特色的专业观点。中国学者在世界学术群体中也日益彰显自身特点，受到越来越多的关注。以往，中国学者在外国人面前介绍自己时都遵照西方传统先说名字再说姓氏，但现在越来越多的中国学者倾向于按照中国人的传统用英语介绍自己的时候先说姓氏再说名字，而且这种方式也越来越被西方人理解和接受。我们已经不再局限于向西方学习，听西方学者讲座，而是要开我们的讲座，讲我们的观点。这种从仰视到平等的

---

① Freya Mathews, "Beyond Modernity and Tradition: a Third Way for Development", *Ethics and the Environment*, Volume 11, Number 2, 2006, p. 85 – 114.

② Eugene Hargrove, "Can and Should There be a Single, Universal, International Environmental Ethic?",《生态文明：国际视野与中国行动——第二届中国环境伦理学国际研讨会暨 2012 中国环境伦理学环境哲学年会会议论文集》，2012 年，第 131 页。

对话和交流的转变，让我们对于树立中国人的学理自信非常有把握。

总结一下以上三点，我们可以得出中国人理论自信得意可能所具备的条件：

实践自信是形成有中国特色的理论自信所需要的社会性条件，为社会发展的必然；文化自信是形成有中国特色的理论自信所需要的历史性条件，为中国所独有；学理自信是形成中国特色的理论自信所需要的主体性条件，已经为中国当代理论学人的自觉。

二 我们可能面对什么样的问题

在我们讨论文化自信问题时，可能面对的一个主要的问题就是：如何在跨文化的交往和交流中提高理论自信？

可以确认的是，与他人的理论交流会巩固、增强以及完善我们自身的理论。西方学术界的理论形成是在争鸣中完成的，表现出一种良好的学术环境和背景。罗尔斯在讨论他的正义理论时是针对当时盛行的各种功利主义理论，他的理论是在与功利主义和契约主义的讨论乃至争论中形成的。同时，来自罗伯特·诺奇克（Robert Nozick）、罗纳德·德沃金（Ronald Myles Dworkin）、托马斯·斯坎伦（Thomas M. Scanlon）等人的建议也对罗尔斯的理论的不断完善提供了丰富的理论资源。克里斯蒂娜·科尔斯戈德在讨论康德道德哲学如何表现为建构主义或者进一步表述为构成主义时，也是在与威廉斯、斯坎伦等人的商榷与回应中形成的。孙正聿教授认为理论研究是一种游戏的多种玩法，我们不仅要表现出对其他理论的尊重，也应该以合适的方式表现对别的理论的尊重，而这种合适的方式并非是改变自己的玩法或者虚伪地承认别人的玩法的合理性，而是在承认别人玩法的合法性的基础上提出自己的批判并充分论证这种批判。缺乏批判和自我批判的理论是没有生命力的理论，也不能体现出理论的自足与自信。正如当代道德哲学界最具影响力的英国哲学家德里克·帕非特（Derek Parfit）所说，对于理论研究就好像是攀登一座山峰，不同的思路是不同的道路，虽然路向不同，但目的和最终的追求是一致的。

当代世界不同文化和思想的交流、沟通日益深入。面对不同的观点，我们应该确立一种什么样的态度呢？我想一种比较合理的态度是多元文化主义的态度：承认文化多元，确认每一种思想和观点都具有其独特价值和意义。这是不同文化可以沟通和交流的前提。只有在不同文化的交流中我们才能不断完善自身，确立自己的理论自信。在关注西方思想时，更具包容性的多元主义的立场可以降低人们彼此对话的门槛，让沟通变得更加顺畅、和谐。只有在这个前提下，对西方理论的研究、吸收、借鉴和批判才是有意义的。与此同时，我们的观点和理论也才会有人诚意倾听。自说自话和只有我能说话其实是文化霸权主义，这在西方思想史上已经表现得非常突出。相比较而言，中国思想家自古至今都有与人交流、愿意倾听的优良传统。也正是在对不同来源的文化的兼收并蓄之后，我们才形成了源远流长、内涵丰富的中华文明。因此，承认多元文化这个前提才能形成跨文化交流，我们也才能够在这种交流中不断完善自身，确立自己的理论自信。

（原载《当代中国道路与智慧》，社会科学文献出版社2019年版，第65—75页）

马克思的世界历史理论

——一种新的思维方式

近些年来，我国学者对马克思的世界历史理论表现出浓厚的兴趣。这种现象的出现，主要是与当今世界的全球化趋势直接相关的。社会发展新的现实，使人们感到了对于一种新理论需要的压力。但是，学者们在研究中只是一般地谈论马克思世界历史理论的内容及其在当代的价值，没有注意到这一理论作为思维方式的意义。本文的宗旨是把马克思的世界历史理论当作一种研究社会历史的新的思维方式进行探索和考察。马克思以唯物史观为根据，在批判黑格尔世界历史理论的基础上提出了他自己的世界历史理论，用于分析和看待资本主义社会的现象和问题。在当代全球化的背景下，我们除了要深刻理解马克思世界历史理论的内涵，更有必要提升马克思世界历史理论的理论地位，并把这种理论当作一种认识和分析当前社会现实问题的思维方式，从而发挥其更大的理论意义和实践意义。

一 传统理论的缺陷

传统的社会历史理论与社会发展理论都是在"民族国家"的意义上理解社会的。谈到发展的主体，人们会异口同声地说是"社会"。然而社会学中的"社会变迁"理论，考察的是欧洲从农业社会向工业社会转变的历史进程，它是以民族国家作为研究对象的。在实际的研究中，学者们通常是以个别社会共同体为主体来研究民族国家的结构、秩序、变迁及其传统和风俗。对于社会发展理论的研究也是如此。社会学家们所考察的只是民族国家内部的冲突和机制，研究的是民族国家自身的社会发展。总之，无论是传统的社会学还是传统的社会发展理论，它们在思维方式上都预设了一个社会的"封闭性"前提。

在古代农业社会中，各个社会共同体之间完全处于一种封闭状态。它们的发展是各自独立的发展；社会共同体之间即使有联系也只是偶然的联系，对共同体的发展没有决定性的影响。这时，人们的思想和行为完全受共同体的传统、习惯和风俗的约束，共同体为人们的思想和行为提供了生活的基本准则和规范。民族国家的形成，使"社会"概念突破了传统社会的狭隘范围。众多社会共同体联合成为一个民族国家。此时，尽管民族国家之间发生的联系不断增加，但在各个民族国家中人们的行为仍然主要是以民族国家的准则（法律、道德等）为标准，民族国家的发展行为也主要是以本国的历史条件（如生产力的发展程度、政治体制）、国家利益和国家内部的运行机制为准绳。国家的发展仍然是国家自身行为的结果。从本质上说，传统的社会学和社会发展理论在其研究对象（社会）上存在封闭性的预设，主要是根源于传统社会的封闭性。但是，随着社会的发展越来越趋向于"世界化"，即全球化，这种思维方式的局限性就明显地暴露出来了。

传统社会发展理论把社会发展的研究对象封闭化，必然导致如下结果：

第一，完全在社会（民族国家）内部寻找变化发展的机制，忽视了在全球化的今天各国之间的相互依赖和相互作用，忽视了"世界历史"整体对各个民族国家的作用。传统的西方社会学理论和社会发展理论都倾向于把社会发展仅仅看作是各个社会自身的自然机能使然，即使提及外部因素，也首先将其假定为偶然性因素。因此，各个民族国家的发展便被看作是本国的孤立行为，其发展的目标、方向、道路、形式以及发展的程度都完全被归结为民族国家自身行为的结果。根据这种假设，当今世界上欠发达国家的落后，就只能归结为这些国家内部缺少现代化的因素和崛起的动力。很多外在因素被忽视甚至抹杀了，比如西方发达国家在历史上对欠发达国家的殖民统治和野蛮掠夺，又比如当今世界政治、经济秩序不合理的现实。这种假设表明，要解决欠发达国家的发展问题，只能采取闭关自守的政策。这不仅是对欠发达国家问题的错误理解，也是对世界一体化潮流的视而不见。

第二，抛弃对人类整体发展的深入研究，将小范围适用的经验推广到全世界。早期社会发展研究的视野并没有忽视对人类整体的研究。斯宾塞、圣西门、马克思以及社会学的创始人孔德等都把人类整体的发展放在他们的视野之内。在他们看来,"社会"作为整体的研究对象是与自然相对的。在这个意义上,社会即人类。但是,伴随着民族国家的发展,人们的视野也从人类逐渐转向了"某一社会"的发展,而这时,所谓社会的发展,其含义就是指以民族国家为实体的发展。人们以解剖麻雀的方式,把某小范围的社会放大,把对某一社会(民族国家)规律的研究结果推广到整个人类社会(世界)。例如,当代的现代化理论就企图简单地把西方社会的发展经验推广到非西方社会。这样做的结果就是宣称,西方社会的发展代表人类整体发展的正确方向和最高水平,应该成为众人效仿的楷模。

随着现代社会向全球化的迅猛发展,这种研究社会的封闭式思维方式越来越与全球化的社会现实相背离。它无法解释在世界交往中不同地域和国家的政治、经济、文化、文明之间的整合与冲突,也不能为在全球化背景下各民族、国家的发展提供合理有效的发展战略。如果没有一个适合于全球化条件下的研究社会发展的新的思维方式,我们的社会发展理论就会远远地被社会的发展所抛弃。

二 理论向思维方式的转变

最近几年,人们在研究当前的社会现实问题:比如全球化问题,经济落后国家的发展道路问题时,意识到了重新理解马克思的世界历史理论具有重大的现实意义。但目前理论界的研究仍只局限于马克思的"世界历史"理论本身,或者只是从马克思的本文来总结其理论内涵,或者从哲学史追溯"世界历史"的概念演化,或者一般论及该理论的价值。我认为,仅仅考察马克思世界历史理论的实质还远远不够,更应该把这种理论看作理解社会发展问题的一种思维方式,从而对我们正确认识和解决目前面临的各种问题起到更大的理论指导意义。

研究理论,在归根到底的意义上是为了理论在现实中的应用。但是理论怎样才能在现实中得到真正的应用呢?理论的应用不是把理论原封不动地搬到现实中来(这种所谓的应用实际上是把理论变成了标签、教条或套语),而是把理论作为分析现实的原则和方法。在我看来,理论只有在思维方式的意义上，才能真正成为方法。也就是说，我们只有把理论转变为一种分析现实问题的思维方式、解释原则，理论在现实中的应用才成为可能。正因如此，在全球化日益加剧的今天，马克思的世界历史理论作为新的思维方式的意义就突显出来了。或者我们可以这样说，马克思的世界历史理论在当代发展中最重要的理论意义，就是它作为思维方式的意义。

马克思在《德意志意识形态》中曾经论述了西欧社会各个社会共同体从部落制、奴隶制、封建制到资本主义的"内在发展"。但是这并不意味着马克思把社会的发展仅仅归结为社会共同体的孤立发展。这是因为，前资本主义的社会发展（部落制、奴隶制、农奴制）尚处于孤立、分散、封闭时期。这时即使有不同社会共同体之间的交往，也是偶然发生的。也就是说，这种交往还不能影响到各个社会共同体自身的内在发展。因此，马克思的这种分析是符合前资本主义的社会现实的。但是，资本主义产生以后情况就不同了。马克思曾经说过："世界史不是过去一直存在的；作为世界史的历史是结果。"[1] 世界历史作为人类社会发展的一种特殊状态，是资本主义工业文明的产物。资本主义开创了世界历史的新时代。从此，世界历史进入了全球交往的新时期。我们不能把马克思对前资本主义社会发展的理论分析所适用的范围无限扩大，把资本主义产生以后的社会发展也完全归结为孤立的国家行为。在马克思看来，世界历史不是全球各地区、各民族、各国家的简单相加，而是将世界联系成为一个相互依存的整体的历史。普遍的交往是多样化的，它涉及既包括物质交往也包括精神交往；它涉及政治、经济、军事、文化、移民等各个方面。

实际上，马克思对资本主义社会的分析所采取的是"世界历史"的立场。在马克思看来，资本主义是西欧社会发展的结果，又是世界历史的开端。资本主义的生产方式在本质上是世界历史的。资本的本性及其运行方式、资本主义的经济机制（商品经济或市场经济），在本质上都是与孤立的社会存在状态相背离的。所以，对资本主义的分析应采取与前资本主义社会不同的分析方法，即世界历史的分析方法。马克思和恩格斯在《德意志意识形态》一书中对在资本主义条件下形成的"市民社会"

---

[1] 《马克思恩格斯选集》（第2卷），人民出版社2012年版，第710页。

概念的分析，采取的就是"世界历史的思维方式"。他们指出："'市民社会'这一用语是在18世纪产生的，当时财产关系已经摆脱了古典古代的和中世纪的共同体。""市民社会包括各个人在生产力发展的一定阶段上的一切物质交往。它包括该阶段上的整个商业生活和工业生活，因此它超出了国家和民族的范围。"① 马克思和恩格斯还用这种新的思维方式分析了"移民"这一世界性的活动对某一个国家发展的影响。"有些国家，例如北美的发展是在已经发达的历史时代起步的，在那里这种发展异常迅速。在这些国家中，除了移居到那里去的个人而外没有任何其他的自发形成的前提，而这些个人之所以移居那里，是因为他们的需要与老的国家的交往形式不相适应。可见，这些国家在开始发展的时候就拥有老的国家的最进步的个人，因而也就拥有与这些个人相适应的、在老的国家里还没有能够实行的最发达的交往形式。"② 以世界历史的思维方式分析资本主义社会，才能意识到生产力的发展、分工以及商品经济的发展是历史世界化的基本动力，而在此过程中社会交往不断扩大、社会流动日益增强，历史也就成为世界历史了。

三　世界历史的思维方式的基本原则

马克思的"世界历史的思维方式"，就是"历史世界化的思维方式"，或曰"社会发展全球化的思维方式"。这种思维方式包括以下几个理论原则：

1. "整体性原则"和"有机论原则"。这一原则是把世界看作一个相互依赖、相互作用、相互联系的有机整体。有机性和整体性是当代世界的基本特征。世界是一个整体，但它不是一个由许多孤立的原子（国家）构成的，而是由所有的处于相互作用、相互依赖中的国家在关系中形成的。一袋子土豆仍然是土豆，它并没有产生出新的性质（整体性）。同样，一个个孤立的国家凑在一起也仍然没有超出国家的性质，它仍然不是一个"世界"。世界是一个有机的整体。"世界"的独特性质（整体性

---

① 《马克思恩格斯选集》（第1卷），人民出版社2012年版，第211页。
② 《马克思恩格斯选集》（第1卷），人民出版社2012年版，第205页。

和有机性）是在各个国家相互作用的关系中形成的一种超越民族国家性质的新性质。

根据这一原则，我们不能把世界的性质归结为某一国家或某些国家的性质。用这一原则看待当今世界的现代化，我们就不能把西方现代化的模式看成是世界现代化的唯一模式。因此，非西方国家的现代化，必然具有自身的鲜明特征。这也就表明，西方中心论是错误的。同时，我们也必须看到，地球上每一个国家的发展又都不可避免地受到其他国家的影响，因为它们都是世界"大家族"的一个成员。因此，任何一个国家的现代化都必然是开放的，都不可能是孤立完成的。它必须善于吸收其他国家的经验，接受其他国家的教训；它也必须善于利用其他国家的资金、资源和已经取得的一切成果。根据这一原则，我们必须立足于世界整体的发展进程去认识每一个国家的发展。整体性的原则告诉我们，任何一个国家的发展都不可能离开世界整体。因此，任何国家在制定自己的发展战略时，都必须考虑到世界整体的性质、结构、条件和规律，对世界整体的要求作出反应。只有如此，才能把自己融入世界的洪流。

中国革命之所以能够超越资本主义而走上社会主义道路，是与这一原则直接相关的。早在19世纪50年代，马克思就研究过中国的社会问题。他在《中国革命和欧洲革命》一文中用世界历史思想研究了英国对中国的影响，也指出了中国的变化对英国和整个欧洲社会的作用，昭示了中国革命的世界历史意义："中国革命将把火星抛到现今工业体系这个火药装得足而又足的地雷上，把酝酿已久的普遍危机引爆，这个普遍危机一扩展到国外，紧接而来的将是欧洲大陆的政治革命。"[①] 虽然马克思并没有给中国提供一整套现成的发展方案，但中国人民却在他的理论启发下探索出一条适合中国国情的正确的发展道路。古代中国曾经以自己的先进技术和文明引领世界潮流。然而，当资本主义用它们的"机器""轮船""炮弹"等开创了"历史向世界历史的转变"后，中国便从高峰上跌落，而且长期滞留在封建专制的落伍状态。这类似于马克思曾研究过的印度村社，封闭、落后。但闭关自守并不能挡住肩负开创世界历史使命的西方资本主义的步伐，他们用"坚船利炮"轻易地打开了中国大门，中国于是被卷进世界交往的大潮。

[①] 《马克思恩格斯选集》（第1卷），人民出版社2012年版，第783页。

但中国并没有走上资本主义道路,这其中的因素很多:国内自给自足的小农经济根深蒂固,封建思想顽固;国外西方列强在中国的利益不均衡。理解这个问题同样需要运用世界历史的思维方式。人们通常认为,在某种特定的条件下,社会制度可不依据别国的范例在发展过程中实现跨越,但其所经历的生产力发展阶段则是绝对不能超越的。然而,有时在考虑经济技术发展战略时,还可以认为一个国家的生产力发展阶段并不是那么刻板地排列的,在条件具备的情况下,也完全有可能实现超越。那么,生产力的发展阶段到底是否可以超越呢?分析这个问题的症结在于如何认识生产力本身,即提及生产力发展阶段的不可超越性时,我们究竟分别指的是何种范围、何种意义的生产力。实际上,就整个人类社会的生产力来讲,它的每一个发展阶段确实是不可超越的。因为生产力是一种既定的物质力量,人们只能继承它、利用它和改造它,而不能随意离开或取消它。但就某一国家、某一民族的发展来看,在一定历史条件下,超越个别生产力发展阶段则是完全有可能的,其原因在于世界历史的出现。由于科学技术与生产力日益国际化,每一个国家和民族的生产力发展不仅受本国生产状况的制约,也受到全球科学技术和生产状况的影响。这种国际的相互作用便有可能造成不同国家、民族在生产力发展上的独特道路,有可能使某些国家、民族利用世界先进技术的成果来实现对生产力个别发展阶段的超越。"某一个地域创造出来的生产力,特别是发明,在往后的发展中是否会失传,完全取决于交往扩展的情况。当交往只限于毗邻地区的时候,每一种发明在每一个地域都必须单另进行。"① "只有当交往成为世界交往并且以大工业为基础的时候,只有当一切民族都卷入竞争斗争的时候,保持已创造出来的生产力才有了保障。"②事实正是如此。中国在革命取得胜利之后并没有走上资本主义道路,而是跨越了资本主义,其原因在于中国领导人正确认识和估计了中国国情和当时的国际形势,意识到在革命取得胜利以后,中国具备了跨越"卡夫丁峡谷"的条件,中国可以不经过资本主义道路而直接走社会主义道路。

2. "全人类的利益高于一切"的原则。世界历史的思维方式强调:

---

① 《马克思恩格斯选集》(第1卷),人民出版社2012年版,第187—188页。
② 《马克思恩格斯选集》(第1卷),人民出版社2012年版,第188页。

必须把全人类的共同利益看成最高利益。近代以来形成的资本主义社会是一个以个人为本位的社会。个人利益被看成是最高利益。在民族、国家同人类的关系中,这种个人本位就扩张为民族本位和国家本位。各个民族、各个国家,在处理自己的利益同人类利益的关系时,表现为只顾民族、国家的利益而不顾人类利益,甚至以牺牲全人类为代价来获取狭隘的民族利益或国家利益。在处理人与自然界的关系的问题上,这种表现尤为突出。工业革命以来,各国追求的发展基本上都是以牺牲环境为代价的片面的经济增长。这种经济增长追求的是单纯的国家利益或民族利益,而为此牺牲掉的却是人类根本的生存利益。在当今全球化的历史时代,在出现资源危机、环境危机的情况下,保护地球环境、节约资源已经成为保证人类可持续生存与发展的基本条件,任何破坏环境、浪费资源的行为都是对全人类的生存利益的破坏。这是人的"类"利益,是当代人的最高利益——因为它是直接关系着人类的生死存亡,直接关系着人类这个物种在地球上能否继续生存下去的问题,因而它是个终极问题。人类的一切行为、一切利益,最终都不能与这一问题相冲突。

但是,现在人类正在为了局部利益(民族的、国家的利益)而破坏着人类的最高利益。为了本国的经济增长,人们不惜以牺牲环境为代价。美国未来学家阿尔温·托夫勒(Alvin Toffler)说:"不惜一切代价,不顾生态与社会危险,追求国民生产总值,成为第二次浪潮各国政府盲目追求的目标。"① 工业革命以来形成的发展模式,是一种以挥霍性消费为前提的发展模式。单纯的经济增长被看成是发展的目的,其他一切(包括人们的消费)都被看成是保证经济增长的手段。为了保证经济的持续增长,人们必须进行挥霍性消费。各国政府也都把刺激消费作为拉动经济增长的最基本的手段之一。这种以挥霍性消费为前提的经济增长的结果必然是地球自然资源的匮乏和环境的污染。人们把经济增长看成是民族、国家利益,看成是最高利益,谁也不愿意为了人类的可持续生存利益而牺牲一点本民族、本国的利益。美国是这种发展模式的代表。1970 年美国用石油、天然气、煤和原子能为燃料生产了 17000 亿度电,大于苏联、日本、西德、英国这世界上四大能源消费国一年的发电量。"为了使占世

---

① [美]阿尔温·托夫勒:《第三次浪潮》,朱志焱译,生活·读书·新知三联书店 1984 年版,第6—9 页。

界人口6%的美国居民维持他们使人羡慕的消费水平，就需要耗费大约1/3的世界矿物资源产量。假定世界80%的人口一无所有，目前的能源流量便至多可使18%的世界人口享受到美国的消费水平。"① 可见，美国是最大的为了自身的经济利益而损害人类利益的国家。人们却把美国看成是追赶的对象、学习的榜样、社会进步的代表，其原因就在于他们的价值观和思维方式是立足于民族、国家的局部利益而蔑视全人类的利益的狭隘的价值观和思维方式。地球就像一个很大的公用仓库，由于人们的哄抢而使库存寥寥无几。为了自己进行挥霍性的生活，人们正在以更快的速度哄抢剩下的东西。人们把子孙后代赖以填饱肚皮的东西，用来制造酒精、烟草，把子孙后代将要制造犁铧的资源用来制造杀人武器。这种对子孙后代利益的侵犯，实际上就是对人类可持续生存利益的侵犯。这样的情形，就好像全世界的人们在一艘被称为"地球号"的航船上，船上已经人满为患，岌岌可危。这时，如果人们能够舍弃自己的部分利益，扔掉一些不必要的东西，航船就能得到安全，人们自然也都能获得安全。但是，如果大家都不能为了全船的安全而舍弃一点自身的利益，那么结果只能是大家同归于尽。可见，如果没有一个思维方式的根本变革，解决人类的可持续生存与发展的问题是根本不可能的。

四 全球化作为时代特征的特点

马克思主义这样一种有着深厚历史内涵和思想底蕴的社会思潮在全球化日益推进的今天是否依然具有顽强的生命力，是否依然能够发挥其指导作用，对于我们研究马克思主义的人来说是一个值得深入思考的问题。随着资本主义的进一步发展和各种社会思潮的不断冲击，人们对与马克思主义存在的价值和意义的认识越来越感到难以理解，这样的情形不仅是由于马克思主义本身是一个博大精深、内涵丰富的思想宝库，对于其本质的理解是一个复杂而艰巨的任务；还在于马克思主义的带有阶级色彩的体系本身常常被它的继任者和反对者们误用，从而给并没有深

---

① [美] 杰里米·里夫金：《熵：一种新的世界观》，吕明译，上海译文出版社1987年版，第172页。

入了解马克思主义的人们以误导。于是近些年来，我们常常发现学界有不少人宣称马克思主义已经过时了，甚至认为马克思主义已经死亡。也有相反的论调宣称马克思主义又复活了。这样的观点应该说都是片面的。马克思主义本身作为一个思想体系、一种思维方式并不是一句顶一万句的真理，马克思主义经典作家一再强调不能把马克思主义看作现成的可以直接使用的教条。它本质上是时代精神的精华，是一种反映人类思想发展的理论。马克思主义的经久不衰是由于它实际上是一种革命的、不断发展的思想体系。应该承认当今社会的发展和进步在很多方面是马克思当初所没有预见到的，但这并不妨碍我们运用马克思主义的原理和方法来分析和理解当代社会发展中的问题。因为马克思并不是以一个预言家的身份被载入史册的，他的历史任务是为后世提供了一个发展的、可以不断从中汲取营养的思想宝库。我们可以坚定自信地说在全球化日益深入的背景下，马克思主义不仅能够而且应该继续存在下去，担负起它的反映时代精神的历史使命。

全球化是我们这个时代最重要的特征之一，也是一种历史发展趋势，在这个趋势的发展过程中，存在各种各样的矛盾和冲突。我们在这里对全球化时代的基本特征所进行的理论分析，也将揭示出马克思主义在当代的存在意义。全球化在很大程度上主要是指经济全球化。所谓经济全球化：指的是生产要素不断走向世界范围的优化配置、经济利益相互交错和各国的运行机制日益走向一致的一种趋势。它起始于15世纪末美洲的发现。马克思和恩格斯说："美洲的发现、绕过非洲的航行，给新兴的资产阶级开辟了新天地。"[①] 经历了18世纪中叶英国的产业革命、19世纪70年代以后资本主义从自由竞争向垄断的过渡、"二战"后的新科技革命，从20世纪80年代中后期开始，世界经济真正进入全球化阶段，经济全球化的条件臻于成熟。经济全球化主要具有以下特征：国际分工更加深化和细化；世界市场体系更加完备；国际贸易空前扩大；借贷资本大幅增长；科技转让、信息传播迅猛发展；最重要的是跨国公司在其间大显身手。在当代经济全球化的过程中，跨国公司的活动扮演着主要的角色。大型的跨国公司是经济全球化的主导力量。它们在世界范围内对生产进行组织，使世界经济不再是各国国民经济的组合，而越来越成为跨

---

① 《马克思恩格斯选集》（第1卷），人民出版社2012年版，第401页。

国企业的组合。当今的全球化以消除资本的地域性为特征，正在使资本重新组合；流动空间正在取代地域空间，地域正在被网络所取代，不受任何国家的政治限制。

经济全球化作为席卷全球的历史潮流不仅推动着世界经济的发展，也更新着国际政治秩序，影响着世界文化的进程。纵观全球，人们可以轻易发现国际私有制（即国与国之间以国家主权的方式确立对生产要素所有权的相互独立性）正在逐渐向着国际公有制演化。经济全球化给世界文化带来的影响也是深远而巨大的，甚至是深不可测，难以估量的。商品流通速度的加快、人员流动量的加大以及信息传递加速使得文化的传播出现了空前快捷的局面。世界各民族的文化跨越了时间，跨越了国界，在密密麻麻的信息网络间相互交叉、相互兼容、相互碰撞。全球化的趋势下文化的走向是复杂的：一方面是随着交往的普遍化而出现的趋同和融合现象；一方面是强势文化想要突出其地位使世界文化泛化和民族文化死守阵地、坚持本民族的特色和独立性。

五 以世界历史的思维方式理解全球化过程中的内在冲突

我们不难看出，在全球化的进程中充斥着各种各样的矛盾和冲突。用世界历史的思维方式看待这些矛盾和冲突，就是要辨证全面地看问题，避免片面机械地看待问题的方式，从而能够从更新、更高的角度来理解这些矛盾和冲突，同时也能够获得全新的解决方法。

我们首先分析金融、贸易和生产全球化过程中的矛盾冲突。就总体和长远而言，经济全球化有利于世界经济的发展，它推动国际贸易的高速增长，有助于国际贸易在更大范围内实现供求平衡，也有助于生产要素流向低成本的发展中国家，促成新资本市场的崛起。总之，经济全球化为世界经济增长带来了新的活力和机遇。与此同时，它也会带来风暴和灾难，导致市场破坏性力量的膨胀，使许多国家无法抵御国际资本巨额流动和国际金融投资的超大规模所引起的负面效应。因而，在经济全球化的进程中存在着诸多的矛盾冲突。用马克思主义的思维方式正确理解这些矛盾，对于世界各国，特别是发展中国家正确理解全球化，采取合理对策以及进一步推进发展进程都将有所裨益。

对于政治全球化过程中的矛盾冲突而言,问题主要是如何理解民族主义与世界主义的关系?民族主义问题同全球化趋势的冲突,是众多冲突中的基本冲突之一。如何认识和解决这一矛盾冲突,是作为思维方式的马克思主义的主要任务之一。民族主义同全球化在一定意义上具有对立的性质。全球化追求的是世界各个民族和国家的趋同、一致、统一,实际上代表的是一种世界主义。而民族主义追求的则是民族的独立。我们只有处理好这个关系,才能使全球化的进程走上合理发展的轨道。当代民族主义在政治上的表现是相当数量的民族聚居地,不管人口多少,都提出了建立单一民族国家的要求,即一族一国。这样的要求危害了正常的国际关系,破坏了合理的经济联系,实际上是分裂和封闭。如果我们用"世界历史的思维方式"评价这一现实,可以得出如下结论:民族主义的历史作用是双重的,维护民族和国家的生存和发展权利的民族主义的作用是积极的、合理的;而打着民族主义的旗号,分裂国家、反对开放的狭隘的民族主义的作用则是消极的、反动的。因为它同全球化的历史发展趋势是背道而驰的。

那么如何理解文化全球化过程中的矛盾冲突呢?这主要包含两个方面:一是如何理解文化的传统性与现代性的冲突?这两者的冲突实质上反映的是全球化文化同民族文化的冲突。现代化意味着工业化,而工业化是全球化的基本内容。因此,要认识传统文化同全球化文化的冲突,就必须首先认识传统文化同现代性文化的冲突。从某种意义上说,任何国家的现代化都会面临着传统文化同现代文化的冲突。但是,对于西方的先发展国家来说,这种冲突表现得并不突出。这是因为西方社会的现代化主要是从社会自身逐渐产生出现代化的因素来实现的。而且这种现代化经历了一个缓慢的"历时态"过程,各种冲突在时间的缓慢流动中得以缓解。但是,对于非西方国家的现代化来说却并非如此。非西方社会的现代化并不是"内生型"的,而是在全球化的历史条件下,由外来因素推动的。因此,在这些国家的现代化中,在文化上存在的传统与现代性的冲突就表现为本民族的传统文化同西方文化这两种不同文化和文明的冲突。而且,非西方国家的现代化把西方国家缓慢的"历时态"的现代化过程完全"共时态"化了。西方国家在不同时期逐步分期完成的变革,非西方国家则需要在短时期内以突发的形式展开,因而其冲突的激烈程度是可想而知的。但是，要实现现代化，就必然要进行一场文化转型，即对传统文化的克服和现代性文化的登场。没有文化现代化的保证，政治、经济的现代化都不可能顺利进行。当我们用"马克思主义的思维方式"分析传统文化同现代性文化的冲突（也是民族文化同全球化冲突）时必须肯定这一点。

第二，如何理解文化的全球化与本土化的关系？当代的文化冲突中，本土化与全球化是常被人作为对立的两极看待的文化现象。人们把全球化看作是许多方面跨越民族、国家边界，在任何地方、对任何人推进的过程。本土化则被解释为保守地退回不具有包容力的组织和体系的行为。这样的看法是不正确的。其实，向来就不存在纯粹的本土文化，这不仅因为文化主体向来就不是自我同一的，一种文化在其发展过程中，其承载者无论就种族而论还是就地域而论都不是固定不变的。而且任何一种文化本身也不是纯而又纯的，它们是各种不同文化相互融合的结果。因此，在全球化的过程中，通过文化的不断整合，必然使文化的发展进一步融合，越来越表现为全球化的趋势；另一方面，由于文化主体的进一步觉醒，他们对文化霸权主义的反抗也必然会越来越激烈，因而文化本土化的要求也会越来越强烈。

马克思主义理论体系，既是对资本主义工业文明形成过程中人类历史的理论反映，也是对当今历史全球化趋势的科学预见。当今世界越来越全球化的现实，充分证明了马克思主义理论的正确性。更重要的是，马克思主义的理论体系为我们提供了一种适用于当今全球化时代研究人类社会问题的新的思维方式，它无论是对于我们深入理解马克思主义的当代价值，还是对于我们正确处理在全球化过程中出现的各种社会冲突来说，都具有极为重要的理论和现实意义。

总之，在当代，"历史的世界化""社会发展全球化"的进程越来越快。人们之间的交往正在实现信息化、网络化、符号化、知识化。世界被压缩成为一个小小的村落，"远距离的社会事件和社会关系与地方性场景越来越交织在一起"。[①] 在这种情况下，传统的研究社会历史的那种"原子论"的思维方式越来越不适应于时代的需要，确立世界历史的思维

---

① ［英］安东尼·吉登斯：《现代性与自我认同》，赵旭东译，生活·读书·新知三联书店1998年版，第23页。

方式的问题变得越来越迫切,实现思维方式的转变已经不可避免。马克思的世界历史理论,既是资本主义工业文明形成的人类历史"世界化"现象的理论反映,也是对当今历史全球化趋势的科学预见。更重要的是,马克思的世界历史理论为我们提供了一种适用于当今全球化时代研究人类社会问题的新的思维方式。这种新的哲学思维方式无论是对于我们深入理解马克思的唯物主义历史观,还是对于我们正确处理在全球化过程中出现的各种社会冲突来说,都具有极为重要的理论和现实意义。

(原载《理论探讨》2009 年第 4 期)

马克思世界历史理论的基本内涵和理论特征

马克思在对资本主义社会的理论分析中,提出了"世界历史"概念,并在这种分析中对世界历史理论的基本内涵作了比较充分地论证。从马克思对世界历史的论述中,我们看到了马克思的世界历史理论同其他思想家的世界历史理论相比较,具有根本不同的特征。马克思的世界历史理论最早体现在《1844年经济学哲学手稿》中,并分别在《德意志意识形态》和《共产党宣言》中较为系统地加以展开。他以唯物史观为根源,在批判黑格尔的世界历史理论的基础上提出了他自己的世界历史理论,用于分析和看待资本主义社会的现象和问题。其实质是,作为资本主义工业文明产物的世界历史,虽然是人类历史发展的必然趋势,但它并不是人类社会发展的最终形态,而是共产主义实现的基本前提。

一 马克思的世界历史理论的基本内涵

马克思在对资本主义社会的理论分析中,提出了"世界历史"概念,并在这种分析中对世界历史理论的基本内涵做了比较充分的论证。

1. "世界历史"作为人类社会发展的一种特殊状态,是资本主义工业文明的产物

马克思曾说过:"世界史不是过去一直存在的;作为世界史的历史是结果。"[①] 马克思和恩格斯在《共产党宣言》和《德意志意识形态》中对于世界历史的形成都作了详尽的论述。在《德意志意识形态》中,马克思和恩格斯指出,只有资本主义经济的成长才把世界普遍联系起来,社会历史向世界历史的转变,是通过资产阶级的活动才得以实现的,或者

---

① 《马克思恩格斯选集》(第2卷),人民出版社2012年版,第710页。

可以说是资产阶级创造了世界历史。他们还通过实例说明这个问题："如果在英国发明了一种机器，它夺走了印度和中国的无数劳动者的饭碗，并引起这些国家的整个生存形式的改变，那么，这个发明便成为一个世界历史的事实；同样，砂糖和咖啡是这样来表明自己在19世纪具有的世界历史意义的：拿破仑的大陆体系引起的这两种产品的匮乏推动了德国人起来反对拿破仑，从而就成为光荣的1813年解放战争的现实基础。"①所以他这时已经充分意识到：人类之间"各个相互影响的活动范围在这个发展进程中越是扩大，各民族的原始封闭状态由于日益完善的生产方式、交往以及因交往而自然形成的不同民族之间的分工消灭得越是彻底，历史也就越是成为世界历史"②。

在《共产党宣言》中，马克思和恩格斯更加详尽地论述了世界历史在资产阶级的活动中的形成过程："不断扩大产品销路的需要，驱使资产阶级奔走于全球各地。它必须到处落户，到处创业，到处建立联系。""资产阶级，由于开拓了世界市场，使一切国家的生产和消费都成为世界性的了。使反动派惋惜的是，资产阶级挖掉了工业脚下的民族基础。古老的民族工业被消灭了。"新的工业"所加工的，已经不是本地的原料，而是来自极其遥远的地区的原料；它们的产品不仅供本国消费，而且同时供世界各地消费。旧的、靠本国产品来满足的需要，被新的、要靠极其遥远的国家和地带的产品来满足的需要所代替了。过去那种地方的和民族的自给自足和闭关自守状态，被各民族的各方面的互相往来和各方面的互相依赖代替了"。同时"各民族的精神产品成了公共的财产。民族的片面性和局限性日益成为不可能"。一句话，资产阶级"按照自己的面貌为自己创造了一个世界"③。可见，在马克思看来，"世界历史"并不是从来就如此的。世界历史作为一种"历史状态"是在资本主义工业文明的基础上形成的，资产阶级"首次开创了世界历史"，"它使每个文明国家以及这些国家中的每一个人的需要的满足都依赖于整个世界，因为它消灭了各国以往自然形成的闭关自守的状态"④。

以农业文明为特征的传统社会是一个自给自足的封闭的社会，这种

---

① 《马克思恩格斯选集》（第1卷），人民出版社2012年版，第168页。
② 《马克思恩格斯选集》（第1卷），人民出版社2012年版，第168页。
③ 《马克思恩格斯选集》（第1卷），人民出版社2012年版，第404页。
④ 《马克思恩格斯选集》（第1卷），人民出版社2012年版，第194页。

自给自足的基本特征是：他们所生产的东西主要是供自己消费的；他们消费的东西主要是自己生产的，因而他们的社会与外界没有普遍的联系发生。土地是农业经济的主要生产资料。人们的大部分时间是与土地相联系，被束缚于固定的土地上，并由此形成互相孤立的社会群体。其基本形式是宗族、家族或村落等各种血缘群体及地缘群体。自然形式的地缘关系和血缘关系是群体内部社会关系的基础，人们的主要联系是群体内部的联系。因此，在前工业文明的历史时代，人类社会并不是以世界历史的形态存在的。正是由于资本主义工业文明的形成，商品经济的产生与发展，才使社会群体打破了孤立的封闭状态，在空间上把世界各地的人们联系起来，从而形成了以普遍交往为特征的世界历史。

2．"世界历史"形成的基本条件在于生产力、科学技术的发展

马克思和恩格斯在《共产党宣言》中指出："资产阶级在它的不到一百年的阶级统治中创造的生产力，比过去一切世纪创造的全部生产力还要多，还要大。自然力的征服，机器的采用，化学在工业和农业中的应用，轮船的行驶，铁路的通行，电报的使用，整个大陆的开垦，河川的通航，仿佛用法术从地下呼唤出来的大量的人口，——过去有哪一个世纪能够料想到有这样的生产力潜伏在社会劳动里呢？"① 在《不列颠在印度统治的未来结果》一文中也指出，"历史中的资产阶级时期负有为新世界创造物质基础的使命"，就是"要造成以全人类互相依赖为基础的世界交往，以及进行这种交往的工具"②。在所有的技术和生产力中，交通和通信工具的发展对世界历史的形成无疑具有直接的作用。马克思指出："由于交通工具的惊人的发展，——远洋货轮、铁路、电报、苏伊士运河，——第一次真正地形成了世界市场。"③ 世界历史的形成，首先意味着人类交往对时间和空间的制服。在农业社会，人类的交通和通信工具非常落后，因而人们的活动空间也必然被限制在半径仅为几十公里的范围之内。地区之间的交往受到交通和通信工具的限制。靠肩担和牲畜运送货物以及靠骑马传送信件在时间上也限制了人们的普遍交往的进行。资本主义工业文明的生产力和技术的发展，为人们的世界性的交往奠定

---

① 《马克思恩格斯选集》（第1卷），人民出版社1972年版，第256页。
② 《马克思恩格斯全集》（第9卷），人民出版社1972年版，第248页。
③ 《马克思恩格斯全集》（第25卷），人民出版社1972年版，第554页。

了物质技术基础。当代通信和交通技术的高度发展：电气化铁路的建造、高速公路的铺设、超音速喷气飞机的发明、无线电话以及因特网的普及，都现实地缩短人们交往的时间和空间，把地球变成了一个小小的村庄，从而进一步把人类的历史世界化了。

3. 人类社会发展的基本趋势是社会历史的"世界化"

在马克思的历史时代，世界历史的进程才刚刚开始。但是马克思却预见到，社会历史的"世界化"是历史发展的基本趋势。马克思和恩格斯在《德意志意识形态》一书中就明确指出：人类之间"各个互相影响的活动范围在这个发展进程中愈来愈扩大，各民族的原始闭关状态则由于日益完善的生产方式、交往以及因此发展起来的各民族之间的分工而消灭的愈来愈彻底，历史就在愈来愈大的程度上成为全世界的历史"[1]。马克思之所以得出这个结论，是因为马克思把生产力的发展、分工以及商品经济（市场经济）的发展看作是历史世界化的基本动力。而生产力、技术、分工和市场经济是一个不断发展的过程，因而人们的社会交往也会越来越发展，历史的世界化也会在更大的程度上得以实现。

首先，随着生产力以及技术（特别是通信技术和交通技术）的发展，人们之间的社会交往的空间障碍必然会得到进一步的突破，因而人们之间的社会交往的边界也会越来越扩大。此外，原来需要在更大的时间尺度内进行、但由于时间的限制而实际上无法进行的交往活动，由于交通和通信工具的发展，都将成为可能。

其次，历史的世界化是建立在分工以及商品经济的发展基础上的。马克思在《资本论》中深刻地分析了资本的本性以及商品经济运行的规律。他指出，资本的本性就是增殖。单纯的"金钱"还不是资本，只有把金钱用于投资，并且产生利润和剩余价值，金钱才成为资本。利润最大化的原则是商品经济的基本原则。马克思说过："创造世界的趋势已经直接包含在资本的概念中，一旦资本主义作为一个体系得以巩固起来而且不会有倒退，那么，资本主义运作的内在逻辑即追求利润最大化就会迫使它继续不断地扩张。一方面向外扩张直至扩大到全球；另一方面向内扩张，即伴随资本的不断积累，为了更进一步地扩大生产，产生出使工作得以机械化的压力，最后提高劳动者的无产化，从而促使世界市场

---

[1] 《马克思恩格斯全集》（第3卷），人民出版社1972年版，第51页。

产生变更，并迫使人们尽可能快地对这一变更做出反应。"① 因此，正是资本驱使资本家奔走于世界各地，用各种手段为资本自由流通和实现增殖创造条件。市场经济的这种无限扩张的内趋力，驱使人们之间的交往不断扩大，从而使历史表现为不断世界化的趋势。

4. 马克思的世界历史理论是以交往理论为基础的

在马克思看来，世界历史不是全球各地区、各民族、各国家的简单相加，而是将世界联系成为一个相互依存的整体的历史，使种"联系"成为可能的正是交往。马克思和恩格斯指出："只有随着生产力的这种普遍发展，人们的普遍交往才能建立起来；普遍交往，一方面，可以产生一切民族中同时都存在着'没有财产的'群众这一现象（普遍竞争），使每一民族都依赖于其他民族的变革；最后，地域性的个人为世界历史性的、经验上普遍的个人所代替。"② 交往是人们之间的物质和精神的交换、交流过程。物质交往是一切交往的基础。交往作为实践活动的重要方面，最初只是自然的物质交往，其领域只是局限于狭隘的血缘和地缘的共同体。随着剩余产品的出现，以交换为媒介的交往在共同体内部和共同体之间发生。到了近代，随着工业文明的兴起，商品经济代替了自给自足的自然经济，人们之间的物质交往得到了空前的发展。我们甚至可以说，离开物质交往，商品经济就无法进行。

作为马克思的世界历史理论基础的交往理论具有以下特征：第一，马克思所说的交往不同于西方学者所说的交往。西方学者（如哈贝马斯）所说的交往主要局限于精神领域，以语言为媒介。而马克思所说的交往却涉及人类生活的各个方面，马克思在《德意志意识形态》以及后来的著作中，始终强调交往的多样化，其中既包括物质的，也包括精神的；它涉及政治、经济、军事、移民、文化等各个方面。第二，这种交往不限于一个国家、地区之内，而是超越国家、民族、阶级、集团的世界性交往。交往的主体既包括个人，也包括国家、民族和社会集团。第三，在各种交往中，物质交往是基础，它归根到底决定了其他交往的形成和发展。

---

① 转引自［英］安东尼·吉登斯：《民族国家与暴力》，胡宗泽译，生活·读书·新知三联书店1998年版，第200—201页。

② 《马克思恩格斯选集》（第1卷），人民出版社2012年版，第166页。

二 马克思的世界历史理论的基本特征

1. 立足于人的现实活动的世界历史理论

"世界历史"概念并不是马克思首先提出来的。近代资产阶级世界历史理论是马克思的世界历史理论直接的思想理论来源．其中包括 17 世纪意大利维柯开创的近代历史哲学；19 世纪圣西门、傅立叶等所代表的法国空想社会主义的世界历史思想萌芽以及从康德到黑格尔的德国古典哲学中的世界历史理论。维柯（Giovanni Battista Vico）以"理想的永恒的历史"概念确立了普遍历史原则和诗性历史纲领。试图把"理想的永恒的历史"或历史学意义上的世界历史提升到哲学范畴层次，开始有理念层面的世界历史眼光。但是在维柯的时代，笛卡儿的理性主义刚刚崭露头角，关于"存在"和"思维"的探讨还没有深入历史世界之中。因而维柯的世界历史理论所注重的并不是当下的东西。不仅如此，维柯也没有系统的对世界历史加以表述，我们只能从他的字里行间体会出那样一种对历史的理解。至于法国空想社会主义，他们的可供借鉴之处就在于其理论本身是对未来社会的一种向往和描述，其中体现出的关于整个世界历史的未来图景给马克思带来一些启示。近代资产阶级世界历史理论发展的最高成果是黑格尔的世界历史理论，它对马克思的影响也最大。因此，正确理解黑格尔的世界历史理论对于正确理解马克思的世界历史理论具有至关重要的意义。

一般说来，在黑格尔那里，只要谈到"历史"，就是指"世界历史"。在黑格尔的《历史哲学》一书中，经常是用"世界历史"概念代替一般的"历史"概念。这是因为，在黑格尔的历史哲学中，世界理念是历史发展的主体，现实的历史只不过是绝对理念的具体表现形式，而人的活动也只不过是世界理性实现自身的工具罢了。他说："'世界精神'的要求高于一切特殊的要求之上。""上述种种，都是关于'世界精神'用来实现它的'概念'的手段。"[①] 在黑格尔唯心主义的体系中，现实的、真实的各个民族和国家的历史，都是在世界理性统摄之下的，因而都具有

---

① ［德］黑格尔：《历史哲学》，王造时译，上海书店出版社 1999 年版，第 39 页。

世界历史的性质。

黑格尔的世界历史思想有三方面的内容：第一，世界历史的根基涵摄两个因素——理性和热情。两者的交互杂织，构成世界历史的经纬线，其中理性支配世界历史，是世界历史的实体与本质。第二，世界历史概念中还蕴涵有发展原则和历史理性原则。（归根到底，其中体现的是概念演化的逻辑本性和辩证法本性。）第三，黑格尔的世界历史从价值尺度着眼，亦即自由的实现，表现为一种内含历史理性的进步，表现为自由意识进步。

同维柯的"理想的永恒的历史"、空想社会主义的"乌托邦的世界历史"以及黑格尔的"世界理性"的世界历史理论相比较，马克思是用唯物史观揭示世界历史的根源，马克思的世界历史理论是建立在人的现实的社会实践活动基础上的。马克思把人们的现实的生产活动、人们的交往活动看成是历史"走向世界"的基础和动力，并在此基础上建构了他的全部世界历史理论大厦。

2. 作为共产主义的理论前提的世界历史理论

在黑格尔的《历史哲学》中，世界历史终结于日耳曼的历史。资本主义社会的辉煌，成为黑格尔的世界历史的理想王国。当代的世界历史理论是以"全球化理论"的面貌走上舞台的。它们也都把全球化，即历史的世界化，归结为资本主义的扩张。美国社会学家伊曼纽尔·沃勒斯（Immanuel Wallerstein）坚持的是"资本主义的世界体系说"。他从宏观的视角（整体世界）出发，把各个国家的发展问题纳入世界整体加以考察的。他主张抛弃社会学以个别孤立的社会作为分析单位，而以他的"世界体系"取而代之。他认为，社会变迁和社会行动不是产生在抽象的社会中，而是产生于一个特定的世界体系中。这个体系不是各地区、各民族的简单相加，而是由资本主义生产方式决定的由"边缘—半边缘—边缘"结构构成的生产分工体系。资本的本性是扩张，以获得最大的利润。因而资本主义必然是一种世界体系。他认为，世界体系的运行规律决定了体系中每个国家的发展形式，发达与不发达的问题并不是各个国家的问题，而是世界体系整体特征在各个部分上的具体反映。在此基础上，他认为根本不存在现代化理论所说的"传统社会"与"现代社会"的区分，作为资本主义体系的一个部分，所有的社会都是现代社会，差别只是在于中心与边缘的区分。美国的马克思主义者阿里夫·德里克则坚持"全球资本主义说"。把全球化看作是资本主义发展的一个阶段，他称为全球资本主义，也有人称为"晚期资本主义""非组织的资本主义""发达的资本主义"。这种全球资本主义是一种新的国际劳动分工，既生产的"跨国化"。他认为，资本主义的发展已经由一个以欧洲为中心的世界体系的时代进入一个以跨国公司这种超民族国界发展为特点的全球资本主义时代。德里克在资本主义发展的一个新阶段上看全球化，这个新阶段的主要特点是民族空间性的超越。英国社会学家莱斯利·斯克莱尔（Leslie Sklair）提出"资本主义跨国实践说"。这种观点试图彻底超越民族国家的羁绊，以资本主义的跨国实践为基础构造其全球体系模式。所谓"跨国实践"是指由非国家行为主体所从事的跨越国家疆界的实践。这一实践依托于跨国公司，被跨国资产阶级所操纵，以消费主义文化为其意识形态，集政治、经济、文化于一体。

与上述思想家的观点不同，马克思的世界历史理论虽然也承认"历史的世界化"（也就是全球化）是在资本主义发展的基础上形成的，但马克思并不认为资本主义是世界历史的理想形态，而是把世界历史的形成看作是实现共产主义的基本前提。正是这一点构成了马克思的世界历史理论的另一显著特色。

马克思认为：共产主义的实现，是以"生产力的普遍发展和与此有关的世界交往的普遍发展为前提的"。他指出："交往的任何扩大都会消灭地域性的共产主义。共产主义只有作为占统治地位的各民族'一下子'同时发生的行动，在经验上才是可能的，而这是以生产力的普遍发展和与此相联系的世界交往为前提的。"[①] 在这里，马克思告诉我们，共产主义的实现，不是个别民族、个别国家的行为，而是所有民族、国家一致行动的结果。共产主义不可能在只一个国家实现。如果说，按照后来人们的认识，社会主义还有可能首先在一个国家实现的话，那么，共产主义则是不可能在一个或部分国家单独实现的。这是因为，第一，共产主义的实现，首先意味着国家的普遍消亡。因为国家不仅具有对内的职能，而且还具有对外的职能，即处理同其他国家的关系（如合作、战争等），以保卫本国的安全。因此，只要世界上还有其他国家存在，那么国家的这一职能就不可能消亡。第二，共产主义的实现，还意味着全面消灭人

---

① 《马克思恩格斯选集》（第1卷），人民出版社2012年版，第166页。

的本质的分裂和异化状态,真正实现人的"类本质"。

共产主义的立脚点是"人类社会或社会化了的人类"。"人类社会"不是孤立的个别国家的社会;"社会化了的人类"实际上就是世界化了的人类,而不是仅仅指具有社会性的人。以民族、国家的形式存在的人由于民族、国家利益的限制,使他们还不可能真正成为"社会化了的人类"。民族的、国家的利益是他们追求的现实的利益,人类的利益在他们的活动中还只是"潜台词"。当民族利益、国家利益同全人类的利益发生冲突时,他们首先考虑的还是狭隘的民族、国家利益,甚至以牺牲全人类的利益为代价去实现民族的、国家的利益。在工业文明形成的发展模式下,尽管人们之间的交往已经普遍化,但是人们行动的目的仍然被局限在民族、国家的狭隘范围内。为了本民族、本国的经济增长,他们宁愿以浪费资源、污染环境为代价。这正是当代人表现出来的民族、国家利益同人类利益的分裂与对立,是孤立的、片面的人同全面的人的对立。人类的真正"世界化",就是被民族、国家孤立化的人类的退场,是人的片面性、孤立性的消除。这样的社会和人类的形成,只有社会历史的真正世界化才能实现。共产主义不仅是以生产力和交往方式的普遍和高度发展为前提,而且是生产力和交往方式普遍和高度发展的结果。

[原载《内蒙古民族大学学报》(社会科学版) 2004 年第 2 期]

第四编　社会伦理与人类发展研究

西方环境伦理学研究的理论基础和当代转向

规范伦理学的三大主要流派美德伦理学、义务论伦理学和功利主义伦理学都试图为当代环境问题的伦理研究提供理论基础，并在其中焕发出新的生机。但深入研究这些理论应用，我们会发现其中蕴含着相同的思想逻辑：无论以何种方式强调环境保护的重要性，传统规范伦理中内涵的人类中心主义始终存在。解决这个问题的关键是从主客体对立的思维方式转变为"消除主客体对立"的思维方式。西方环境伦理学研究在应对这一问题时发生了从价值论到实践论再到形而上学的转向。

"二战"后，随着应用伦理学在西方的兴起，环境伦理学作为其重要分支也日益繁盛。20世纪70年代以后，环境伦理学甚至开始作为一个学科存在。这种繁荣和兴盛的主要原因是近半个世纪以来人类在发展中所遭遇的环境危机。针对环境危机，人们用不同的方式给予伦理学和哲学上的解答。然而，环境伦理和环境哲学的研究者们始终面临着一种尴尬境地：如何以经验事实为依据制定理论框架，同时又以理想的理论模式召唤现实觉醒？这被那些"真正的"哲学家和科学家所诟病，就如同马里恩·乌德尔坎（Marion Hourdequin）在关于罗尔斯顿新书的评论文章中所提到的那样："环境哲学似乎处于一种中间状态：太注重应用以至于不能满足那些传统的理论哲学家的要求；又太抽象以至于不能用于制定环境政策和解决实际环境问题。"[①] 如何为处于学科交叉中的环境伦理学奠定理论基础就成了研究者们的一个重要任务。过去的几十年中，各种传统的规范伦理学理论针对上述问题都提出了相应的解决方案。虽然不同的规范伦理学理论在面对环境伦理学的主题——"环境与人的道德关系"问题时表现出不同的理论指向，但其内在的理论结构却是相同的。本文

---

① Marion Hourdequin, "Comments on A New Environmental Ethics: The Next Millennium for Life on Earth", *Expositions*, Volume 6, No. 1, 2012, p. 11.

意在指出西方环境伦理学研究中不同的规范理论所表现出的共同的思想逻辑，阐述这种思想逻辑的根源，并展示西方环境伦理学的当代转向。

一　规范理论与环境伦理

西方环境伦理学研究中的一个主流方向是用传统的规范伦理学理论为环境问题研究提供思想基础，并尝试在此基础上提出新的理论思路和方案。经由此种方式，传统的规范伦理学理论也在新的问题域中焕发了生机。

结果主义伦理理论与环境问题的结合最为盛行。在一个结果主义者看来，一个行为是正确的还是错误的取决于此行为的结果是善的还是恶的。功利主义属于典型的结果主义。功利主义者认为快乐或者欲望的满足是具有最高价值的善，而痛苦或者是欲望得不到满足是最大的恶。由此，边沁提出，我们判断行为的标准就是此行为是否最大程度的追求快乐或免除痛苦，而我们的行动准则就是"最大多数人的最大幸福"。但是，边沁的快乐计算法仅仅针对人的行为，并不考虑动物在人的行动中是否遭受苦难还是获得快感。密尔进一步将功利主义发展为对幸福的欲求。在密尔看来，人具有高级的快乐（比如艺术享受），也有低级的快乐（比如美食的享受），但动物绝没有高级快乐。因此，传统意义上的功利主义是完全立足于人的，"环境与人的道德关系"并不在其考虑的范围内。

在当代有关环境问题的研究中，功利主义者出于对快乐和痛苦的重视而注意考察一个行动的所有行为参与者的利益，只要这个行为参与者有快乐或痛苦的感觉。不仅是人，动物及其他有感觉的生物都在考察之列。基于这样的立场，在当代西方功利主义者之中，产生了一批动物解放主义者（Animal Liberationists），彼得·辛格（Peter Singer）就是其中的领军人物。在他颇具影响力的著作《动物解放》中，辛格将功利主义原则、平等原则和动物解放伦理密切结合，以引导人们更合理地关注那些非人类的动物。在他看来，我们不应该将人以外的其他存在都看作是不在意痛苦感受的存在；凡是有感觉的生物在趋乐避苦的法则中都应该是平等的。需要特别指出的是，辛格强调的"平等"并不是指动物和人一样具有平等的价值，或者应该得到同等的对待，而是指动物和一样应该被平等的考虑。因此，辛格指出："我们没有任何理由拒绝把我们的基本道德原则扩及动物。我要求你认知你对其他物种的态度是一种偏见，其可议程度绝不亚于种族偏见与性别歧视。"① 为了巩固这一看法，他还在后来的著作中进一步指出"动物解放"运动和女性解放以及奴隶解放一样意义重大。② 动物解放主义者另一个不可忽视的立场是个体主义。从功利主义的立场来看，人类生活不过是最大化地满足个体自身的欲望。功利主义一定是个体主义的，因为只有个体才能感受快乐和痛快、实现自己的利益。相应地，功利主义者也是以个体主义的视角来看待动物保护的，因此，即使是为了确保生物链的平衡淘汰某些生物个体，在他们看来也是不道德的。

与结果主义不同，义务论伦理理论认为一个行为的对与错与行为结果的善与恶没有关系。义务论者强调人并非自然和欲望的奴隶，而应是自然和欲望的主人。康德是最具代表性的义务论者。他相信人是理性的存在者，理性能够使人类为自己立法。在康德看来，实践理性基本法则的绝对命令只有一个："要只按照你同时也能够愿意它成为一个普遍法则的那个准则去行动。"③ 可以肯定的是，在康德哲学之中，人而且唯有人才是值得敬重的对象。实践的命令式还可以是："你要如此行动，即无论是你的人格中的人性，还是其他任何一个人的人格中的人性，你在任何时候都同时当作目的，绝不仅仅当作手段来使用。"④ 康德认为，人是特殊的存在，与动物不同。他非常坦率地表示："只要与动物相关，我们就没有直接的责任。动物……只是达到目的的手段。目的是人。"⑤ 康德的理由是，人是有理性的存在者，能够自主选择自己的生活方式；但动物不行，动物具有智力，但不具有理性。

康德的时代，环境问题并不是人类面临的最严重问题。而在今天，当义务论伦理学理论与环境问题相遇，这一理论的支持者们需要做的首

---

① ［美］彼得·辛格：《动物解放》，孟祥森、钱永祥译，光明日报出版社1999年版，第7页。
② ［美］彼得·辛格：《实践伦理学》，刘莘译，东方出版社2005年版，第56页。
③ 《康德著作全集》（第4卷），李秋零主编，中国人民大学出版社2005年版，第428页。
④ 《康德著作全集》（第4卷），李秋零主编，中国人民大学出版社2005年版，第437页。
⑤ Immanuel Kant, *Lectures on Ethics*, Trans. and Edited by P. Heath and J. B. Schneewind, Cambridge: Cambridge University Press, 1997, p.212.

先是如何确认那些不能作出理性选择的动物具有与人相同的价值、是值得敬重的。因此，当代的义务论者提出，绝对命令对作为行动者的"有理性存在者"有效，对受动者同样有效。如果说功利主义环境伦理的关键词是"动物解放"，那么义务论环境伦理的关键词就是"动物权利"（Animal Rights）。承认动物具有权利，是表明动物应该被看作是出于其自身的目的，人类有责任去尊重动物的生存利益。克里斯蒂娜·科尔斯戈德是义务论环境伦理最具代表性的人物。她同意康德的看法，认为具有规范性和理性能力的存在与不具有这些能力的存在是不同的。与康德不同的是，她认为无论是人还是非人的生命体都应该成为人类道德关注的对象，因为那些不具有规范性和理性能力的存在和有理性的存在者共有一些自然能力，而这些自然能力又常常是人们互相作出道德决策的主要内容。实际上，这些自然能力就是科尔斯戈德所说的"自然的善"（Natural Good），即那种出于对自我的意识和爱而产生的善。她认为，正是人的体现"自然的善"的自然本性（即人的动物本性），而不是其自治本性（Autonomous Nature），使人将自己看作是目的而不是手段。[1] 由此，科尔斯戈德得出结论：如果这些自然的需要和欲望对行为者（人）来说是有价值的，那么对那些有生命的受动者（动物）来说同样是有价值的。对于动物而言，它们就不能仅仅被看作是实现其他目的的手段，自身不具有价值。不考虑动物的内在价值是与道德律相违背的。相应地，人类就不应该只看重动物具有的工具性价值，即动物可以为人所用的价值。因此，在动物身上实行残忍的药品实验、以猎杀动物取乐等行为本身虽然可能会给人类带来实际的快乐和收益，但却因为对动物的残忍手段而被判定为不道德。

美德伦理学强调德性或道德品格对一个人的重要性。在亚里士多德看来，人的每一种行为都是要达到"好"，或者叫"善"（good）这个目的，在属人世界中最高的善是"幸福"。幸福就是一种"合德性的实现活动。"[2] 德性是伦理学的始点。对于美德伦理学的倡导者们来说，最关键

---

[1] Christine Korsgaard, "Fellow Creatures: Kantian Ethics and Our Duties to Animals", in Grethe B. Peterson, ed., *The Tanner Lectures on Human Values*, Volume 25/26, Salt Lake City: University of Utah Press, 2004, p. 31.

[2] [古希腊] 亚里士多德：《尼各马可伦理学》，廖申白译，商务印书馆 2008 年版，第 305 页。

的问题是行为者如何在实践中实现德性、获得幸福,因此培育个人德性和社会德性对于伦理生活来说是必不可少的。和康德一样,亚里士多德关注的主要是人。他认为人类比其他动物的高明之处在于人类能够对善恶和是否合乎正义等加以辨认。因此,亚里士多德对于动物的态度是:"如果说'自然所作所为既不残缺,亦无虚废',那么天生一切动物应该都可以供给人类的服用。"①

尽管如此,面对环境危机和资源匮乏,美德伦理学家们也提出了自己的主张。他们并不排斥欲望和需要,但他们认为人类在对自然的索取过程中应坚持对诸如同情、节制等诸美德的培养,对贪婪、放纵等恶德的摒弃。约翰·帕斯莫尔(John Passmore)在他的《人对自然的责任:生态问题和西方传统》一书中,认为生态环境的灾难主要是由人类的贪婪、自我放纵和短视等恶德造成的,解决这个问题的关键就是回到"传统的秩序和深思熟虑的行动"② 中去。在这里,"传统的秩序和深思熟虑的行动"实际上是指审慎而明智的实践智慧。无疑,实践智慧的提升需要培养各种传统美德。罗莎琳德·赫斯特豪斯(Rosalind Hursthouse)也认为,我们并不需要一种新的伦理去解决贫穷、战争、资源匮乏等道德问题;如果我们能够更多地培养我们的同情、仁慈、无私、真诚、眼光长远等美德,人类的生存状况定然大不相同,而我们面临的道德问题也会迎刃而解。③ 我们可以看出,以传统的美德和恶德倡导绿色理念的方法是有着特殊的策略的:学者们更关注那些可以同人与自然关系相联系的德性,从而使美德伦理理论以一种全新的方式和维度加以应用。正是在这个意义上,环境美德伦理理论要求人们面对自然世界时保持其始终如一地对于最高善地追求,从而在实践上实现对环境地保护。

以上三种典型的规范伦理理论在面对环境问题时尽管说法各不相同,但它们都有充足的理由表达理论立场,并试图影响人们的道德实践。不过,当我们深入剖析传统规范理论为环境问题研究所提供的理论基础,我们可以发现其基本框架是相同的。

---

① [古希腊]亚里士多德:《政治学》,吴寿彭译,商务印书馆2008年版,第23页。
② John Passmore, *Man's Responsibility for Nature*, London: Duckworth, 1974, p. 194.
③ Rosalind Hursthouse, "Environmental Virtue Ethics", in Rebecca Walker & P. J. Ivanhoe, eds., *Working Virtue: Virtue Ethics and Contemporary Moral Problems*, New York: Oxford University Press, 2007, p. 157.

二 人类中心主义与非人类中心主义

从当代哲学的视角来看，传统规范伦理理论的共同特点是人类中心主义。规范伦理对事物的工具性价值和内在价值进行严格的区分：工具性价值是指那种作为实现其他目的的手段的价值，而内在价值是指其本身即是目的的那种价值。只有那些具有内在价值的事物才会使行为者产生保护或者至少是不破坏它们的责任。在这个意义上，传统的西方伦理学观点大多是人类中心主义的，它们或者认为只有人具有内在价值（这是一种强势的看法），或者认为人比其他非人事物具有更大的内在价值（这是一种温和的看法）。因为人具有唯一的或较大的内在价值，人的利益和福祉更应该得到保护和实现。即使这种保护和实现以消耗和使用其他事物为代价，行为本身也是值得的。在面对"环境与人的道德关系"这个问题时，各种传统规范理论都提出了自己的主张和建议，其中原本蕴含的人类中心主义思想依然存在，从而产生人类中心主义和非人类中心主义的严重对峙。

功利主义环境伦理学试图将一切有感觉的生物都从苦乐观的角度平等对待。这会产生两种矛盾。一方面，那些无感觉的事物，例如河流、山川、植物、空气等会仅仅成为满足有感生物的手段，它们只是具有工具性价值。如此，对无感事物实施的人类行为就不能在道德上进行判断了，那完全是跟道德伦理无关的事情。这使得地球作为一个生命载体的道德价值无法得到确证。另一方面，因为功利主义者仅从行为的结果来判断行为正确与否，那么很多明显不人道的行为，比如安乐死、捕鲸、活取熊胆等，很可能因为行为本身给人类带来的快乐的获得或痛苦的减少更显著而被判定为好的行为。这就与辛格有关动物解放的理念想背离了。实际上，即使在辛格的理论内部，也存在着人类中心主义与非人类中心主义矛盾纠结的问题。在有关动物实验的问题上，辛格的态度就比较暧昧。他也承认，如果动物实验是为了实现更重要且有价值的目的（比如在动物身上做实验，从而减低人类的用药风险），那么这种行为在道德上是可以获得支持的。① 产生这种背离的原因正是结果主义伦理学根深蒂固的人类中心主义思想。

　　义务论伦理学在解决环境问题时一面强调行为者永远都不能将自己或他人之中的人性仅仅当作手段,而应当做目的;一面强调行为的受动者也不应仅仅被当作手段。但是义务论者这样强调的目的并不在环境和动物本身。在他们看来,残忍对待行为的受动者(比如动物)可能会导致人与人之间的相互残杀。正如康德本人也认为的那样,"如果一个人把一只没用的狗杀了,他并没有对狗不负责任,因为狗不会判断。但这个人的行为是不人道的,是破坏了他应对人负责的那种人性的。如果想要提升他的人道情感,他应该对动物仁慈,因为对动物残忍有可能使他变得对人也残忍。"② 这其中表露了明显的人类中心主义色彩。保罗·泰勒(Paul Taylor)基于义务论的立场提出一种极端的"生物中心主义"的观点试图消除这种人类中心主义,但我们在其中仍旧能够看到人类中心主义与非人类中心主义的强烈对峙。泰勒认为任何野生存在物都具备出于其自身的善,而任何对它们的破坏都会因为不尊重其内在价值、仅仅将其看作是手段而被视为不道德的行为。③ 从自然物作为平等个体的自身价值出发来论证一种义务论环境伦理理论,仍旧无法说服人。其中的原因有两个方面。一是从义务论的角度提出生物中心主义,通常保有个体主义和平等主义的立场,这对于生态环境作为一个有机体系的保护并没有多大意义。科尔斯戈德也提出,她在谈论人与动物关系时,不是立足于人作为一个物种同作为物种的其他动物如何相处,而是立足于人作为一个有机体面对其他的动物个体。④ 另一方面,行为者在坚持不妨害自己和他人的人性原则时,常常不得不以他物为手段,这是人类生存的首要条件,是理论论述无法忽视的事实。我们实际上无法从纯粹个体主义和平等主义的立场对待除"有理性存在者"以外的其他存在物。

---

① Peter Singer, "Animals and the Value of Life", in Tom Beauchamp and Tom Regan, eds., *Matters of Life and Death*, Temple University Press, 1980, p. 374.

② Immanuel Kant, *Lectures on Ethics*, Trans. and Edited by P. Heath and J. B. Schneewind, Cambridge: Cambridge University Press, 1997, p. 240.

③ Paul Taylor, *Respect for Nature: A Theory of Environmental Ethics*, Princeton: Princeton University Press, 1986, p. 13.

④ Christine Korsgaard, "A Kantian Case for Animal Rights", in Julia Hänni, Margot Michel, Daniela Kühne, eds., *Animal Law: Tier und Recht*, Zurich: Dike Verlag, 2012, p. 23.

美德伦理学在环境问题上的态度是要求人在自我完善和追求幸福的过程中始终如一,并因为这种持续的实践而期望人类对自然的戕害能够减少。传统美德伦理学的最终旨归是人的完善和丰盈(Flourishing),而这种丰盈和完善是建立在坚定的人类中心主义的立场之上的,即人实现其自身中的神性,促使其过上思辨的生活。在这一意义上,减少对自然的破坏和挥霍,只是一个人完善自我的一个方面。基于此,对非人类的事物的保护在这种强劲的人类中心主义面前就会显得软弱无力。在美德环境伦理的支持者中,也有人试图提出一些涉及人与自然关系的新美德,以减少其中的人类中心主义色彩。比如,小托马斯·希尔(Thomas Hill Jr.)提出"适当的谦卑"(Proper Humility)和"对自然的感恩"(Gratitude for Nature)[1]。倡导培养这种与自然相关的美德,表面上看是更加关照自然物和自然界的存在,但从根本上来说,这些美德的修炼仍是人的自我培育。Hill 的出发点和义务论者类似,因为他更担心人类会由于缺乏"适当的谦卑"而产生道德行为者(人)之间的轻视和傲慢。因此,新美德的提出仍是基于一种人类中心主义的立场。

从上述三种主要的传统规范理论在环境伦理中的应用可以看出,传统规范理论在环境伦理学中的新生具有共同的理论结构。无论学者们强调的是结果、责任还是德性,其理论中蕴含的人类中心主义始终存在。盖瑞·瓦尔纳(Gary Varner)就曾提出"环境伦理学的两个教条":价值论的人类中心主义与环境伦理的方案是矛盾的[2]。也就是说,规范理论为环境伦理学提供的形而上学基础与环境问题本身的诉求是对立的,并且这种对立的状况在传统伦理学的框架内是无法消除的。虽然环境伦理学家总是试图与蕴含在传统伦理思想中的人类中心主义保持距离,但他们也经常从传统伦理体系和理论中吸取资源。这里面存在两个基本问题:(1)什么东西本质上就是有价值的、好的或坏的?(2)什么使一个行为正确或错误?

结果主义认为内在的价值或无价值、好或坏是比对与错更加基本的道德概念,行为的好与坏由其结果的好坏来决定,因此回答第二个问题

---

[1] Thomas Hill Jr., "Ideals of Human Excellence and Preserving Natural Environments", *Environmental Ethics*, Volume 5, 1983, pp. 211–224.

[2] Gary Varner, *In Nature's Interests?: Interests, Animal Rights and Environmental Ethics*, New York: Oxford University Press, 1998, p. 142.

需要先回答第一个问题。例如功利主义认为在这个世界上只有快乐才具有内在价值，因而痛苦是唯一内在无价值的，好的行为就是那些能将快乐最大化痛苦最小化的行为，而对于快乐与痛苦的归属则与行为的对错无关。因此，18世纪的边沁和现在的彼得·辛格都认为涉及所有有知觉存在的利益的行为都应该被平等地看待。辛格认为动物的解放运动与妇女和有色人种的解放运动没什么两样。与环境哲学家将内在价值归于自然环境及其栖息者不同，辛格和功利主义者通常将内在价值归于快乐的体验或利益的满足，而非谁拥有这个体验。因此，对于没有知觉的大江大河而言只具有满足有知觉存在的工具性价值，另外功利主义者强调行为的结果对利益的满足，那么为了获取象牙捕杀大象的行为就有可能是对的。综上，功利主义伦理学在何种程度上能成为环境伦理学仍然是个疑问。

与此相反，义务论强调行为的好坏在很大程度上独立于结果的好坏，它有一些清楚明白的道德准则，违反这些准则就是错的，反之就是对的。义务论者将内在价值归结于道德准则的适用者，例如汤姆·里根（Tom Regan）宣扬动物权利，认为动物具有内在价值，有道德上的权利得到恭敬的对待，那么这就产生了一个道德义务，不要仅仅把动物当成其他目的的手段。有些理论家进一步扩大了对个体福祉的关注，支持生物体实现自己的善的内在价值，而不管他们是否能意识到。保罗·泰勒的生物中心主义就是一个例子。他认为每一个生活在自然中的个体都是一个目的论的生命中心（teleological-center-of-life），拥有属于自己的善和平等的内在价值。与泰勒的平等主义和义务论的生物中心主义不同，罗宾·阿特菲尔德（Robin Attfield）主张一种阶层式的观点，虽然所有的生命都具有属于自己的内在价值，但是有些生物（例如人）的内在价值是更高一层级的。但是有批评者指出，生物的善或幸福概念仅仅是描述性的而非规范性的。

需要注意到动物解放或动物权利的伦理学和生物中心主义都是个体主义的，其道德关切指向的仅仅是个体而非生态的整体，个体的目标与整体的目标经常是矛盾的。因此存在着一种关于动物解放的伦理学是否是生态伦理学的合理分支的争议。贝尔德·克里考特（Baird Callicott）以利奥波德（Aldo Leopold）的观点——"倾向保护生态群体的整体性、稳定性和美的行为是对的，反之则是错的"为最高的义务论原则，倡导一种大地伦理的整体论，认为为了保护群体的善不论何时个体都应该作出牺牲，作为个体的人也不例外。毫无疑问，这种观点广受批判，汤姆·里根称其为环境的法西斯主义。克里考特后来做了一些修正，承认生物共同体与其个体成员都拥有内在价值。但是，围绕克里考特原初立场的争论，促进了生态伦理学对赋予生态整体以内在价值的可能性的研究。

三 主客体对立与主客体对立的消除

传统规范理论在为环境伦理学中提供形而上学基础的同时，产生了其本身具有的人类中心主义与环境保护行动所要求的非人类中心主义之间的激烈冲突。这主要缘于传统伦理学的基本理念与现代环境伦理学基本理念的差异。传统哲学的思维方式是以主客二分为基本框架的，这是人类中心主义最深刻的根源。主客二分的思维方式和客体作为主体对象的观念与人类实践密切联系，相互影响。人是世界的中心，其他自然物甚至整个自然界都是人类可以随意役使的工具。但环境伦理要求对人类实践行为进行规范和制约，确保自然系统的可持续发展。可以说，一旦进入环境伦理研究，主客体对立的思维方式就是一个必须面对的难题，正是这一难题刺激和诱导环境伦理学者们不断思索。在当代西方环境伦理学的研究中，很多学者从不同角度批判主体形而上学中所蕴含的主客体对立的思维方式，并尝试消除主客体对立。从这些成功或不成功的尝试中，我们可以发现西方环境伦理学的研究悄然发生转向。

环境伦理学从创立之初就强烈批判主客体对立的思维方式，但学者们是从价值论而不是形而上学的角度来除旧立新的，此之谓"环境价值论"（Environmental Axiology）[①]。在他们看来，我们这个时代的核心问题是由人类发展而引起得环境污染、资源匮乏。其实产生这些问题的罪魁祸首是传统的发展观和价值观及其所引导的现代科学技术和人类实践。在现代化发展过程中，人成了狂妄野蛮的掠夺主体，贪得无厌、为所欲为。正是传统哲学中蕴含地强烈的人类中心主义让人类陷入空前的灾难之中。因此，我们不可能从体现传统价值观的传统规范伦理理论中找到

[①] Warwick Fox, *Toward A Transpersonal Ecology*, Boston: Shambhala Press, 1990, p.149.

解决当下问题的合理方法。罗尔斯顿就曾提出："只要人类仍处于一种只把自己看作价值中心并以人的方式评价一切事物的思维框架之中，人类在道德上就仍旧是不成熟的。"① 出于这样一种认知，环境伦理学家们在驳斥人类中心主义价值观的同时，试图确立一种非人类中心主义的价值观：即论证一种独立于人的、自然界的内在价值的存在，从而取消人的主体地位。罗尔斯顿是其中的主要代表。其主旨是树立一种可以与人的内在价值相抗衡的自然的内在价值，并以此为基础推行环境伦理的行动准则。这样的方案存在两个问题：（1）如果我们仍旧在传统哲学的框架中理解"价值"的含义，就无法定义那种客观的、独立于人的自然界的内在价值；（2）确立自然的内在价值为唯一标准在逻辑上是矛盾的。从人类是绝对主体到自然是绝对主体，不过是以一种极端的方式取代另外一种极端的方式。实际上，要求人类停止目前的繁衍和发展，减少对地球和环境的破坏或者将自然物的内在价值置于人类的生存价值之上，无论对于人类的发展还是对于环境的发展都不是切实可行的方式。就连环境伦理最忠实的倡导者，《环境伦理学》杂志创始人尤金·哈格罗夫也承认："劝说普通大众相信存在一种独立于人的自然界的内在价值并不是一个长远而明智的环境伦理学策略。"② 于是环境伦理学研究面临着一个难题：人们都承认环境伦理学的重要性，因为它所关涉的问题对人类而言极其重要；很多人也坚信传统伦理学中体现的主客体对立的理论框架不可能为环境伦理学提供合适的理论基础；但是，人们就如何确立以及确立什么样的环境伦理学的形而上学基础争论不休。

面对停滞不前的研究状况，一些学者提出搁置"环境伦理学的形而上学基础"这一问题，转而面向现实本身，以更加积极的态度加入社会实践中。这可以看作是环境伦理学发展中的实践论转向。这一转向在某种程度上也是对主客体对立的思维方式的一种解构。2007年2月，十五位知名的环境哲学家聚集与北得克萨斯大学，以两天的时间集中讨论环境伦理学和环境哲学的未来。与会学者达成一个基本共识：避免环境伦理学在理论与现实之间挣扎的解决方法是发挥环境伦理学研究的经验层

---

① Robert Frodeman, Dale Jamieson etc., "Commentary on the Future of Environmental Philosophy", *Ethics and the Environment*, Volume 12, Number 2, 2007, p. 142.

② Eugene Hargrove, "Weak Anthropocentric Intrinsic Value", in Andrew Light & Holmes Rolston III, eds., *Environmental Ethics*, Oxford: Blackwell Publishing Ltd., 2003, p. 177.

面，让其更加贴近现实。布莱恩·诺顿（Bryan Norton）认为"关于环境伦理学的讨论应该由形而上学问题转向认识论问题"[①]。也就是说，学者们空谈环境价值的形而上学基础并没有多大意义，不如为环境行动提供合理的分析，从而切实地指导实践。里卡多·罗兹（Ricardo Rozzi）认为环境伦理学的发展方向就是将理论环境伦理学转变为实践环境伦理学。[②]他也强调环境伦理学的研究不必纠结于思辨，而应更多地参与到实践中，并为环境科学的进步提供更宽阔的认识论和伦理学框架。罗伯特·弗洛迪马（Robert Frodema）进一步提出环境伦理学的政策转向[③]。在他看来，以往的环境伦理学主要用来指导环境科学，未来的环境伦理学应更多地在公共政策领域发挥作用。然而，这样一种环境伦理学的实践论转向并没有从根本上解决问题。搁置问题并不是解决问题的积极态度。而且反对者们提出，环境伦理学作为一门应用伦理学，始终是哲学的一个分支，无法摆脱人们对其理论框架的追问。就如同詹姆斯·斯特巴（James Sterba）所说："我们需要一种高规格的伦理学，但如果我们不从哲学中寻求其理论基础，还能从哪里寻求呢？"[④]

在阅读西方环境伦理学研究的最新成果时，我们发现，相当多的学者采取了更为积极的方式方法，那就是突破传统规范理论的研究框架，在新的时代精神中寻找适合的思路，从而给当代西方的环境伦理学注入新的活力。哲学是时代精神的精华。我们这个时代面临的最严峻的问题是环境问题以及由此引起的人类生存的问题。因此，在传统哲学的话语系统内倡导"环境价值论"或者搁置形而上学问题面向现实本身只能算是权宜之计，更重要的是，环境伦理学应该为我们提供一种世界图景，从而丰富和深化我们对人、自然以及人与自然关系的理解，此即为环境伦理学的形而上学转向。传统思维方式关注于人是自然界主宰这一方面，忽略了人也是自然的一部分。消除主客体对立的思维方式要求我们在理解人与自然关系的时候依赖一个更广大的实体概念，即整个的自然生态

[①] Robert Frodeman, Dale Jamieson etc., "Commentary on the Future of Environmental Philosophy", *Ethics and the Environment*, Volume 12, Number 2, 2007, p. 136.
[②] Warwick Fox, *Toward A Transpersonal Ecology*, Boston: Shambhala Press, 1990, p. 142.
[③] Robert Frodeman, Dale Jamieson etc., "Commentary on the Future of Environmental Philosophy", *Ethics and the Environment*, Volume 12, Number 2, 2007, p. 121.
[④] Robert Frodeman, Dale Jamieson etc., "Commentary on the Future of Environmental Philosophy", *Ethics and the Environment*, Volume 12, Number 2, 2007, p. 146.

系统或者中国人所说的"天道"。在"天道"之中，人就不再是绝对主体，而是其中一员。人与其他自然物的和谐相处和共生共荣因为人的位置和自我体认的改变而成为可能。在这样一个更广大的空间领域和实体中，人在保有其创造力和开展基本实践活动的同时，其改造自然的主体性就会受到有效的限制和规范。人与自然作为共同的生命体才真正可以同呼吸、共命运，而环境伦理倡导的有节制且有意义的人类实践才能真正实现。这才是"一个天、物、人统一的和谐的世界"①。

学者们从东方哲学思想（比如道家和大乘佛教）以及海德格尔的存在主义思想中汲取思想元素，创立了更完善的整体主义世界观。迈克尔·齐默曼（Michael Zimmerman）认为存在论先于伦理学：在知道我们应该做什么之前，我们必须先理解我们是什么。② 在此基础上，他提出从海德格尔哲学出发，可以树立与"深生态学"不同的关于存在的理解，即只有通过深刻洞察蔓延在一起事物之中的"无"，人类才能理解什么叫"让存在者存在"，这个过程同时也就能克服人类中心主义和二元论。③ 弗雷亚·马修斯则借助中国的道家思想提出传统与现代之外的"第三条道路"。在他看来，人类社会存在三种形态：（1）求诸外的形态（Modality of Importuning，即求助于超自然力量的形态），这一形态对应着以宗教为根基的传统的或者说前物质主义的社会；（2）工具主义的形态（Modality of Instrumentalism），这一形态对应着现代的、物质主义的世俗社会；（3）协同形态（Modality of Synergy），这一形态对应着未来的后物质主义社会。后物质主义寻求自然的主观内在性，倡导宇宙的规范性，尊重世界的完整性。在协同的形态中，可持续的实践活动是不可避免而又自然而然的。④ 这种观点的优越之处在于，它没有为了强调自然的内在价值而忽视了人类必要的实践行为。时代呼唤一种全新的生态文明，在它之中，人、自然物以及整个生态系统可以协调一致的存在和发展。在"朝向一种更深层的仿生哲学"一文中，马修斯提出，中国的道家思想为当代的"仿生"

---

① 刘福森：《我们需要什么样的哲学》，北京邮电大学出版社2012年版，第54页。
② Michael Zimmerman, "Implications of Heidegger's Thought for Deep Ecology", *The Modern Schoolman*, LXIV, November 1986, p.23.
③ Michael Zimmerman, "Heidegger, Buddhism and Deep Ecology", in Charles Guignon, ed., *The Cambridge Companion to Heidegger*, Cambridge: Cambridge University Press, 1993, p.240
④ Freya Mathews, "Beyond Modernity and Tradition: a Third Way for Development", *Ethics and the Environment*, Volume 11, Number 2, 2006, pp.85-114.

理念提供了强大的哲学支持，从而使一种全新的文明能够有意识地遵循道，并成就为一种反应敏锐且可持续的文明。①

可以说，西方环境伦理学的这一新的转向是在思考自身局限性的基础上，吸收东方思想特别是中国传统文化中的元素形成的。这与当代中国学者对环境伦理全球化和本土化的研究研究不谋而合。② 就像解决环境问题是全人类共同的使命和责任一样，以更契合时代精神的思维方式思考环境伦理学问题也是中西方学者的共同关注。不同文化结构可能会形成对环境伦理问题的不同理解，但只要人们在承认自身局限性的前提下愿意互相借鉴，一种可以对话和沟通的全球环境伦理就可以为不同文化中的人们所接受。正如哈格罗夫所说："只有在文化借鉴中，当环境伦理以其自身缓慢的节奏发展时，一种单一的、普世的、国际环境伦理才最终可能出现。"③

（原载《自然辩证法研究》2013 年第 5 期）

---

① Freya Mathews, "Towards a Deeper Philosophy of Biomimicry", *Organization & Environment*, Volume 24, Number 4, 2011, p. 373.

② 有关中国学者的文献，参考刘福森《生态伦理学的困境与出路》，《北京师范大学学报》2008 年第 3 期；曹孟勤、卢风主编《中国环境哲学 20 年》，南京师范大学出版社 2012 年版。

③ Eugene Hargrove, "Can and Should There be a Single, Universal, International Environmental Ethic?",《生态文明：国际视野与中国行动——第二届中国环境伦理学国际研讨会暨 2012 中国环境伦理学环境哲学年会会议论文集》，黄山，2012 年，第 131 页。

环境问题中的理论与实践

在当代的环境问题研究中，越来越多的人意识到环境哲学理论与环境保护实践之间存在着严重的脱节现象，这使得环境哲学研究者面临着尴尬境地。从根本上说，这是人的存在方式与自然之间的主客体对立造成的，因而人也面临着一种尴尬境地。有学者倡导悬置问题，着力于环境管理，以期实现环境问题上理论与实践的弥合。更合理的方式，可能是中国哲学提供给我们的整体主义观念以及通过民俗促成环境问题和实践的勾连。

一　环境哲学研究者的尴尬境地

在当代的中西方环境哲学或生态哲学研究中，我们所要面对的主要问题是"人与自然的关系"问题。与之相应的环境伦理或生态伦理所主要关注的是"人与自然的道德关系"问题。然而在讨论人与自然的关系时，环境哲学理论家和研究者们都处于一种理论与实践相互冲突的尴尬境地：研究纯哲学的学者们会质疑环境哲学（特别是环境伦理学）作为应用哲学的合法性问题，而普通大众则质疑环境哲学理论的可实践性问题。

我们都知道，传统的规范伦理理论主要研究伦理规范的来源、内容和根据，并期冀影响人们的生活和行为。G. E. 摩尔自20世纪初提出"元伦理学"，严肃批判了规范理论的布道和规劝功能，规范伦理学的影响被大大遏制了。但第二次世界大战后，人们发现元伦理学只进行道德中立的分析性研究，并不能很好地解决我们在现实中面临的道德问题，因此"应用伦理学"（或称"实践伦理学"）应运而生。大部分哲学家认为，应用伦理学就是把普遍的道德规范和道德原理应用于现实社会中不同领域里出现的重大问题,揭示这些问题所引起的道德悖论,并期望形成合理的伦理判断以指导实践。应用伦理学的这种思维模式却遭到了一些质疑:它虽然成功地将伦理学从纯粹形式化的圈圈里解救了出来,却又因对专门领域的过度关注而造成不同伦理原则之间的"不可公度"。任何一门应用伦理学都有其特定的研究对象,当人们将各种不同的伦理学原理或原则应用于同一对象时,却往往得出不同的结论。不同应用伦理学之间又因其对不同伦理立场的青睐而相互抵牾。麦金太尔关于"战争的正义性""人工堕胎的合法性"以及"私立教育和私人医疗的合理性"等问题的分析,就深刻地揭示了不同评价体系之间的争论和分歧。[①] 然而,对于大部分应用伦理学分支来说,其关注的主要问题最终都可以归结为人与人的问题,因此,尽管其中存在分歧,传统规范理论在其中仍然可以发挥作用。但是自20世纪70年代以来日益崛起的环境伦理或生态伦理研究,关注的则是人与自然的道德关系问题,这一转变将应用伦理的尴尬地位推向了极端。

人类正在遭遇的环境危机使我们不得不思考有关"人与自然的道德关系"这一重大问题。正如罗尔斯顿在他著名的《环境伦理学》一书开篇所言:"人类的巨大能力在20世纪后半叶的生态危机——例如物种灭绝的威胁——中得到了淋漓尽致的表现……不受伦理限制的巨大力量被到处滥用。"[②] 因此,对于环境哲学或生态哲学的研究日益兴盛,产生了包括"深生态学"(阿恩·纳斯)、"哲学走向荒野"(霍尔姆斯·罗尔斯顿)、"动物解放"(彼得·辛格)等观点在内的一系列研究成果。但是,环境伦理学的研究自诞生之日起就面临着一个理论上的两难:理论家们从对环境污染、资源匮乏等现实问题的经验研究中确证我们需要建立人与自然之间合理的道德秩序,又从理想的、形而上学的层面提出号召人们觉醒的理论模式。在理论和实践之间巨大的鸿沟使得普通大众认为环境伦理学家的理论过于玄虚,不具有实践价值;而纯粹哲学家们却质疑环境伦理学家过分依赖经验研究,失去了哲学研究的本质。

这种理论与实践之间的鸿沟在大部分实践哲学中都存在。亚里士多

---

① 参见[美]麦金太尔《追寻美德》,宋继杰译,译林出版社2003年版,第7—9页。
② [美]霍尔姆斯·罗尔斯顿:《环境伦理学》,杨通进译,中国社会科学出版社2000年版,第1页。

德在道德哲学史上最先将我们的德性分为理智德性和道德德性，然后通过实践智慧（即明智）勾连了理智与道德德性，他相信："德性使我们确定目的，明智使我们选择实现目的的正确的手段。然而，明智并不优越于智慧或理智的那个较高部分。"① 康德对此有更为清醒地认识。他认为理论是有关实践的规律总体，但"不管理论可能是多么完美，看来显然在理论与实践之间仍然需要有一种从这一个联系到并过渡到另一个的中间项"②。但康德通过对于有理性存在者的设定，仍然坚信："凡是根据理性的理由对于理论是有效的，对于实践也就是有效的。"③ 对于理论与实践之间的裂隙，我们如果单纯从人与人之间的关系来考察，已经非常困难了。不过像亚里士多德、康德这样的伟大哲学家已经为我们提供了很好的范例，因而在单纯的关于人的伦理学中考察理论与实践的关系还是有相当多的理论资源的。让人头痛的是，环境哲学要解决的是人与自然之间的关系，这使得理论与实践的关系问题变得前所未有的复杂，它不只是环境哲学研究者需要面对的尴尬境况，也是全人类都要面对的问题。

二　人的尴尬境地

想要确立人与自然的伦理关系本身存在着巨大的理论困难。其中的原因有两个方面：

第一，伦理是处理人与人之间关系的。康德在《道德形而上学的奠基》一书的开篇就阐明，自古希腊以来的哲学传统早已认定，哲学可以划分为三个领域：物理学、伦理学和逻辑学。"关于自然的法则的科学叫做物理学，关于自由的法则的科学叫做伦理学。"④ 因此，关于物与物关系的物理和关于人与人关系的伦理是有着显著的区别的。然而生态伦理所要处理的是人与自然的伦理关系。如果我们将西方哲学传统思维方式中用于处理人与人关系的伦理原则直接套用到人与自然的关系中，会面

---

① ［古希腊］亚里士多德：《尼各马可伦理学》，廖申白译，商务印书馆 2008 年版，第 190 页。
② ［德］康德：《历史理性批判文集》，何兆武译，商务印书馆 1990 年版，第 164 页。
③ ［德］康德：《历史理性批判文集》，何兆武译，商务印书馆 1990 年版，第 210 页。
④ 《康德著作全集》（第 4 卷），中国人民大学出版社 2005 年版，第 394 页。

临巨大的理论挑战。我们都知道，典型的传统规范伦理理论包括义务论伦理学、美德伦理学和功利主义伦理学。这三大规范理论主流在当代都焕发了新生。以约翰·罗尔斯和克里斯蒂娜·科尔斯戈德为代表的道德建构主义者成为义务论伦理学的当代旗手。在考虑环境伦理问题时，科尔斯戈德提出人类与动物共同具有一种能力——"自然的善"（Natural Good，即出于对自我的意识和爱而产生的善），因此，我们不应该把动物仅仅当作手段，我们应该承认"动物权利"①。功利主义在当代颇具影响力的代表——彼得·辛格将功利主义原则同动物解放伦理结合起来，认为动物作为和人一样的有感觉的存在物，应该在趋乐避苦这一法则中和人一样得到平等对待。② 即便是将"幸福是属人世界的最高的善"看作基本理念的美德伦理学，其当代继承人也对环境伦理表达了自己的理解。托马斯·黑尔提出，我们应该培养"适当的谦卑"（Proper Humility）和"对自然的感恩"（Gratitude for Nature）这些新的德性，以实现人与自然之间的和谐关系。③ 然而，上述三种规范理论都对环境问题表示了深切的关心，并从自己的理论立场提出了应对策略。深究起来，无论他们强调的是责任、结果还是德性，仍然都是站在"人类中心主义"的立场上思考人与环境的道德关系，这种思考最终关注的仍然是人本身。产生这种结果主要归因于西方近代主体性哲学。

第二，西方近代哲学的主流思维方式所关注的是主客体关系。传统哲学的思维方式是以主客二分为基本框架的。主客二分的思维方式和客体作为主体对象的观念与人类实践密切联系，相互影响。我们因此看到在现代化发展过程中，人成了狂妄野蛮的掠夺主体，贪得无厌、为所欲为。人是世界的中心，其他自然物甚至整个自然界都是人可以随意役使的工具。正是这种强烈的人类中心主义让人类陷入空前的灾难之中，正如有学者所评论的，"如果不超越这种哲学，人与世界的关系就不可能得

---

① Christine Korsgaard, "Fellow Creatures: Kantian Ethics and Our Duties to Animals", in Grethe B. Peterson, ed., *The Tanner Lectures on Human Values*, Volume 25/26, Salt Lake City: University of Utah Press, 2004, p. 31.

② [美] 彼得·辛格：《动物解放》，孟祥森、钱永祥译，光明日报出版社1999年版，第7页。

③ Thomas Hill Jr., "Ideals of Human Excellence and Preserving Natural Environments", *Environmental Ethics*, Volume 5, 1983.

到合理的解决，也就不可能有人类的可持续生存和发展"①。

然而，以传统规范理论解决环境问题的立论基础正是主客体的分立。在环境哲学中，西方哲学的思维方式只能是继续贯彻这种以人为中心的思想，继续造成对自然的破坏。即使那些要求对自然善待、和自然平等、从与自然的关系中培养德性的哲学家们，只不过是希冀能够使人类践踏自然的脚步稍微缓慢一下，并不能从根本上解决问题。这也就表明，从传统西方哲学的思维方式出发，是无法解决环境问题的。这与人类自身的境况息息相关：一方面，人类作为主体，需要通过实践从自然界获取能量，这一定会造成对自然界的破坏；另一方面，环境哲学的发起人和倡导者们要求从自然中心主义的立场出发，减少对自然的破坏和利用。问题在于，人类作为自然界未完成的存在，先天缺乏适应环境的有利本能，只能依靠实践改造自然，以获得其生存能量。人类的实践本性决定了人对自然利用是必不可少的。不仅如此，近代主体性哲学的开启以及与之伴随的科学技术的进步，也加剧了人类实践的速度和广度。并且，在主体性思维的激化下，人类很难控制自己利用和控制自然的脚步，自然对人而言只剩下工具性价值。即便在生态理念提出之后，人类依然无法深刻反省自身的问题。

三 一种解决方式：环境管理

综上，我们面临着这样的局面：一方面，越来越多的人认识到地球生态系统正面临着严峻的考验，日益脆弱，环境问题成为我们这个时代亟须解决的问题；另一方面，环境哲学启示人们反省自己的行为，倡导保护地球的理念，却没有切实可行的方法真正能够解决环境问题。面对环境问题在理论与实践方面的脱节，一种迫不得已的解决方式是环境管理（Environmental Stewardship）。

"环境管理"口号最初是在《联合国千年宣言》中被提出来的。但经历了之后大约十年的发展，学者们观察到，"管理越来越成为一种民间环保组织的非官方环境伦理，甚至它还更成为各级政府、官员以及计划制

---

① John Barry, *Rethinking Green Politics*, London: Sage, 1999, p. 33.

订者们的官方环境伦理"[1]。这种发展与环境哲学中一些学者的倡导有关。在他们看来，既然环境哲学在形而上学的理论建构方面停滞不前，没有办法为人类实践提供很好的指导，我们不如暂时搁置对环境伦理学的形而上学基础的研究，将更多的精力投入环境哲学的经验研究中去。里卡多·罗兹就提出环境伦理学的方向应该从理论环境伦理学转变为实践环境伦理学。[2] 而罗伯特·弗洛迪马则进一步提出以环境伦理学可用于指导环境科学，从而使环境伦理学在公共政策领域发挥作用。[3]

但这种环境问题从理论向实践的转向遭到非常多研究者的质疑。学者们的批评主要来自两个方面：（1）管理一词来源于教会管理信徒的部分收入的运动，因此如果不承认神作为创世主任命人去管理世间动物和植物的宗教前提，环境管理仍旧是一种空谈；[4]（2）环境管理一词本身就带有强烈的人类中心主义色彩，很难实现环境问题在理论和实践上的沟通。[5] 面对这些质疑，环境管理的支持者们相应地做出两点反驳：（1）随着社会的发展，"环境管理"这一概念已经具有全新的意义，完全不同于历史上基督教层面的"管理"概念，我们完全可以在世俗的层面上推广环境管理；[6]（2）虽然环境管理涉及非常多与人相关的内容，貌似只是反映了人的价值和作用，但我们要看到，并非所有与人相关的都是人类中心主义，环境管理更多关涉的是自然价值。[7] 即便这种有力的反驳也并没有消除环境哲学者和理论家们对环境管理的质疑。环境管理起步比较晚，目前尚没有更好地展现其价值和意义。支持者们还需要在环境管理的表现形式、教导方式、评价标准等方面进行更为深入的研究。

---

[1] Mary AnnBeavis, *Environmental Stewardship: History, Theory and Practice – Workshop Proceedings*, March 11 – 12, Winnipeg: University of Winnipeg, 1994, p. 3.

[2] Robert Frodeman, Dale Jamieson etc., "Commentary on the Future of Environmental Philosophy", *Ethics and the Environment*, Volume 12, Number 2, 2007, p. 142.

[3] Robert Frodeman, Dale Jamieson etc., "Commentary on the Future of Environmental Philosophy", *Ethics and the Environment*, Volume 12, Number 2, 2007, p. 121.

[4] Dale Jamieson ed., *A companion to Environmental Philosophy*, London: Blackwell, 2003.

[5] Clare Palmer, "Stewardship: a Case Study in Environmental Ethics", in Berry, *Environmental Stewardship*, London: SPCK, 1992.

[6] John Barry, *Rethinking Green Politics*, London: Sage, 1999.

[7] Jennifer Welchman, "A Defence of Environmental Stewardship", *Environmental Values*, Vol. 21, 2012.

四 一种更好的解决方式

西方环境伦理研究的历程表明在西方文化的框架内寻求解决环境伦理困境的出路非常困难,即便是期望在实践方面有所突破的环境管理研究,仍然要面对自然中心还是人类中心的价值选择。因此,在环境问题的理论与实践关系上,我们可以从中国传统哲学的视角确立一种全新的环境伦理,从而在理解环境伦理总体性、环境问题的前途和命运等重大问题上有所突破。

西方传统哲学主客二分的形而上学思维定式限制了人们对"人与自然关系"的生态学理解。以这种哲学思维方式为依托的西方伦理的核心观念和评价尺度是抽象的人本主义和人道主义,其中没有讨论人对自然的伦理问题的可能。进而,西方文化的发展观和进步观把人对自然的占有和掠夺看作是发展,把人对自然资源的挥霍性使用看作是进步。这就要求我们在研究中国哲学中的环境观念和生态观念时,不是在传统文献中寻找适合西方环境问题研究的元素,依旧按照西方哲学的思维方式理解环境问题;也不是完全回复到中国传统文化的情境中,要求人们以一种复古的方式生活;而是进行有中国特色的环境问题研究,在中国文化背景下吸收和批判西方成果,在现代化条件下依据中国文化精神进行创新。

中国文化的核心是人与自然的统一,这是解决西方环境研究困境的唯一出路。[①] 这种整体主义的看待人与自然关系的方式,取消了主客体对立。在西方哲学中作为主体的人和作为客体的自然,在中国人的眼中是和谐一致、融为一体的。中国传统伦理主张天道与人道合一,有助于重新确立人看待自然的伦理尺度,从而将自然看作人和万物得以孕育生长的母体,确立了人对自然的敬畏之心。中国文化主张亲近自然、勤俭节约的生活方式,有助于纠正西方的发展观和进步观。这种生活方式的建立,是将理论通过宗教、音乐、诗歌、占卜等方式长期渗透到人们的心灵之中,从而成为他们的行为规范和行动准则,不这么做,不仅会招致

---

① 刘福森:《中国人应该有自己的生态伦理学》,《吉林大学社会科学学报》2011年第6期。

邻里朋友的耻笑和议论，也会使自己的内心不能够安宁。因而，整体主义的世界观造就了中国人想要与自然融为一体的人生观，通过民俗和信仰一代代传承下去，成为中国文化和中国人生活的精髓，从而可以很好地弥合环境问题中理论和实践之间的鸿沟，创造人与自然和谐相处的美丽画卷。

在现代社会中，如何继续中国文化的这种整体主义世界观和与自然和谐统一的人生观，是时代给我们提出的一个重要而艰巨的任务。我们不仅需要依据新的形势重新建构有中国特色的环境伦理，也需进行中国式的生态文明启蒙与实践。虽然这是一条艰巨的道路，但也许是唯一一条勾连环境问题理论与实践的道路。如何在深入理解中国文化的精髓的基础上，确立适合于中国文化的、不同于西方文化的、能够被中国普通百姓接受的并成为中国普通百姓自觉信念的环境理论和实践准则，我们任重而道远。

（原载《长春市委党校学报》2014 年第 5 期）

人工设计生命所引发的哲学和伦理问题

美国科学家克雷格·文特尔（Craig Venter）于2010年5月20日宣布在人造生命研究中取得了重大突破，他的研究所已创造出首例由人造基因控制的细胞。文特尔表示，他们用"四瓶化学物质"为他们的"人造细胞"设计了染色体，然后把这个基因信息植入另一个修改过的细菌细胞中，这个由合成基因组控制的细胞具有自行复制的能力。用单纯的科学眼光来看，这无疑是一项重大的科学进步。然而，这项研究所具有的社会意义却需要进行哲学和伦理的考察和评判。

随着20世纪70年来以来应用伦理学的兴起，人们关于生命科学研究中的人体试验、克隆技术、试管婴儿、胚胎干细胞等问题都进行过广泛而深入地讨论。这些讨论的焦点在于，生命科学研究的目的在于提高生命质量、挽救人类生命和改善人类未来，但这些旨在造福于人的研究会不会伤害到人类个体，导致无视人类尊严甚至可能危及人类未来的事件发生？持传统伦理观的康德主义者、自由主义者和宗教信徒从人道主义的立场出发，论证"每个人的生命具有平等的绝对价值"，我们不能因为年龄或生理缺陷等其他条件贬低人的生命价值。一些功利主义者则认为，把人的生命看作神圣不可侵犯的"旧伦理"应该被坚持生命价值相对化的新伦理所取代。在这个意义上，他们相信如果牺牲某些个体的尊严或生命可以促进有益于更多人类生命的研究，这样的行为应该被看作道德的。虽然相关的争论仍在继续，但从生命科学研究的实际应用和立法状况来看，"尊重生命"仍然是当今社会的主流价值观。

与以往不同，文特尔新宣布的研究成果表明，人类具有了合成生命或者说不依赖于自然界而创造新物种的可能。文特尔本人曾表示，人造生命的出现"改变了自己对生命和生命运作的科学和哲学思考"[1]。如果

---

[1] 吴迎春、曲红梅：《科学看待生命"被制造"》，《人民日报》2010年6月7日。

这种可能变成活生生的现实，我们对自然、人以及人与自然的关系都需要在概念上重新阐释。文特尔本人也表示，这项成果"改变了我自己对生命和生命运作的科学和哲学思考。"面对这一"生物学历史上的重要事件"，人们表现出不同的态度。除了相关科研人员和评估专家的访谈，我们还看到英国著名的《自然》周刊邀请了不同领域的 8 名专家就合成细胞的科学和社会意义表达自身看法。[①] 总起来说，大概有以下三种立场。

支持此项研究的人们认为，这是生命科学研究领域里程碑式的成果，它可以在解决环境污染、能源危机和人类疾病方面发挥重大作用。而且，包括文特尔在内的很多人都认为，人工合成基因组只不过是人工生命研究的起步，创造更高级的有机体及其生长环境还需要科学家们长时期的努力，将这一技术加以应用则是更晚的事情，因此，这一研究可能产生的负面影响尚且不是我们需要担忧的问题。

更多的人提出反对意见，直接表示应该停止相关研究。他们对于此项研究的担忧主要表现在两个方面：一，这种合成生命的研究是对生命的亵渎、对生命本质的篡改，是以人的身份扮演上帝的角色；二，从长远眼光看，这项新技术可能会给人类生命和环境带来潜在的巨大危险，比如由此产生的生物武器可能会危害甚至毁灭人类社会。因此，在人类没有真正弄清这项研究的意义之前应该暂停此类研究。

还有一种相对温和的立场。学者们在肯定此项技术对人类有意义的同时提醒人们关注其安全性问题。比如，牛津大学的朱利安·撒维勒斯库（Julian Savulescu）教授认为，这项研究在应对环境污染、能源危机等方面具有现实意义，但伴随的风险同样巨大，我们需要为这种激进研究提出新的安全评估标准以免它被军方或恐怖主义者滥用。尽管如此，我们需要看到，这项具有"人类创世"意义的研究不只是为我们打开了潘多拉的盒子，让我们无法预料未来会发生什么，它同时也冲击着千百年来的人性论和价值观，引发了人们相应的哲学和伦理学思考。

具体来说，人工设计生命所引发的哲学和伦理问题主要包括以下几个方面：

1. 还原论的世界观：无法预料的灾难性后果

西方近代哲学的自然观是还原论的世界观。它首先对自然界的整体

[①] 参见 "Life after the Synthetic Cell", Nature, Vol. 465, 27 May, 2010, pp. 422 – 424. [中文译为:《合成细胞之后的生活》，《自然》（英），第 465 卷，2010 年 5 月 27 日]

进行分割和拆卸，寻找构成自然界的最小单位，把自然物质世界还原为分子和原子，然后用分子和原子去解释自然界的整体性质。原子和分子被看成是物质实体世界的组成部分，而世界整体则是由它的局部实体组装起来的。这种世界观不仅统治了哲学思维，而且也统治了工业生产的实践领域，成为工业文明的灵魂。工业生产就是以实践方式重复思维中进行的对自然界的拆卸和组装的过程：它首先对自然界整体进行分割、分离，从中选择对我们有用的部分，然后按照我们的目的进行重新组装，生产出来的工业产品就是对自然界的拆卸和组装的结果。正是这种还原论的世界观，一方面瓦解了自然界的整体秩序；另一方面又以人工秩序取而代之，从而使人类失去了赖以生存的自然环境。

现代生物技术同近代科学一样，它对生命的理解和解释仍然是还原论的。它把整体的生命系统还原为个体的生命，进而又把个体生命还原为生命的遗传信息——DNA，生命的复杂的整体性联系不见了，环境对生命有机体的制约作用以及个体生命对环境的依赖关系也不见了。生命有机体的所有的结构和功能都被简写为DNA，一种生命的遗传信息。

同近代还原论世界观不同的是，DNA已经不再是"实体"，而是"信息"；它不再是事物整体的组成部分，而是控制生命有机体的一只"看不见的手"。无论是克隆技术的"复制生命"，还是现在的通过合成基因的方法"创造生命"，都是把生命还原为一种简单的构成；它既不考虑自然整体对个体生命的影响，也不考虑"合成生命"对自然界整体的长远影响。

与此相反，生态世界观是整体论的世界观。它把整个地球生物圈看成一个不可分割的整体。整体对于局部事物来说具有更加优先的地位，整体系统的稳定和平衡，是支持局部事物存在的基础；离开整体，局部事物就将失去其性质，也就不再是这个事物。整体网络的任何变化，都将引起局部事物的变化；其中任何事物的变化，也都将通过网络而影响其他事物的变化。根据生态世界观，即使这项"制造生命"的技术能够解决人类生存面对的某些局部性难题，但它对人类生存的环境整体所造成的破坏却是难以估量的。还原论的世界观曾经使工业文明获得了经济的高速增长，但也因而瓦解了整体自然秩序。可以预见，生命世界的还原论，将会进一步加深工业社会造成的恶果。当新的生命扩散到自然界时，它就会直接或间接地与自然界的所有其他生物发生相互作用，因而产生无数的难以预料的后果。而这些严重后果往往需要很长的时间才能显示出来。当我们在遥远的将来认识到这些后果时，我们已经没有回天之力了。正如杰里米·里夫金（Jeremy Rifkin），"这是一个没有路标和参照物的高风险旅程"，"期望很大，约束很少，对潜在的结果我们茫然无知"①。

2. 操纵生命：生命意义的丧失

当生物技术发展到能够通过基因剪接与合成组装生命的时候，生命就彻底失去了本来的意义，完全成为人类手中可以进行任何操弄的玩偶，成为人满足自己欲望和利益的工具。

任何生命都是一个独立的、具有生命力的活生生的完整的实体。作为一个独立的实体，具有不可分割、不可拆卸的整体性。当人把生命看成是可以任意剪切、任意编辑、修改和组装的暂时的 DNA 程序的时候，现实的活生生的生命已经不复存在。生物基因合成技术彻底消除了生物作为自然实体的意义。在这种技术看来，任何物种和生命个体都只不过是一种幻象，真正的生命的本质只不过是不同物种和生命个体之间可通约的、可任意编辑修改的遗传信息而已。它彻底改变了生命的本质：生命完全失去了自身的存在论根基。

生命的本来意义，就包含着其自我生成、自我生长的意义。生命都是"生"出来的，而不是被什么东西"造"出来的。生命是自生、自成、自在的，它既不是按照某种外在的目的"被制造"的，也不是被某种外在目的操纵着生存的。这就是生命的自然本性。在这个意义上说，生命是一个广义的"主体"，它的生存是自己的自然本性决定的。这种"自我决定性"决定了人类不应该像制造、操纵无机物那样制造和操纵生命。生命的这种自然本性，决定了生命具有一种神圣的意义。在农业文明时代，生命始终是被看成有灵性的存在；因而尊重生命、敬畏生命、关爱生命就成为这一时代人们的美好情感和道德信念。当人类通过基因合成开始制造生命的时候，生命就失去了本来的意义。真正的生命已经"死了"。我们可以像生产鞋子一样把新的生命制造出来，同样，我们也可以随便地像扔掉破鞋子一样把这个新的生命毁掉。在人这个"新上帝"面

---

① ［美］杰里米·里夫金：《生物技术世纪》，付立杰等译，上海科技教育出版社 2000 年版，第 64 页。

前，生命的价值已经丧失殆尽。

地球上的其他生命同人的生命之间具有共同的生命价值。这就是人与其他生命之间的"价值同根性"。这种"价值同根性"正是人与其他自然生命之间得以确立伦理关系的价值基础。正如法国哲学家阿尔贝特·史怀泽（Albert Schweitzer）所说，"只有当人认为所有生命，包括人的生命和一切生物的生命都是神圣的时候，他才是伦理的"[1]。根据这一原理，既然我们人类同其他自然生命都具有同等的生命价值，那么，一切生命之间都应该是平等的。因此，我们应该像对待自己的生命一样对待其他一切自然生命。这样，人与其他生命之间就具有了伦理关系。生命伦理的最高原则就是"尊重生命""敬畏生命""爱护生命"。当人造生命的科学和实践把生命的意义和价值彻底丢失之后，人与其他生命之间的伦理关系也就被彻底抛弃了：一切生命都不过是人类手中的玩偶和满足人类无限欲望的对象，人与被自己制造的东西之间根本不可能存在伦理关系。基因合成技术彻底颠覆了人类长久以来对于生命本质的看法，人与其他生命之间的关系又回到主客体关系，人与其他自然生命之间确立伦理关系的可能性也被彻底堵塞了。

3. 重新设计人类：人道观念的彻底崩溃

虽然文特尔及其团队的科研成果，只是证明了体外合成基因组是可能的，在实践上，离我们要造出复杂的生命还非常遥远（更不用说"造人"）。但是，它也说明了造出人这样一个复杂的生命个体，在理论上不是不可能的。合成基因技术的理想就是不仅造出其他生命，而且要重新创造我们自己。

每一次关于生命的科学技术革命，都会进一步引起动摇人道主义的基础。早在19世纪末和20世纪初，美国就掀起一股优生运动的风潮。不过，当时的优生运动只能是建立在原有的遗传理论基础上的。有人把所谓"血统不好"的人的繁衍称为"生物污染"，并主张剔除人的"生物污染"[2]。当基因技术基本成熟之后，"优生"的问题再一次被提了出来。生理缺陷在传统的生物学家看来仅仅是进化主旋律中的变异，却被当代

---

[1] [法]阿尔贝特·史怀泽：《敬畏生命》，陈泽环译，上海社会科学院出版社2003年版，第9页。

[2] [美]杰里米·里夫金：《生物技术世纪》，付立杰等译，上海科技教育出版社2000年版，第123—124页。

分子生物学家看作"遗传错误"。而基因技术完全可以纠正这些遗传错误。分子生物学家的宏伟理想是纠正人类的"基因错误",以便"设计完美的人类"。这无疑触动了哲学、宗教以及传统科学的核心观念。

不同的人类个体具有同等的人性价值和平等的人格。同样,不同的民族也没有高低贵贱之分,是天然平等的。"我们都是人,因此我应该像对待自己一样对待他人"。这一人道原则也是伦理最高原则。把人自身的生产奠定在基因技术的基础之上进行"优生"的选择,就必然要对人类个体和种系进行"优"和"劣"的区分和选择;在人类的个体之间也必然要分成优秀个体和有缺陷的个体。有缺陷的个体的生存和延续的权利也将被剥夺。

从哲学的角度来看,用"合成基因""组装"人,"制造"人,就是把"制造人的人"和"被人制造的人"变成一种主客体关系。"被制造"的人已经失去了人的本来含义,成为人类自己制造的"物件",就像人类制造的汽车、衣服一样。通过自然生育产生的人,是人的同类,是主体;而通人的实践活动"制造"的人,则不再属于人的同类,它们只是人类制造活动的产物或客体,因而不具有一般的人性价值,也不会成为人的伦理对象。

这样,制造生命的科学与技术实践就为我们提出了一个最为严肃的哲学和伦理问题:人的价值和人道的意义何在?它必将对几百年来形成的人道主义宣战,人道的观念在我们制造人类的同时也将彻底崩溃。

4. "有能力做的"并不就是"应当做的"

生命科学研究的迅猛发展已经是我们这个时代不争的事实。这也为我们如何评价生命科学研究本身及其所产生的相关技术应用提出了理论挑战。生命技术的益处与其具有的摧毁性的潜能同时呈现在我们面前。我们需要对人类的这一实践领域有所反省,以新的价值原则引导人们重新"认识自己,评价自己和规范自己"。汉斯·忧那思(Hans Jonas)等人提出责任伦理以应对技术时代人类面对的道德问题。在他看来,需要有一种新的伦理来要求"我们对自己进行自愿的责任限制,不允许我们已经变得如此巨大的力量最终摧毁我们自己(或者我们的后代)。"[1] 我

---

[1] 忧那思:《科学与研究自由:凡是能做的,都是允许的吗?》,载于伦克主编《科学与伦理》,斯图加特,1991年,第214页。

们需要改变"一切人类实践都是天然合理"的传统价值观，认真思考"人有能力做"与"人应当做"之间的关系，在道德上更多地关注行为的长远和未来责任。这样一种责任伦理是一种有关责任的预防性和前瞻性的考虑。人类社会的发展不是泥塑，不成功了可以重新来过。传统的事后责任伦理无法应对生命科学研究的负面效应和潜在危险。没有对这一领域人类实践的评估、规范和约束，人类的生存将受到严重威胁。可以想见，如果赫胥黎笔下的"美丽新世界"变成现实，那将一定不再是人的世界。

（原载《光明日报》2010年10月12日，《新华文摘》2011年第2期全文转载）

人类发展范式的价值取向之比较

发展问题是社会生活的重中之重。不同发展范式背后存在着不同的价值观。本文通过对比三种不同的人类发展范式（以经济发展为准绳的传统发展范式、以人的自由理念为准绳的发展范式和以全人类的生存为评价标准的发展范式），揭示以生存论的价值观为主导、以规范和约束人类的挥霍行为为主旨的发展范式才是适合人类发展现状的范式。

最近一些年来，有关发展的研究受到越来越多人的关注。这不仅体现了发展本身作为一种理论旨趣所具有的独特性，更体现了时代对全新的发展理论和范式的迫切需要。通过对众多有关"发展理论"的文献进行整理分析，我们发现关于人类发展范式的研究具有极其重大的理论意义，不厘清各种范式之间的区别就无法在真正的意义上讨论发展主题本身，更无法理解这一主题背后所展现的价值观和时代精神。

一 以经济发展为准绳的传统发展范式

很长一个时期以来，世界上大多数国家都把经济增长看作评判发展的唯一指标。这样一种发展范式指出，只有一个国家的经济水平提高了，这个国家的人民生活水平和质量才能改善。这种发展模式从特征上看突出了 GNP、GDP 在人类发展中的标杆作用，具体地表现为关注个人收入的增长、倡导工业化和技术进步、促进社会现代化，等等。财富、收入、社会福利的提升对于人类的发展固然起着重要的作用，但从价值观的层面来看仍然是单向度地、工具性的。这种发展范式过高估计了一个国家的整体经济实力对人民生活的影响。实际上，在为数不少的一些 GDP 指数迅猛增长的国家内部存在着巨大的不平等，实际造成了很多生活在其中的民众并没有切实体会经济巨大发展所带来的实惠，反而饱尝不公平待遇和贫富差距悬殊之苦。正如去年美国发生的占领华尔街抗议事件所呼吁的："我们属于那百分之九十九，你们也是。"经济发展的结果是百分之一的人口霸占着国民的大多数财富。这样的事实在大多数发展中国家都存在。

由于国家追求其世界经济中的地位，一些国家领袖和政策制定者忽视了民众的实际生活质量和生活水准，这是众多反对传统发展范式的人所共同质疑的主要方面。在大多数反对者看来，经济至上的发展模式忽略了分配、权利、自由以及其他相关因素，因而无法避免"遍身罗绮者，不是养蚕人"的悲剧，也无法面对"富裕的奴隶"和"贫穷的自由人"哪一个更好的诘问。这样一种发展范式背后所凝结的价值观是：经济发展和全民福利是天然合理的，其本身就是做出善恶价值判断的标准，不需要对其加以反思。作为一种以功利主义为导向的发展范式，对经济发展所取得的成果和人民整体福利的重视常常取代了对个体实际生活状况的关注，欣欣向荣的宏大发展场面掩盖了这种范式的弊端。因而，人们不关注"为什么要发展""什么样的发展是好的发展"这样的根本问题，而只关注"如何才能发展得更快"的问题。

二 以人的自由理念为准绳的发展范式

以自由理念为准绳的发展范式是对以经济发展为准绳的传统发展范式的一种反思。毋庸置疑，当人们对"发展"本身产生疑问，其实是对"发展"的合理性产生理论兴趣。这种疑问本身就表明时代为我们提出了新的理论任务。针对经济发展范式的问题，倡导自由理念的学者们从多种角度提出了自己的看法。大体来说，他们是强调法制意义的自由在发展中的作用，认为法制权利可以保证一种最大程度的个人自由。这种观点提倡依法保护每一个人的政治自由、经济自由和其他自由权，从而能够反对专制、保护人权。但无疑，这种看法很大程度上关注过程而忽视结果，有可能造成一些为确保人的权利而失去人的生命的惨剧。比如，某些国家也出现过这样的情况：国家倡导确保所有人的自由权，但忽视了经济的发展，造成大范围内饥荒的事件。在倡导自由理念的学者之中，有人（如约翰·罗尔斯）提出以自由权优先为核心的一套公平主义的价值标准来衡量发展的模式,有人(如罗伯特·诺奇克)则更关注财产权的优先性。但以阿马蒂亚·森(Amartya Sen)为代表的学派认为对某一项权利的偏重无益于合理的发展,他们因而提出以实质自由的功能性活动为发展的评价性标准。

森的观点认为,我们应该对促进发展的各种价值要素共同考虑,而不是忽略或剔除某一种价值要素;同时我们也应该给予特定的价值要素以特别的对待,从而更有利于人类的发展。具体来说,实质自由是指"个人拥有的按其价值标准去生活的机会或能力",它包括法定权利及广泛的获取某种福利的(法定)资格。在森看来,发展是涉及经济、政治、社会、价值观等多个方面的综合过程。发展的目的不仅仅是经济实力的提高,而是消除贫困、解除人身束缚、取消各种歧视压迫且提高法制权利和社会保障的共同进步。所以他声称"以人们享有实质自由来看待发展,对于我们理解发展过程以及选择促进发展的方式和手段,都具有极其深远的意义"[①]。

森的合作者,现任芝加哥大学哲学教授的玛莎·努斯鲍姆则历经二十五年的研究,在森的基础上进一步提出评估人类发展的新模型——可能性能力的方法(Capabilities Approach)。在她看来,将人类发展的标准还原到某一单一维度上是错误的;影响人们生活质量的一定是多种因素,而且这些因素是非还原论的。[②] 努斯鲍姆甚至将她的方法扩展到非人类的动物身上,而这一点是森赞同却并没有过多关注的。努斯鲍姆认为,发展问题关注的核心就是:一个人能够做什么以及一个人能够成为什么样的人。也就是说,可能性能力的方法旨在把每一个人都看作是目的,我们不仅要关注个人的福利,也要关注可能提供给个人以机会以及能够提供维护个人尊严的条件。为了让森的方法更加清晰,努斯鲍姆明确提出了全世界政府实现"人的发展和社会正义"的最低保障。这一保障由十种主要的可能性能力构成:(1)生命;(2)身体健康;(3)身体健全;(4)感觉、想象和思考;(5)情感;(6)实践理性;(7)归属;(8)其

[①] [印]阿马蒂亚·森:《以自由看待发展》,任赜译,中国人民大学出版社2002年版,第25页。

[②] Martha Nussbaum, *Creating Capabilities*: *The Human Development Approach*, Cambridge: The Belknap Press of Harvard University Press, 2011, p. 18.

它物种；(9)娱乐；(10)对环境的控制。① 在纳斯鲍姆看来，世界上每个称得上正义的政府都必须努力为它的每一个公民实现这十种能力。

森和努斯鲍姆对自由和个人尊严的维护，使我们对人类发展的目光重新回归到个体及其人性上面。这种推崇个人价值和尊严、把重点放在人们的生活质量和社会正义之上的发展观，相比那些以经济发展为唯一评价标准的发展模式，更显示出优越性。但对个人发展的过度重视，使学者们把眼光仅仅局限于人类个体，忽视了人类作为一个类的存在和发展问题。人的发展的根本性和前提性问题似乎并没有进入森和努斯鲍姆的视野。而对这一具有根本性和前提性的问题的研究和思考，才是发展问题研究的重中之重。

三 以全人类的生存为评价标准的发展范式

哲学是时代精神的精华，我们这个时代的主题是发展问题，更确切地说是全球化的进程日益深入所带来的环境污染、资源缺乏、地区发展不平衡等有关人类生死存亡的生存问题。在这样的前提下，发展问题成为所有社会问题中最为基础、最为重要的问题。探寻合理的发展范式是当代人的使命。原因在于，当代人类所面临的已经不是个体在生活质量和自我尊严上的微观问题，而是人类物种能够继续生存和延续的宏观问题。因此，如果把"发展"仅仅看作社会生活的一个重大问题，而不是"重中之重"，发展问题的实质依然不能得到彰显，对于"发展"的前提批判依然不能实现。

发展是人的发展。对发展的研究与对人的研究息息相关。美国学者德尼·古莱（Denis Goulet）认为，发展伦理学的真正问题就是"在一切方式的知识中建立一种架构，着眼于把发展导向最有人性的方向。"② 但是，发展伦理学不是在现有的社会发展理论中添加进人道的希望和价值观就万事俱备。德尼·古莱指出，我们当前的情况是"发展使手段绝对

---

① Martha Nussbaum, *Creating Capabilities: The Human Development Approach*, Cambridge: The Belknap Press of Harvard University Press, 2011, p.33.

② [美] 德尼·古莱:《发展伦理学》，高铦等译，社会科学文献出版社2003年版，第18页。

化，使价值物质化，并产生结构决定论"①。这样的情况是传统的发展模式及其所对应的人道主义思维方式造成的。从根本上说，传统的人道主义是立足于对"人的本质"的前提假定来讨论人类行为的合理性问题。从表面上看来，这是将人性从神性的约束中解放出来，但从根本上说，这仍然是以一种观物的方式在观人。也就是说，从人的本质出发的思维方式实际上是将人看作某种固定了的存在物，并以这种存在物的本性为依据推论人类的行为规范和道德律令。这样的思路在海德格尔看来是"把人之人道放得不够高"②。但正是这样的思路，在"二战"后随着第三次技术革命的到来、全球工业化进程的加快，给人类发展带来了深不可测、难以估量的影响。对人性价值和个体本位的推崇，使人类忘却了作为一个物种的生存利益，而一味追求不断膨胀的个人利益。从这个意义上说，以经济发展为准绳的发展范式同以人的自由理念为准绳的发展范式并没有本质上的区别。我们可以看到，众多的思想家和实践家要么立足于本民族的利益大力发展经济、提高人民生活，要么着眼于全球观念，希望将发展的视角从狭隘的民族社会扩展到世界共同体，从虚拟的共同体利益转移到对个体存在和价值的关注。然而，随着世界历史和全球化的进程不断扩大，如果仍旧在传统思维方式中期望普遍平等、自由和民主的必然实现，人类面临的现实状况及矛盾就仍旧无法得到真正关注和解决。因为，传统范式可能提出的应对方法要么是将世界经济这块蛋糕做得更大一些，以便每个人都可以分到一份；要么是拒绝某些地区和人民拥有分蛋糕的权利以实现少数人的平等。不论哪种方法都是以表面上的平等代替发展的不平衡，因而不可能从根本上解决问题。因此，目前有关发展模式的状况不会因为我们多一些对伦理道德的强调就有所转变。不从根本上改变对人以及人性的理解，就无法实现对发展本身的伦理规范，也无法将发展导向最具人性的方向。

传统价值规范和原理在面对人类发展的新问题时是无效的。基于此，我国发展伦理学和发展哲学研究的先驱刘福森教授提出以全人类的生存为评价标准的发展范式。在他看来，如果不能以类的立场和视角看待发

---

① [美] 德尼·古莱：《发展伦理学》，高铦等译，社会科学文献出版社2003年版，第20页。

② [德] 海德格尔：《路标》，孙周兴译，商务印书馆2000年版，第388页。

展问题，发展问题的重大意义就依然没有彰显，对"发展问题"的反思就仍然停留在"头痛医头，脚痛医脚"的肤浅层面上。新的发展范式首先要立足于对人的环境和条件的充分理解和对人类未来的切实关注，因此它不是从"人的本质"出发，而是从人的现实基础出发，去理解人以及人的生存状况。我们这个时代的现实就是经济、科技的进步造成了环境和生态的破坏，人类面临着越来越严重的生存危机。立足于这样的现实基础，人的本质就不再是通过无止境地追求物质财富以实现自我价值和人生意义，而是确保人类这个物种的可持续发展。正是在这个意义上，我们说发展伦理学是一种新人道主义，因为它改变了人们对人性的理解角度和思维方式，改变了世界观，从而可以从根本上改变发展观。生存是当今人类面对的最大课题。因而人的发展不是如何发展得更好和更快的问题，而是对发展本身进行约束和规范的问题。我们只有立足于人的生存论前提去理解人类共同体何以可能以及人的发展路在何方，才是对发展的一种切实的态度。

生存哲学的思维方式可以为人类发展提供坚实的基础。以人类生存为评价标准的发展范式反对以个人为本位的西方自由主义价值观，倡导对人的存在的应当性的研究。"这种'应当性'是在自然界总体的制约性前提下的应当性，是以保证人类可持续生存为价值论基础的应当性。"[①]以全人类的生存为评价标准的发展范式正是建立在这种生存论基础上的思考，因而它不仅仅是一种有关发展的评价方式，更是我们适应我们这个时代主题的新的哲学思维方式。正如有学者所言，"发展伦理学对资本主义的经济批判继续马克思的道路，确立了新的世界观。让人们重新认识到自然对人类生存的限度"[②]。

当今时代，我们应该清醒地意识到，"人的生存"是全部社会存在和社会历史的第一个前提。马克思说："第一个历史活动就是生产满足这些需要的资料，即生产物质生活本身，而且，这是人们从几千年前直到今天单是为了维持生活就必须每日每时从事的历史活动，即一切历史的基

[①] 刘福森：《西方文明的危机与发展伦理学——发展的合理性研究》，江西教育出版社2005年版，第12页。

[②] 吴宏政：《资本逻辑批判与发展伦理学——评刘福森〈西方文明的危机与发展伦理学〉》，《中国图书评论》2006年第7期，第76页。

本条件。"① 也就是说，生存需求对于人类而言是首要的。当我们对物质利益的追求与满足生存活动的追求发生价值冲突的时候，我们要确保生存价值的优先性。从人类的生存出发，我们在当代对人的理解上，所应关注的就不再是人对自然的优越性以及人类实践的重要性，而是要引导人们重新"认识自己、反省自己、评价自己和约束自己"。传统发展模式所引以为傲的"发展得多，发展得快"在新的条件下就成为一种违背人类发展方向的错误方式，因为它的原则直接导致人类发展更加快速的消亡。这也就表明，为了人类的物种延续和生存而进行的对人类实践行为的反省和约束应当成为当代世界更为切实的主题。这集中表现在我们对人类发展与生存关系的研究。

（原载《学术交流》2012 年第 10 期）

---

① 《马克思恩格斯选集》（第 1 卷），人民出版社 2012 年版，第 158 页。

公民道德建设与高等教育中的道德治理

中共中央、国务院于 2019 年 10 月印发了《新时代公民道德建设实施纲要》（以下简称《新纲要》）并发出通知，要求各地区各部门结合实际认真贯彻落实。我们知道，个体道德品格的养成需要理论和实践的共同作用，涉及个体、家庭、团体和国家，其最终目的就是过"美好生活"。公民道德建设就是在促成这种"美好生活"。高等教育培养的是即将产生重要社会影响力的人才，道德教育和道德治理在高等教育中发挥着重要作用。在高等教育中切实落实《新纲要》，首先需要对其进行理论分析，理解其战略意义和整体规划。在此基础上，我们需要充分了解高等教育中道德教育和治理的相关者，并根据其特征构建系统的落实机制，从而更好地发挥《新纲要》的治理效能。

《新纲要》作为一个道德教育和道德治理的实施纲要，从理论和实践两方面充分体现了党和国家的宏观布局和长远规划。然而，《新纲要》印发以后，虽然在学术界和理论界产生了很大的反响，众多相关文章见诸报端，但对广大人民群众的道德生活所产生的影响还没有马上反映出来。究其原因，可能包括以下几个方面：（1）道德教育和道德治理是一个长期而持续的工作，不可能马上见效；（2）《新纲要》涉及众多理论资源和实践层面，人民群众需要更为细致深入的解读才能弄懂弄透并深入践行；（3）正如《新纲要》中指出的，当前一些不好的社会风气和道德失范现象使得人们对道德建设的敏感度不够[1]；（4）各部门对《新纲要》的可实践性认识不够，还没有形成相应的落实机制。最后一点原因最为重要。没有在"战略任务""迫切需要"和"必然要求"的层面上理解《新纲要》，就无法形成对新时代我国公民道德建设重要性的认识，也就不能形成有效的落实机制，更不用说最终形成个体公民道德与整体社会风尚协

---

[1] 《新时代公民道德建设实施纲要》，人民出版社 2019 年版，第 2—3 页。

同发展的理想状态。学校是公民道德建设的重要阵地，高校作为学校教育的最后出口，更应该在落实公民道德建设中发挥作用。在高等教育中的建立和完善《新纲要》的落实机制，是高校教师、管理人员和广大学生责无旁贷的任务。

一　《新纲要》的战略意义

落实《新纲要》首先要理解它的战略意义和整体规划。《新纲要》关注的是新时代我国公民道德与社会风尚的协同发展机制，是涵养一种包容性强、以社会主义核心价值观为基础的社会文化，是我国当前"伦理道德发展的文化战略"。公民道德与社会风尚的协同作用最终将形成文化自觉。《新纲要》从根本的意义上为我们提供了一种让伦理道德落地生根的制度性环境和文化土壤。《新纲要》提出了新时代公民道德建设的教育举措和治理方略，为公民个体道德的进步和社会风尚的完善提供了理论和实践指导。

为什么我们认为要在战略意义和整体规划的层面上理解《新纲要》呢？这是因为《新纲要》具有以下两个主要特点。

第一个特点是时代性。我们在《新纲要》中很容易发现一个关键词——"新时代"。从马克思主义的历史理论来看，道德的时代性主要表现为"现实的人"的社会性、生成性和条件性的统一。首先，我们要认识到，"现实的人"是在社会中生存着的人。现实的人不是孤立的、与世隔绝的人，而是处于一定社会关系之中的。个人由于他的生存需要以及满足需要的方式而必然发生相互关系。马克思认为，个人之间"不是作为纯粹的我，而是作为处在生产力和需要的一定发展阶段上的个人而发生交往的，同时由于这种交往又决定着生产和需要，所以正是个人相互间的这种私人的个人的关系、他们作为个人的相互关系，创立了——并且每天都在重新创立着——现存的关系"[①]。个人的社会性最能表现人的生存方式的独特性，正如马克思所描述的，"一个人的发展取决于和他直

[①] 《马克思恩格斯全集》（第3卷），人民出版社1960年版，第515页。

接或间接进行交往的其他一切人的发展"①。个人一定是在自己与他人之间的联系中生存的。在这种联系中，个体的道德行为所展现出的差异性、多样性和复杂性都能够得到合理的解释。像古典功利主义那样把人看作聚集或分散的相同个体，把人的幸福看作可以加减和通约的同质性福利，是对人以及人与人之间关系的多样性和复杂性的否定。

其次，"现实的人"是在一定的历史条件下存在的人。不同的历史条件下的人处于不同的生产关系之中，正如马克思所言："以一定的方式进行生产活动的一定的个人，发生一定的社会关系和政治关系。"② 这就表明，人的道德行为与其所处的历史条件息息相关，不同历史条件下的人表现出不同的道德理想和追求。党的十九大报告提出了中国发展新的历史方位——"中国特色社会主义进入了新时代"。这是对我们所处的历史条件所作的恰当而合理的判断。《新纲要》充分肯定了新时代中国人民在思想觉悟、道德水准和文明素养上的进步和提高，肯定了全社会在道德领域呈现出的良好态势，也指出了在国内社会深刻变革、国际形势深刻变化的背景下，道德领域存在的新问题。我们因此能够理解，《新纲要》中对我国公民道德建设的当下情况和面临问题的分析，与2001年党中央颁布的《公民道德建设实施纲要》存在相似之处，但也有明显的差别。

我们还要注意到，"现实的人"是在发展变化着的人。"现实的人"不仅在具体的条件下存在，还具有否定现存条件、进入新的特定条件的生成性。社会性和条件性（或者说现实性和历史性）的统一在个体身上的具体体现就是道德的生成性，表现为个体的道德认知与道德实践的相互促进和不断发展。在这个意义上，公民道德建设所针对的并非"抽象的人"，而是有血有肉、真实存在的个人。以"现实的人"的道德生成为目的，《新纲要》根据新条件下我们所面对的新问题和新要求（比如网络道德问题），指导我们如何做一个时代新人。《新纲要》提出，"要坚持提升道德认知与推动道德实践相结合，尊重人民群众的主体地位，激发人们形成善良的道德意愿、道德情感，培育正确的道德判断和道德责任，提高道德实践能力尤其是自觉实践能力"③。这其实是要求每一个道德主

---

① 《马克思恩格斯全集》（第3卷），人民出版社1960年版，第515页。
② 《马克思恩格斯选集》（第1卷），人民出版社2012年版，第151页。
③ 《新时代公民道德建设实施纲要》，人民出版社2019年版，第5页。

体基于个体能动性建构其德性本质和人格境界。这种个体建构同时服从于并丰富着人们共同认可的伦理秩序。所以,《新纲要》的时代性展现了道德治理能够为公民提供的所有可能途径,是对时代新人的高要求,是对每一个作为道德主体的公民达到知行合一的有力指导。

《新纲要》的第二个特点是系统性。《新纲要》从社会公德、职业道德、家庭美德和个人品德四个方面强调了新时代道德建设的必要性和重要性,展现了一个大格局。《新纲要》要求我们"持续强化教育引导、实践养成、制度保障"①。这是一个系统工程,包含着个体、家庭、行业、社会等不同层面的伦理内容。

要理解道德教育和道德治理的系统性,我们需要重点分析"实践智慧"(phronesis 或者 practical wisdom)这一概念。古希腊哲学家亚里士多德认为,人的活动之所以与动物和植物的活动不同,正是由于人的"有罗格斯的部分的实践的活动"②。一个人是什么样的人就取决这个人如何实现他的这一部分的生命活动,"人的善就是灵魂的合德性的实现活动。"③ 人常常会受情感和偏好的驱使,做出非理性的选择,因此一些亡命之徒或者狡诈的罪犯如果具备诸如勇敢、机智这样的"自然德性"反而更糟糕。"实践智慧"(亦称明智)正是使人在适当的情境下做适当的事情从而获得完满德性的途径。亚里士多德以"实践智慧"沟通人的理性部分和非理性部分,因此"实践智慧"一部分来自于生活经验,一部分来自于行动者的真正的理性,也就是他们具有的识别能力。正是以上两点的协同作用,使人能够"活得好"。

中国传统的儒家文化同样重视"实践智慧"。有西方学者认为,中国有文化无哲学,或者说中国哲学中产生不了理论反思。其实不然,同样作为一种美德伦理,儒家文化其实是将理论和生活经验交织在一起并保持了理论与实践之间真实的张力。我们都知道,儒家伦理关注的中心是人性,因此,儒家要解决的主要问题是如何在天所彰显的方式的感染下成就一个好人。这个任务是通过内外两个方面完成的:"仁"是一个人的

---

① 《新时代公民道德建设实施纲要》,人民出版社 2019 年版,第 4 页。
② [古希腊]亚里士多德:《尼各马可伦理学》,廖申白译注,商务印书馆 2003 年版,第 19 页。
③ [古希腊]亚里士多德:《尼各马可伦理学》,廖申白译注,商务印书馆 2003 年版,第 20 页。

内在教化和完善，"礼"是外在的规范和制度。"仁"和"礼"共同构成人性培养的要素。也就是说，"仁"的内在历练与"礼"的外在影响相互契合，成就了个体对自身的培育，以及个体与个体之间、个体与社会之间的和谐关系。正是在仁和礼的相互作用中，我们可以发现儒家文化对个体有更高的要求，赋予他们更大的责任。需要特别加以明确的是，中国伦理传统（特别是儒家伦理）与康德道德哲学重视个体自律和自由不同，前者所追求的是关系性的价值观（relational values）。正是在关系之中，人的多样性和实践事务的复杂性获得了足够的尊重并发挥出其重要价值和作用，正如黄百锐（David Wong）在《斯坦福哲学百科全书》里关于"中国伦理学"的词条中谈道，"中国伦理思想的传统主要关注个体应当如何生活的问题，但这个主题却常常表现为个人的、政治的和社会的事务的相互交织"①。

亚里士多德和儒家的伦理理论都是一种美德伦理和关系伦理，通过人的"实践智慧"的不断提升，使人在实践中、在与他人的交往中形成行为习惯，将有德性的品格固定在人身上。实践智慧将个体的道德修炼与社会的伦理环境统合起来，单纯的个体性的道德修养与单纯的社会规范的制约都无法让我们成为一个好人。中国人从前辈那里继承下来的一个民族性格是善于反思常识，"人们力图在常识中悟出道理，从而又以这种高于常识的道理，指导常识。这就使中国人独具特色的生活智慧"②。正是在这个意义上，我们可以说中国人的"实践智慧"实现了理论与经验的完美统一。公民道德建设正是需要建构个体自律与社会伦理和谐发展的价值体系。《新纲要》指出，我们要"坚持以社会主义核心价值观为引领，将国家、社会、个人层面的价值要求贯穿到道德建设各方面，以主流价值构建道德规范、强化道德认同、指引道德实践，引导人们明大德、守公德、严私德"③。建构这样的价值体系是我们每一个人的责任。

从时代性和系统性这两个特点我们能够看出，《新纲要》是为当下中国人提供了一个过"好生活"的行动指南。在人类文明史上，通过道德

---

① David Wong, "Chinese Ethics", *Stanford Encyclopedia of Philosophy*, https：//plato.stanford.edu/entries/ethics-chinese/, 2008-01-10/2020-02-10.
② 孙利天：《让马克思主义哲学说中国话》，武汉大学出版社2010年版，第370页。
③ 《新时代公民道德建设实施纲要》，人民出版社2019年版，第4页。

培育和道德治理为人类个体寻求"好生活"（good life）是一条公认的道路。无论是古希腊的苏格拉底、柏拉图、亚里士多德，还是中国传统儒家的孔子、孟子、荀子，都试图为我们提供一种实践指导，使我们具有丰满而完善的德性，成为一个好人，过上"好生活"。"好生活"与人民幸福息息相关。幸福是一个内涵丰富的概念，包含不同的状态。仅从人民富足、生活安定的事实和后果的角度，幸福（prosperity）是拥有"善物或益品"；若从尼采道德哲学的意义上来理解，幸福（flourishing）是活得好，生命力丰沛；在快乐主义者看来，幸福（happiness）是个体主观上感受到的快乐。但真正意义的幸福，或者说对人而言的值得追求和拥有的幸福（eudaimonia），应该是在活得好的状态中行为良好[①]。十九大报告中指出，中国特色社会主义进入新时代，我国社会主要矛盾已经转化为人民日益增长的美好生活需要和不平衡不充分的发展之间的矛盾。人民对美好生活的需要，正是对真正意义上的人的幸福的追求。

《新纲要》从文化战略的意义上，以时代性和系统性为立脚点、以"实践智慧"为关键词探讨中国人的美好生活，关注文化的多样性、民族的多样性以及人的多样性，使其受到保护和约束并保持平衡。文化不仅自身具有价值，它更是人们进行选择的载体，是人们获得身份认同和归属感的背景。文化的本质是对一种道德价值观的承诺，在力量绵长却更具包容力的空间中为"社会共同体"的成员提供了确认自己、实现自己的平台。在这样的共同体中，公民个体作为道德主体践行道德自律，社会风尚作为公序良俗承载着公共道德价值和个体之间相互责任与关切。

二 高校道德教育和道德治理的相关者

基于上述解读，我们要讨论如何在高等教育中切实落实《新纲要》，需要切实了解和熟悉新时代"高校共同体"的内在机理和价值基础，了解和熟悉我们进行道德教育和道德治理的相关者（包括高校教师、高校学生、教辅人员和管理人员等）的道德状况和心理状况。这些相关者的

[①] Rosalind Hursthouse & Glen Pettigrove, "Virtue Ethics", Stanford Encyclopedia of Philosophy, https://plato.stanford.edu/entries/ethics-virtue/, 2003-07-18/2020-02-10.

道德自律和相互影响构成了新时代的"高校伦理共同体"。从经验和理论上了解和分析他们的状况（特别是思想状况）是在高校落实《新纲要》的基本前提。

目前的在校大学生已经有不少是"00后"。这些年轻人基本没有经历过物质匮乏，幼年有过早教经历，童年学过诸多艺术特长，成长过程深受网络影响。他们在某些方面的见识和能力有可能超过了他们的老师。他们通过网络可以获取他们想要的大多数知识。这样一群人，如何面对学习、生活以及与人交往过程中的伦理问题？如何践行社会主义核心价值观？要回答这些问题，我们需要对新时代大学生的道德状况做深入地调查，根据大数据和案例分析总结当代大学生的特征，结合他们的年龄、思想、心力和情感特征有针对性地开展道德教育。

"高校共同体"的另外一个重要相关者是教师。随着一些师德师风失范事件被媒体和网络曝光，社会上对高校教师群体的评价开始走低。党和国家也出台了一系列加强师德师风建设的相关文件，强调立德树人的重要性。特别是2019年11月教育部等七部门联合印发的《关于加强和改进新时代师德师风建设的意见》，为教育系统贯彻落实《新纲要》提供了直接指导。立德树人是一种更加宽泛意义的道德教育，师德师风建设不仅涉及教师的自我修养，更涉及社会伦理风尚对教师的影响。因此，对高校教师群体生存状况、思想状况和工作环境的调查研究十分必要，有助于我们更好落实师德师风建设。

我们不仅要从经验上调研和了解高校道德教育和道德治理的相关者，还要从理论上分析和理解新时代"高校道德共同体"得以确立的价值基础。这涉及以下两个主要问题。

第一个问题是如何确立"高校伦理共同体"的价值追求，确立带有高校自身特色的校园文化。一个共同体的价值追求和特定文化的形成，不能采取直接教授的方式，而是培养和熏陶出来的。没有谁可以给所有人提供一套道德原理或准则，教会人们怎样做一个好人，过上好生活。伦理（ethics）和道德（morality）这两个分别来自希腊语和拉丁语的术语在语源学上是意义相同的[1]。但随着近代哲学意识的主体性的觉醒，道德

---

[1] Theodore Denise, Sheldon Peterfreund & Nicholas White, *Great Traditions in Ethics*, Belmont, CA: Wadworth Publishing Company, 1999, p. 5.

与伦理显示出差别。在黑格尔看来，道德主要与"应当"相联系，展开于良心等形式中，而伦理则涉及家庭、市民社会、国家等社会结构。① 也就是说，道德在很大程度上是个人的，反思的，理性的；它基于个人对自我意识的自治，基于个人的信念和良心。而伦理指的是一种社会风尚，受到自然习惯和传统的制约，它的基础是与客观规律相一致的风俗习惯。我们区分伦理与道德，不是说有伦理制约个体就可以不用道德自律，或者有道德自律就可以不受任何外在规范的约束。个体道德与社会伦理只有在文化的框架内、在价值观的意义上结合在一起的，才能形成完美的"伦理共同体"。在"高校伦理共同体"中，每一个成员自觉地维护共同体的声誉和价值传统，而共同体也为每一个成员提供了良好的价值观影响和交往氛围。

第二个更为具体的理论问题是如何理解科学道德和科技伦理。"高校共同体"的主体——教师和学生，是正在和即将从事科学研究的人。对于科学与道德的关系、科学家的责任与担当都需要有清晰的认识。科学与道德分属于两个不同的领域，存在本质的区别。在《人性论》中，休谟提出"是—应该"问题。他发现在道德学体系中，"遇到的不再是命题中通常的'是'与'不是'这类联系词，而是没有一个命题不是由一个'应该'或一个'不应该'联系起来的。"② 也就是说，道德命题即价值命题表达"应该"或"不应该"，而科学命题即事实命题表达的"是"或"不是"。具体来说，道德认识和科学认识反映了两种不同的关系——前者关照人与自然之间的关系，后者关照人与人之间的关系；事实命题和道德命题提供了不同的判断角度——前者是从客体出发进行的真或假的描述，后者是从主体出发进行的对或错的评价。总起来说，道德关注的是价值，科学关注的是事实，两者分属不同领域。但科学和道德都是为了人类更好地生存与发展而存在着，它们统一于"人"。科学与道德的互补才能发挥它们使人类幸福的功能。"（科学和道德）与每一个人的命运都息息相关。因此，我们每个人都应该自觉地关注它们的发展及其趋势"③ 越来越多的事例表明，现代科学技术是一把双刃剑，它为人类带来

---

① ［德］黑格尔：《法哲学原理》，范扬、张企泰译，商务印书馆1961，第41—43页。
② ［英］休谟：《人性论》（下），关文运译，商务印书馆1997年版，第509页。
③ 杨通进、张业清：《科学与道德》，山西教育出版社1992年版，第17页。

的好处与其具有的可能的摧毁性同时存在。我们需要对人类的这一实践领域有所反省，以适合时代的新的价值原则引导人们重新认识科学，评价科学，规范科学研究。高校道德教育的一个根本课题就是教人"明智"地使用科学技术，懂得规范和约束科学技术的发展方向。只有正确的"实践智慧"的引导和制约，科学才能成为助人幸福的有力工具。

三 在高等教育中落实《新纲要》的建议和对策

在高等教育中形成《新纲要》的落实机制，最终目的是构建和谐向上、高尚团结的"学校共同体"。基于此，笔者提出下列建议和对策。

首先，在高校思政课程与课程思政的相互促进中培养时代新人。通过调研我们发现，尽管广大思政课教师在改进教学方式、增强教学效果方面做了大量工作，还是有相当多的大学生们对思政课不够重视。思政课的主要目的就是让学生接受道德教育和价值观教育。我们除了通过各种途径提高学生对思政课堂的参与，引起学生的学习兴趣，讲好生动的思政课，更应该将思政课和专业课在课程体系的层面结合起来，形成一个系统。在专业课中进行的课程思政极为重要。课程思政强调的是"在传授课程知识的基础上引导学生将所学到的知识和技能转化为内在德性和素养，注重将学生个人发展与社会发展、国家发展结合起来，帮助学生在创造社会价值过程中明确自身价值和社会定位"[1]。这是一个育人的大方向，关注的是"培养什么人、怎样培养人、为谁培养人"这样的根本问题。但从切实的落脚点看，我们在专业课的讲授过程中，更应该有意识地引导学生了解学术研究规范，自觉地遵循学术规范，养成良好的学术习惯；也应该有意识地引导学生思考自己的专业特点，认识专业研究中的伦理难题，并为他们提供相应的理论支持，激发他们作为道德主体的主动性。这些对于我们培养新时代的优秀人才都具有重要的作用。

其次，在本科教育与研究生教育的贯通协调之中实现长远的道德教育规划。目前大多数高校更强调和重视对研究生的科学道德教育和学风

---

[1] 许涛：《构建课程思政的育人大格局》，《光明日报》2019年10月18日第15版。

建设。这也许是由于本科生并没有完全形成独立从事科学研究的能力，不会涉及学术不端问题。然而从育人的大格局来看，我们在学生从事专业学习的开端处，就应该通过广义的道德教育和专门的职业伦理教育启蒙和激发他们对科学道德和科技伦理的思考，使学生能够在未来的科学研究中真正践行这些价值原则。康德在《道德形而上学的奠基》中说："在道德领域里，人类理性甚至是在最普通的知性那里也能够轻而易举地达到重大的正确性和详尽性。"[1]只要给予适当的启蒙和引导，任何有理性的存在者都能够理解并运其实践理性。本科教育与研究生在道德教育中的贯通协调能够持续地为学生提供道德教育的营养，不断提高学生的道德认知能力，使他们能够深入思考他们所面对的现实问题。道德教育想要落到实处，无论对于本科生还是研究生，都应该是个体的自主性与社会的伦理规范的真实结合。每一个个体之所以要为自己的行为负道德责任，就在于他/她具有能动性，是一个行为主体，能够实现康德所倡导的"自由与必然的统一"。对于科学研究规范的认识与对个体行为的慎重选择是一个科研工作者进行道德实践的两个基本前提，能够保证其实现从他律到自律。

再次，在导师与学生的相互成就中形成和谐的"学校共同体"氛围。道德教育要想真正发挥作用，需要依赖某些中介和载体，即正式或非正式的群体。对于高校来说，这些群体可以是班级、系所、因一门课程而聚集起来的师生群体等等。我们常常看到一个班级班风好，这个班就会在未来产生出很多优秀的人才。一个院系风气正，这个地方就会产出更多优秀的学术成果和大师级人物。在高校中最为典型和特殊的非正式群体就是师门。师门作为一个非正式的社会组织可以满足成员的情感需求，规范成员的行为，并通过导师引领成员的发展。师门的形成和完善是每个成员对其成员身份的珍视，是导师与学生相互促进的结果。导师是人不是神，一定会有不完善的地方。正是与学生的工作交往和日常交往中道德反思和道德实践，成就了导师的自我完善和自我提升，让他从事实上的"为人师"转化为价值上的"为人师表"；而学生在这个过程中同样也实现了对个体道德与共同体伦理的统一性认识。树立某些师门典型，

---

[1] [德] 康德：《道德形而上学的奠基》，李秋零译注，中国人民大学出版社 2013 年版，第 6 页。

加强对师生共同体的监督，提升师门对研究者个体的道德影响力，将最终从整体上促进学校道德共同体的形成和发展，更加有利于道德教育的开展。良好的校风会使每一个身在其中的成员受到影响和鼓舞。

最后，在道德理论与道德实践的相互激发中实现道德教育的提升。这一点其实体现在上面三点之中。伦理治理最终指向实践和行动。真正的道德培育是在理论和实践的相互激发中不断完善的。高等教育中道德理论与道德实践的相互激发可以从以下三个方面开展。

（1）高校的伦理道德教育需要各个学科的协同作用。在大学的课程体系中，各个学科都应该设有与该学科相关的职业道德教育课程，也应该鼓励学生多选修与伦理道德相关的人文通识课程。很多大学的现状是：从事职业伦理和应用伦理学教学的教师（特别是理工科专业的教师）并不通晓伦理学基础理论，教学中存在"案例多，理论少"的现象；而在人文和社科领域从事相关教学的老师则存在"理论多，案例少"的现象。因此，各个学科从事应用伦理和职业伦理教学工作的老师迫切地需要更多地互相培训和交流，将理论伦理学和实践伦理学有机地结合起来，将广义的道德教育与学风建设和职业道德教育有机地结合起来。

（2）高校需要建立各级科学伦理委员会，完善科研伦理审查制度。高校教师不仅要从事教学还要从事科研；他们不仅要引导和教育学生遵守学术研究规范和科技伦理原则，自己也要面对这些问题。一种合理而有效的解决方式就是成立各级伦理审查委员会，把科技伦理原则转化为具体的科技伦理规范，使其切实有效地发挥作用。道德科学伦理委员会和科研伦理审查制度需要科学家、伦理学家、法学家、社会学家以及非所属机构的社会人士等共同合作建立，从而对科学研究起到监督和约束作用。自然科学需要伦理审查，哲学社会科学研究也需要伦理审查。比如，人类学的访谈涉及个人隐私，在转变成学术成果发表以前是否应该经过伦理委员会的同意？成立各级科研伦理委员会、建立完善的伦理审查制度已经成为当务之急。伦理审查制度是以伦理治理的方式确立科学家的责任和担当。我们需要改变"一切人类科学实践都是天然合理"的传统价值观，认真思考"人有能力做"与"人应当做"之间的关系，在道德上更多地关注行为的长远和未来责任。这样一种责任伦理是一种有关责任的预防性和前瞻性的考虑。人类社会的发展不是泥塑，不成功了可以重新来过。事后责任伦理无法应对现代科学研究的负面效应和潜在危险。没有对这一领域人类实践的评估、规范和约束，人类的生存将受到严重威胁。

（3）对存在理论真空和伦理两难的领域需要开展多学科和跨学科研究。随着现代科学技术的发展，人类开始不断面对未知领域，其中产生的伦理问题也是人类历史上从未遇到过的。人工智能伦理、网络伦理、大数据伦理等领域，就是一些新兴领域，需要多学科、多部门加强合作，共同推进其发展。人工智能技术是模拟、延伸和扩展人的智能的技术，极富挑战性。很多人看到人工智能技术的一些进展甚至感到惊恐，认为人类自己创造的技术产品最后会成为人类的敌人。有学者认为，我们应该克服关于人工智能方面的伦理恐慌，为人工智能研究提供充分的伦理空间。① 如果人们对人工智能的基本原理不甚了解，甚至没有达到科普水平，自然会依据自己的常识进行联想，产生伦理恐慌。因此，对新兴科学领域的伦理问题研究需要跨学科的合作和攻关，从而有效地解决懂伦理理论的不懂科学，懂科学的不了解伦理理论的问题。

总之，高校道德教育的目标不仅仅是保证学生不违反学术道德，教师不违反师德师风，我们更大的目标应该是建立"高校伦理共同体"，保证其中每一个成员对新时代美好生活的追求。这种追求体现在个体身上，是从好学生、好的从业者（好老师）到好公民、好人的不断自我完善；体现在群体上，就是整个社会的公民个体道德、社会伦理风尚与相应的社会文化涵养的协同发展。在这个过程中，学习《新纲要》，遵循《新纲要》，形成系统的《新纲要》落实机制，才能更好地把《新纲要》体现的制度优势转化为治理效能，更好地培养以实践性的高尚道德人格为理想的新时代好公民。

作为一个在高校从事伦理学教学和研究的理论工作者，我对有关党中央"社会主义核心价值体系建设"的思想方针尤为关注，因为这不仅为我们伦理学工作者今后的理论研究指明了方向和任务，也为我们提出了如何在教学过程中促进大学生核心价值观培养的新课题。"建设社会主义核心价值观体系建设，增强社会主义意识形态的吸引力和凝聚力"这一指导方针具有重要价值和意义。

首先，我们需要在理论上坚持马克思主义的指导。这种坚持不是对

---

① 潘玥斐：《深入推进人工智能伦理研究》，《中国社会科学报》2019年10月30日第2版。

某种僵化不变的教条的顶礼膜拜，而是"大力推进理论创新，不断赋予当代中国马克思主义鲜明的实践特色、民族特色、时代特色"。这就是新时代坚持马克思主义的正确方针。正如著名学者张一兵指出的那样，对于马克思主义而言，改造世界的冲动和科学方法的旨趣是它与其他一切传统哲学存在的重要差别。[①] 马克思主义的理论性质决定了它是开放的、与现实联系紧密的、并且充满了自我批评精神。中国的马克思主义理论研究在过去的一个世纪里取得了丰硕的成果。这样的成果是建立在对马克思主义理论的真实理解、对中国社会主义革命和实践的真实感受以及对中国传统文化的真正继承的基础上的。特别可喜的是，自20世纪90年代以来，中国的马克思主义研究已经进入了一个全新的时期：大部分学者已经完全摆脱了苏联教科书思维模式的影响；掌握了西方马克思主义研究的脉络和发展状况；最重要的是，中国的马克思主义理论家们开始了自身具有鲜明民族特色的独立思考，形成了众多"马克思主义中国化的理论成果"。在这些成果的基础上，我们完全有理由认为，在新的形势下，以有中国特色的马克思主义理论武装全党、教育人民，一定会更加有效地促进社会主义核心价值体系的建设，从而从根本上实现"建设和谐文化、巩固社会思想道德基础"的历史任务。

其次，在实践中积极发展和完善社会主义核心价值体系。马克思主义理论自身的发展固然重要，更重要的是将新的理论成果应用于实践，不断发展和完善社会主义核心价值体系。应该说，社会主义核心价值体系是一个多层次的、包含丰富内容的价值观整体，其中表达的核心价值能够体现当代中国最鲜明、最有代表性的价值追求和价值判断。根据党的十七大报告，我们可以把社会主义核心价值总结为：人本、公正、仁爱、和谐和共享五个层面。这些价值所体现的普世性、时代性、崇高性、政治性和民族性完全概括了当今中国社会的精神风貌。而且，社会主义核心价值体系的不断发展和完善也必将对社会主义文化整体的和谐进步起到巨大的推动作用。因此，我们理论工作者的任务就是在中国化的马克思主义理论指导下，深刻理解社会主义核心价值体系，凝练、概括社会主义核心价值理念，不断探索理论联系实际的方法途径，使社会主义

[①] 张一兵、胡大平：《西方马克思主义哲学的历史逻辑》，南京大学出版社2003年版，第5页。

核心价值观能够深入人心，成为指导社会成员价值选择和行为取向的基本尺度，成为凝聚社会成员思想的精神旗帜，成为渗透于社会生活各个领域的思想共识。

具体到高校学生的核心价值观培养问题，包括两个方面。一方面，教师要不断提高自身理论素质和人格修养。教师不仅需要具有高深的理论水平，也需要具有高尚的道德情操。只有这样，才可以在专业上引领学生进入智慧的殿堂，同时用人格魅力影响和感染学生。近年来，党和政府一直倡导"繁荣发展哲学社会科学，推进学科体系、学术观点、科研方法创新，鼓励哲学社会科学界为党和人民事业发挥思想库作用，推动我国哲学社会科学优秀成果和优秀人才走向世界"。这样的政策对哲学社会科学工作者来说是千载难逢的好机会。我想这也是为什么自2000年以来，哲学界，尤其是马克思主义哲学界思想活跃、高水平理论成果迭出的原因所在。因此，我们每一个理论工作者都应该抓住机遇，迎接挑战，不断创新。这就需要我们首先熟悉和了解学界的新观念、新方法和新理论，并在这些成果的基础上结合社会实践深入思考，提出个人的独到见解，从而为不断丰富和发展马克思主义理论和社会主义核心价值观理论作出贡献。

著名哲学家高清海先生常说："为学做人，其道一也。"理论水平的提升会促进个人理想和人生观境界的提升，思想境界的升华同样也会开拓理论视野和思想视界。从一般地意义上说，一个有着深厚理论水平和高尚人格修养的人，在日常生活和人际关系中也能够更好地解决问题，避免争端。因此，提高理论水平，尤其是加强对马克思主义理论和社会主义核心价值体系的理解对于任何一个社会成员都是大有裨益的。这也是为什么党的十七大报告中提出要"切实把社会主义核心价值体系融入国民教育和精神文明建设全过程，转化为人民的自觉追求"的主要原因。

另一方面，在实践中加强对大学生核心价值观的培养。对高校教师来说，提升自己的理论水平和人格修养固然重要，更重要的是在教书的过程中实现育人。这也就是要通过课堂教育和课下交流，对大学生的世界观、人生观和价值观确立提供帮助。课堂教育是重中之重。教师在课堂上可以采取灵活多变的授课方式，通过生动有趣的讲解，介绍中国马克思主义理论研究的现状，宣传社会主义核心价值体系。最重要的是，课堂教学不应该是简单地照本宣科、照抄本本，不应该使马克思主义理论课教学简单化、教条化和僵化，而应结合学生实际理论水平和理论兴趣，有针对性地、有计划地启发和引导，从而切实地推动马克思主义理论大众化。除了课堂教学，在课外辅导和日常与学生的交流过程中也可以发挥教师的理论水平和人格魅力实现对大学生价值观的培养，比如给他们介绍思想价值高的阅读材料，引导他们学习为社会作出突出贡献的典型人物事迹，帮助他们解决日常生活中遇到的思想难题等等。青年是祖国的未来和希望，列宁在《共青团的任务》中就曾经提出进行社会建设的任务正是要由青年来负担。[①] 而要完成这样的任务，青年首先需要学习——学习马克思主义理论，学习树立社会主义核心价值观，学习社会主义荣辱观，学习爱国主义和集体主义，学习如何做一个合格的社会成员。因此，对于承担培养、教育和训练现代青年任务的高校教师来说，我们所需要做的就是不断地完善自身，认真负责地教书育人。

总之，作为一个高校教师，我们要在科研上不断提高理论水平，在道德修养上严格要求自己，在教学中勤勤恳恳，兢兢业业，为社会主义核心价值体系建设做出自己的贡献。俗话说，知易行难。建设社会主义核心价值体系，需要全体社会成员长期的坚持，不懈的奋斗和自觉的维护。相信在中国共产党的领导下，在马克思主义理论的指导下，在全社会成员的共同努力下，社会主义中国一定会形成更加和谐、安宁的社会环境和文化氛围。

[原载《广西大学学报》（哲学社会科学版）2020 年第 3 期]

---

① 《列宁选集》（第 4 卷），人民出版社 1972 年版，第 344 页。

可持续发展的伦理承诺

——发展伦理学述评

几年前，我国学者刘福森教授首次提出了"发展伦理"概念，并对其对象、理论性质等问题作了初步的探讨，试图把它作为一个新的应用伦理学科进行研究[①]。应该说，这一理论的提出，无论是对于社会发展理论的研究来说，还是对于当今的人类社会发展实践来说，都具有不可忽视的重要意义。本文只想就这一理论提出的理论意义谈一点看法。

一 悬崖边上的思考：发展伦理学提出的实践意义

"发展伦理"概念的提出，反映了我们这个时代人类面对的主要问题，并为我们解决这些问题提供了一个伦理的思路，因而具有时代的特征。

我们现在人类所采取的发展模式，基本上是近代工业文明延续下来的发展模式。这种发展模式对于推动科学技术的发展和经济的增长，无疑具有别的发展模式所无法比拟的优越性，它取得的成就也是有目共睹的。然而，这种发展模式自身也具有难以克服的弊病，它造成的不良后果也同样是有目共睹的。当代人类面对的各种困境和危机，诸如生态危机、环境危机、资源危机，正是这些弊病发作的结果。现在，我们是站在悬崖边上毫无忧虑地欢庆我们的"伟大"的胜利，很难使人们相信我们现在已经面临着巨大的危险：稍不留神，我们就很可能就会掉下去摔

[①] 参见刘福森、孙忠梅《发展伦理学：社会发展实践的迫切需要》，《哲学动态》1995年第11期。

得粉身碎骨。严峻的现实告诉我们,对传统发展模式的反省、评价和规范是当前摆在我们人类面前的一项迫在眉睫的任务,是时代赋予我们的历史责任。发展伦理学理论正是在这种情势下适应我们时代的需要提出来的。这是悬崖边上的冷静思考,它为我们对社会发展本身的反思、评价和规范提供了伦理根据。

现在人类面临的各种危机实际上都是工业文明发展模式本身的危机,说到底是工业文明"意义"上的危机,即价值危机。传统发展模式的一个基本特征,就是对自身缺乏反省、评价和规范。正如美国学者威利斯·哈曼(Willis Harman)博士所说:"我们唯一最严重的危机主要是工业社会意义上的危机。我们在解决'如何'一类的问题方面相当成功,但与此同时,我们对'为什么'这种具有价值含义的问题,越来越变得糊涂起来,越来越多的人意识到谁也不明白什么是值得做的。我们的发展速度越来越快,但我们却迷失了方向。"①

传统的发展观所关心的,只是"如何发展"(即如何发展得更快),而对于"应当怎样发展"(即对于人来说什么样的发展才是好的发展)却毫不关心。在传统的发展观看来,"发展本身是天然合理的",只要是发展就是好的,发展比不发展好,发展得快比发展得慢好,没有不好的发展。因而对发展本身是不可评价、也没有必要评价的。因此,旧的发展理论只有为了"发展得更快"而进行的"技术理性"的规范(如各种技术操作规则),这种规范是依据经济增长和技术发展的客观规律所做的规范,因而它是技术和经济增长不可缺少的手段,却没有以人本身的可持续生存和发展为价值尺度的伦理规范。这种无反省、无节制无伦理规范的发展的结果,就是那种以浪费资源和污染环境为代价的不可持续的发展模式的形成。"发展伦理学"理论所要解决的,正是工业社会发展模式的这一根本的弊病,它为实现人类社会的可持续的发展实践提供了一种伦理的支持。这正是发展伦理学理论提出的实践意义之所在。

---

① [波兰]维克多·奥辛廷斯基:《未来启示录:苏美思想家谈未来》,徐元译,上海译文出版社1988年版,第193页。

二 发展观的发展：对可持续发展的伦理支持

提出发展伦理学的最主要的理论意义，就是它为可持续发展理论提供了伦理的支持。传统伦理学的理论性质决定了它不能起到这一作用。

发展伦理学同传统伦理学的区别主要有以下四点：第一，传统伦理学的目的是通过调节人们之间的社会关系、解决人们之间的权利和义务的平衡来保证该社会的秩序的稳定，它丝毫不涉及人和自然界的关系。在这种伦理学看来，人和自然界之间不存在伦理问题。只要对经济的增长有好处，人们无论如何对待自然界都是不违反伦理原则的，而发展伦理学则吸收了当代的生态伦理学的合理因素，把伦理的适应范围扩大到人同自然界的关系。它所要解决的主要任务之一，就是人类对待自然界的伦理问题。为了全人类及其社会的可持续生存和发展，我们不应当无节制地对自然界施以暴力，而应当对自然界生态系统的稳定平衡采取保护的态度。在这个意义上说，人类如何对待自然界也存在伦理问题。第二，传统伦理学对人的实践能力缺乏评价和规范。在它看来，人类只要"有能力做"，无论怎样对待自然界都是合乎伦理的。即"能够做的就是应该做的"。但发展伦理学的一个基本的伦理原则，就是"人类有能力做的，并不一定是应当做的"，它的一个基本任务，就是以全人类的可持续生存和发展的利益为尺度，对人类的实践能力和行为进行评价和规范。在人类的生产技术能力已经发展到能够毁灭整个地球、因而能够毁灭人类自身的条件下，反思和规范人的实践、技术能力和发展本身，就成了伦理学必须关注的一个伦理问题。第三，传统伦理学仅仅是"完全针对个人道德义务的伦理学"，而发展伦理学不仅是规范个人行为的伦理，而且是规范民族、国家等社会共同体的行为的伦理，它特别关注的是对全人类的发展实践行为的评价和规范问题，即对人类社会的总体发展模式的评价和规范问题。第四，传统伦理学仅仅涉及本时代人们之间的伦理关系，而发展伦理学则把伦理关系扩展到不同时代之间——当代人同他们的子孙后代之间的伦理关系。人们对他们的子孙后代负有道德责任。人们在实现他们自己的利益时，不应当损害子孙后代的利益。以上四个问题，都是传统伦理学不想解决、也解决不了的问题。因此，可持续发展观是缺乏伦理支持的，而发展伦理学提出的理论意义，正在于它为可持续发展提供了伦理的支持。

当然，由西方学者提出的"生态伦理学"，在实践上也客观地起到了规范人的能力和行为以及保护生态环境的作用，但是，在理论上，它也不能为可持续发展提供伦理的根据。所谓生态学的方法，即"认识到一切有生命的物体都是整体中的一个部分"的方法，"它克服了从个体出发的、孤立的思考方法"[①]。因此，如果对人与自然界关系的研究仅仅立足于生态学的解释原则，那么，就必然得出下面的结论：人仅仅是自然界的一个部分，仅仅是自然界的"普通一员"。自然中心主义生态伦理学的理论根据，正是生态学的这一解释原则。虽然它也强调人类必须保护自然的伦理原则，但它把自然界的"内在价值"、"自然界的权利"和"自然界的利益"看成是人类保护自然的伦理行为的唯一根据，而与人类的可持续生存和发展的利益无关。也就是说，生态伦理学的理论根据仅仅是生态（自然）原理，它完全排除了人的（人道的）原理。因此，尽管这种伦理学在实践上对于保护环境有积极的意义，但在理论上却无法为可持续发展观提供伦理的支持。这种发展观同工业社会的旧发展观一样，都是建立在对人与自然关系的片面理解基础上的。人与自然界的全面关系包括下述两个方面：第一，从存在论的意义来看，自然界是人类的母亲，人是自然的儿子，是自然界的一个部分，人类的实践行为必须服从自然的（生态的）规律；第二，从实践论的意义上说，人是一种不同于一般自然物的极其特殊的存在，即实践的存在，主体的存在。人类只有通过对自然界的能动改造才能生存。旧的（工业文明的）发展观仅仅看到了人与自然关系的第二个方面，不顾自然界整体的动态平衡的规律性，为了满足无限制的物质欲求毫无节制地向自然界索取；而生态伦理学则完全立足于自然中心主义的立场，仅仅看到了人与自然关系的第一个方面，否定人的主体性，把人仅仅说成是"自然界的普通一员"。发展伦理学则把人与自然之间关系的上述两个方面的有机统一作为最高的原则。它承认：人是不同于普通动物的主体，实践性是人类的本质特性，人只有通过对自然界的改造才能生存。但是，它又承认，生态系统的动态平衡，是人类生命的支持系统，因而是不能随意破坏的。把上述两个方面统一起来，就得出下面的结论：为了生存和发展，人类必须改造自然；

---

① ［德］汉斯·萨克塞：《生态哲学》，文韬译，东方出版社1991年版，第1—2页。

但要求我们对自然界的改造必须是有节制的、有规范的，即我们对自然界的改造活动必须限制在保证自然界生态系统稳定平衡（自然生态阈）的限度以内。自然界整体生态系统的稳定平衡，是人类实践活动的绝对限度。这样，发展伦理学即承认了生态学的解释原则对人类的可持续生存和发展的积极意义，也承认了合理的有节制、有规范的人类实践的积极意义。因此，发展伦理就成了可持续发展理论的一个部分，发展伦理观就成了可持续发展观的伦理观。

三　发展的伦理承诺：发展伦理学的终极原理

发展伦理学提出的理论意义，还在于它从全人类的可持续生存和发展的需要出发重新确立了价值尺度和伦理原则。"可持续发展"概念正是针对工业社会的"不可持续"的发展模式提出来的，它首先要解决的问题就是"发展的目的"这个价值论的问题和"发展的规范"这个伦理的问题。它是一种在明确的未来价值目标导引下，自我选择发展道路、自我设计发展模式、自我调控发展秩序，自我规范发展行为的自觉的发展，其中不仅包括法律的和技术理性的评价和规范，而且包括以人为中心的、以发展的可持续性为价值尺度的伦理规范，这正是发展伦理学的内容和任务。发展伦理学正是要对发展本身作出善恶评价和规范，以确保发展的方向。发展伦理学的最高理论原则包括以下内容：

（1）"全人类的利益高于一切"

工业社会是以个体为本位的社会，个人利益被看成是最高的利益。每个人追求的都是个人利益，而不管是否会损害社会利益和人类利益。这就必然造成局部利益（个人、集体、国家利益）同人类整体利益的冲突，即为了局部的经济利益而牺牲全人类整体的生存利益（对环境的破坏）的现状。"天塌大家死"，现在仍然是人们处理局部与人类整体关系的基本原则。因此，如何正确处理个人（民族、国家）与类之间的伦理关系，已成为我们面临的严峻问题。发展伦理学把全人类的利益看成是最高的利益，把实现人类的利益看成是我们最高的价值尺度和最高的善，以此对个人、民族、国家的实践行为进行评价和规范，这就为可持续发展提供了伦理的支持。

（2）"全人类生存利益高于一切"

旧的经济增长模式的一个基本矛盾，就是生存利益同非生存利益的矛盾。一方面是一些人为了满足荒诞不径的欲求进行着挥霍性消费；另一方面，是很多人不能满足基本的生存需要在贫困线上挣扎。在当前人类面临着资源危机、环境危机等生存危机的条件下，社会的生产和消费应当以满足人类的健康生存为最高目的，一方面，必须保证贫困人口的基本的生存条件；另一方面，应当节制那些满足人们荒诞不径欲求的挥霍性消费。只有如此，才能既保证人们的健康生存，又保证资源的节约。可持续发展提倡节约资源，主要是节制富人们的超越生存利益的挥霍性消费，它丝毫不意味着可以允许贫困的存在。人类健康生存的利益必须保证，而以挥霍性消费为表现形式的对非生存利益的追求必须得到遏制。这样，我们才能在资源有限的条件下，保证全人类的可持续生存和发展。在资源危机和生态环境危机日益严重的条件下，我们必须从根本上改变传统的价值取向，抛弃那种背离人类生存利益，片面追求非生存利益（超越了健康生存需要的消费利益）的价值取向，改变那种追求享乐的人生态度，提倡"适度消费"，在解决生存利益和非生存利益的关系中，应当把生存利益作为最高利益，以节约资源和保护环境，保证人类的可持续生存和发展。这样，在保证人类健康生存前提下的资源和消费的节约就成了发展伦理学的基本伦理原则。

（3）"人类的可持续生存和发展的利益高于一切"

发展伦理学不仅强调全人类的利益、强调全人类的生存利益，而且强调全人类的"可持续"生存和发展的利益。"可持续发展"的本质，是指当代的发展不应当阻断人类后代发展的可能性，即不应当以牺牲人类后代的发展条件为代价。当代人类对自然资源的过量开发和对环境的破坏就是以牺牲人类后代的发展为代价的，因而是不可持续的。为此，发展伦理学把"可持续性"作为发展的最高伦理原则，并把它作为评价我们今天的发展实践合理性的最高尺度，反对"过把瘾就死""不求天长地久，只要曾经拥有"的人生态度，为了未来的发展，合理地规范我们现在的发展实践。

（原载《哈尔滨师专学报》1999 年第 5 期，《哲学动态》2000 年第 1 期转载）

哲学论文写作及其涉及的美德

对于一个研究生来说，在进行哲学学习的过程中，一项非常重要的工作就是学术写作。如果从来没有学习和经历过学术写作，你可能不知道要写什么话题，不知道从哪里找材料，不知道如何将找到的材料做成综述，不知道如何架构论文，也不知道如何修改论文等等。本文将结合笔者多年来为学生批改论文和评审论文的经验，加上自己在哲学学习过程中的一些体会，谈谈如何进行哲学论文写作以及在此过程中写作者应该具备的相关美德。

导论

哲学论文和其他形式的文章不一样的地方在于哲学论文更加要求我们的思考和表达清晰、准确、有条理、合乎逻辑。我们可以在理解"哲学论文不是什么"的意义上明白"什么是合格的哲学论文"。

首先，哲学论文不是诗歌。诗歌有其独特的韵律和格式，篇幅通常也不会太长。凝练而深邃的语言需要人们投入情感才能够有所体悟，而且人们对同一首诗的体悟常常会不一样。这就说明作者在诗歌中并不把自己的意图明确而直接地表达出来，而是通过不同的意境和情感的抒发，让读者产生共鸣。哲学学术论文却不是让读者去体会你的心境。你不能让读者去猜你想要表达什么意思，你得开篇就直接告诉读者你有什么样的观点，你要表达什么意思。而且为了论证你的观点，你需要扎实的论据和符合逻辑的论证，这就不像诗歌那样，一句一行，短短的几句就是一个段落。

其次，哲学论文不是散文。散文的特点是"形散而神不散"。散文在语言和句子的铺陈上是随着心意流转，是抒发情感的，其中带有非常强烈的主观色彩。但哲学论文最忌讳的就是抒情。如果你在一篇论文里用很多"我感觉……","我想……",很容易让读者觉得你只是在抒发个人对某个问题的感想,顶多算是在写一篇学术随笔,却不是规范的学术论文。英文的学术论文里,即使提到亚里士多德、康德这样早已不在人世的哲学家的观点,也不使用过去时态而是使用一般现在时态,就是因为哲学家们论证和阐述的是客观真理,而不是他们人生某一个时刻的个人感想。

第三,特别重要的一点是,哲学论文不是记叙文。我们知道,记叙文有几种表达方式,比如顺叙、倒叙、插叙、补叙、分叙等。这些表达方式对学术论文来说都不适用。我们现在看到的很多硕士论文甚至博士论文,都是以记叙文的方式或者以写长篇纪实文学(甚至长篇小说)的方式在写论文。比如有的博士论文讨论的是某个哲学家的思想中的一个概念。其中大概会有一两章的篇幅在梳理这个概念,从古希腊开始一直到这个思想家为止,哲学家们都是怎么谈论了这个概念。如果作者能把其中的观念变革和逻辑线索总结出来还好,但很多论文仅仅是按照时间轴把不同的看法铺陈出来,彼此之间毫无学理上的联系。这样的论文,就像是在凑字数,不能提供给我们有价值的学术信息,只是在以记叙文的方式来写论文。

以记叙文的方式写论文还有一个缺点:对读者来说,如果你不是从头到尾一字不差地读这样的论文,你可能不知道作者的观点是什么。因为,作者通常在结尾处才含混隐晦地亮出自己的观点。读这样的论文,就像在读一本悬疑小说,不到最后一刻,不知道结局是什么。哲学论文要求在一开始就表明自己的观点,清晰鲜明地告诉读者,你持有什么样的观点,你的观点同现存的其他观点有什么不同。在这个意义上,哲学论文不能写成记叙文。

第四,哲学论文不是议论文。议论文是通过摆事实、讲道理来阐明观点的。这种文体与学术论文最接近,某种意义上应该被看作是论文。但议论文虽然也重视说理的重要性,却不一定是以专业术语来进行说理。我们读过很多鲁迅写的论战性的文章,感觉话语有力,观点明确,表达了鲜明的立场。但是,我们在这样的文章中也看到了非常明确的情感表达。有时候,由于形势所迫,这些文章还会采用隐喻、暗讽和双关等写作手法,需要读者了解当时的境况才能正确理解作者的意图。学术论文则是要把你的观点是什么、你论证这个观点的过程清晰地展现给读者，而不是让作者自己去分析文中讽刺了谁、某个隐喻指代的是什么。

最后，我还要特别指出哲学论文不是日记。日记常常是对某个特定时刻的自我感受的记录，是内心情感的宣泄，是写给自己看的。常常时过境迁，当事人自己都不明白那一天自己为什么那么伤感或者那么欢乐。哲学论文却是写给别人看的。我们首先要定位自己的读者群，是专业读者还是业余读者，这决定你要写的是稍微精深一些的专业论文还是门槛较低的科普文章。我们还要心中时刻装着读者，写每一句话都想着别人是否能够理解我在说什么。如果你写出来的是只有你自己理解的东西，那就不是论文而是呓语。

基于上述原因，我们在写作专业论文时，尽量不要抒情，不要记叙，不要自说自话，不要冷嘲热讽。我们要充分地论证，要明明白白地把问题说清楚，"有理说理，以理服人"；要紧紧围绕我们确立的论题做文章，不要东拉西扯，把知道的哲学史内容全都添加到论文中来。

一　搜集素材

我们常常在拿到老师布置的论文题目后，构思了一个大致的论文框架，写了几段之后却没什么好写的了。这是为什么呢？哲学论文不同于自然科学或者社会科学的论文的地方在于，我们很少以实验数据或者调查问卷结果来支撑自己的论点。我们的论证需要依赖于我们对哲学概念的理解和对思想史上已有观点的把握。我们需要了解在我们之前的学者们就相关话题做了什么样的工作；这些工作对我们的观点论证有什么帮助，是可以支撑我们的观点，还是可以被我们所批判。这就需要积累哲学学术写作的素材。

那么，我们怎样积累这些素材呢？这需要我们在日常读书过程中下苦功夫。我有一段时间曾经觉得，做论文就像是一个人在捡破烂。为什么有的人可以通过捡破烂发家致富呢？因为这样的人看到地上任何一个瓶子、任何一个纸片都会弯腰捡起来。其他人会觉得一个瓶子捡起来也就能卖几分钱，捡它干吗？不如再往前走走，也许前面会有一个铁疙瘩、一大堆旧书或者更值钱的东西。做哲学研究就要像那个勤劳的拾荒者，见到任何有价值的东西都需要关注、整理、进行适当的收藏。这样的话我们才能够建立起牢固的概念系统，打下坚实的思想史基础。比如，如果你要研究康德的定言命令，刚开始你可能对康德一无所知，需要从了解康德这个人的学术生平开始，慢慢进入他的道德哲学以及他对定言命令的论证。在读书的过程中，你发现了一个与康德道德哲学相关的概念，这个概念是你不熟悉的，或者说你把书合上，你不能对这个概念说出什么东西，你也不知道在历史上哪些哲学家对这个概念有过阐述，这时候你就需要先停一停，需要弯下腰像捡一个矿泉水瓶子那样把这个概念捡起来，弄清楚它是什么意思，它有什么样的历史。我们遇到一个不懂的概念就应该去查清楚，不要轻易地放过它，因为如果我们放过的概念太多的话，我们的拾荒袋里什么都没有攒下。我们在日后的写作过程中没办法自信且自如地进行论证，我们也会经不起别人对相关概念的追问。有的学生常常很大胆，谈论的都是宏大的话题，亚里士多德、孔子、黑格尔拿来就敢批评。但当你问她/他，"为什么在你看来黑格尔是不对的？"她/他却不能清晰准确地说出些什么。几乎没有完整地读过黑格尔的一本著作，也没有对相关概念做过深入的研究，又怎能做出合理的评价呢？我们不能只阅读了一些概论性、科普性的文章，知道了一个大概的观点，就给出断言。这只能表明我们不够勤奋，见到有价值的东西不愿意弯腰捡起来，最后也就不能成为一个富有的拾荒者了。

哲学概念作为哲学这门学问最基本的要素，就像一个个塑料瓶子、一张张纸片一样，需要我们不断捡拾。有时候我们可能会对一个现实话题感兴趣。比如，你打算研究一下"师生关系中涉及的伦理问题"。你在阅读文献的过程中会发现师生关系有很多种，不同的师生关系涉及不同的问题。有人赞同"教父教子式的师生关系"，就是老师对学生学习、生活、就业甚至谈恋爱都会关注；也有的人赞同"老板员工式的师生关系"，即老师和学生之间只是工作关系。当我们看到这些不同的关系以及与这些关系相对应的问题时，我们就要慢慢地要进入哲学理论之中，因为哲学论文不可能是"就事论事"的描述研究，而是要以理论的方式参与实践。在这个时候我们一定要依靠理论，依靠哲学概念。概念是我们打开哲学这个特别大的宝库的一个小门，你可能会从某一个概念出发深入到哲学研究之中，了解到哲学史上人们对这个概念的争论，进而引出对某个相关哲学话题的理解，从而扩展到一个哲学研究领域之中。

接下来的一个问题就是，我们通过什么途径获得自己想要的素材呢？人们可能首先会想到"中国知网"。"中国知网"作为一个为广大读者提供各种文献检索和阅读的平台，确实是我们搜集相关学术材料的一个途径。但除了"中国知网"，还有没有别的途径呢？有的人可能还会求教于一些在线搜索引擎，这些都是比较方便快捷的工具。但需要指出的是，我们通过有些平台获得的学术信息，不是非常专业，也不是非常可靠，有可能造成对我们的误导。最主要的原因在于，这些网络平台提供的词条并不是由专业人士撰写，很多是由热心网友通过网络查询和搜索获得的。网友们对相关信息进行了编辑整理，呈现出一个个词条。这些信息可以为我们深入了解我们需要研究的话题提供资源和线索，但不能成为我们写作的直接依据，否则不仅会产生错误理解，也会造成学术引用上的不端行为。

我认为《斯坦福哲学百科全书》（https：//plato.stanford.edu/）是获得哲学素材的一条很有用的途径。其中的词条会帮助我们开始更加深入的学术研究。比如，我们在写论文的时候涉及"美德"这个概念。你听说过"美德"这个概念，也能说出一些东西，但如果你需要了解不同的规范理论都是怎么理解"美德"的，美德伦理在今天发生了什么变化，它未来的研究方向是什么，就应该去查一查《斯坦福哲学百科全书》关于"virtue"的词条。这个在线百科全书里的词条由世界上研究相关领域的顶级专家撰写，不仅讨论相关概念和领域的历史和现状，还会提供非常权威而丰富的参考文献列表。如果你也想要成为相关领域的专家，列表里的文献就是你最应该阅读的材料。词条会定期更新和完善，补充进新出版的相关内容，并提供付费的 pdf 版本下载。

进一步查询资料的平台和来源还有很多。但我们需要注意的一点是，这是一个信息爆炸的年代，每一年都会出版很多新的著作和论文，我们不可能穷尽所有相关文献，也没有时间和精力去搜集、整理和阅读那么多文献。在搜集文献的过程中，我们需要合适的甄别能力，不要把时间浪费在没有价值的文献上，也不要走着走着忘了来时的路，在与你的研究关系不大的文献上花太多气力。这其实产生了另外一个相关的问题，我们该如何判断一个文献是否有价值的呢？或者换句话说，什么样的论文是好的论文呢？也许只有我们学会了写作一篇好论文，我们才具备了迅速识别好论文的能力，从而少走一些弯路吧。

二　学术论文的框架结构

论文写作非常困难。有的人不知道如何确定一个有价值的话题；有的人会搞不清论文的摘要和论文的第一段之间的关系，觉得两者没有特别清晰的界限，从而更困惑于开头怎么写；有的人不知道如何进行论文的段落之间的衔接等。很遗憾，并非所有的大学和所有的导师都为学生写作专业论文提供了直接的指导，很多人是通过阅读别人的学术论文来学习写作方法和技巧。通过阅读著名学者的论文学习论文写作，无疑是一条很好的道路，但了解论文写作的一些基本规范，对于初学者来说还是很重要的。我们其实可以找到很多关于论文写作的中英文文献。有针对性地阅读相关文献，了解基本的学术规范和写作伦理，是开始论文写作之前必要的步骤。

首先我想谈谈学位论文的选题。学位论文是研究生学习的一个总结，标志着学生达到了什么样的学术水平，是否具有独立从事学术研究的能力，因此需要加以足够重视。学位论文的选题应该是学生感兴趣的，同时也应该是有价值的。论文主题是学生自己感兴趣的，她/他在写的过程中才会是愉悦的（当然也不可能全都是愉悦，大多数情况是痛并快乐着）。如果说学生对这个论文的题目一点兴趣都没有，她/他可能没有太大的心思去钻研论文，随便糊弄和拼凑一下，学术水平不会有提高，还可能埋下抄袭和剽窃的隐患。学术论文不仅是有趣的，还应该是有价值的。我在荷兰莱顿大学获得的硕士学位证书上，用拉丁文写了一行小字："感谢你对人类的智慧作出贡献！"我们的学位论文需要思考的是对人类有价值、有意义的话题。

学位论文的选题还要和人生规划联系起来。在开始拟定学位论文题目之前，你需要认真思考一下接下来自己要做什么，是毕业之后去工作还是想继续读博士。如果是后者，我就建议你的硕士学位论文和将来的博士论文关联大一些。如果你可以在最近的十年里针对同一个话题进行深入而持续的研究，你就有可能成为这个领域的专家。而且，在考博士的时候，考生需要在面试环节陈述自己的研究计划。如果你有一个合适的硕士论文研究课题，你的研究计划就可能表现出你有扎实的功底和长远的考虑。

  我们在学位论文写作之前都会有一个开题报告会。导师组成员会针对你的选题给出一些建议和意见。虚心地听取有经验的老师们的建议，会让你少走一些弯路，更有效率地进行相关话题的研究。一个人的能力是有限的，老师、同学针对论文选题、相关文献以及可能涉及的内容给你的建议，会使你受益无穷。特别是在你对自己想写的话题还没有深入了解的时候，老师们可以根据自己的理解告诉你这是否是一个有价值的话题，学界成熟的相关文献有哪些等等。有的时候论文选题是一个很玄妙的事情，与你的人生经历和个人性格有关。你最终确定的理论兴趣是你想要亲近的，你有一种想要深入了解它的渴望。我们在日常的学习过程中要留意这种学术敏感性，一旦找到与你意气相投的题目，就要抓住它，不要放弃。假以时日，必成正果。

  日常的学术研究论文在选题时切忌大而空，我们主张"小题大做"，即通过一个小的切入口展现一个有价值的哲学问题。基本的论文类型包括辩护性的、比较性的、综述性的、应用性的等等。辩护性的论文是针对某个现存观点提出自己的不同看法，需要考虑到别人对你的新观点的批评以及你将如何回应。比较性的论文涉及对不同文化、不同理论、不同概念、不同哲学家之间的差异和相似之处的研究。综述性的论文是针对某个理论、某个领域、某个哲学家或者某个著作的研究状况做出总结和概括。这要求你的综述对象是新兴的、别人不了解的、别人没有关注的并且有理论意义的。应用性的论文就是对社会现实问题给出哲学解读。

  研究生阶段写应用性的论文会很困难。做应用性的论文，实际上比做规范性的论文对我们的要求更高。我们首先要有特别深厚的理论积淀，才能把现实问题说清楚。我们需要在我们的思想宝库里面找到一个东西，作为我们的后盾和依据。我们还需要敏锐的眼光和视角，做出对现实问题的合理分析。应用性的论文不好写并不是说我们的研究生可以不关注现实，一心只读圣贤书。只有真实地面对现实问题，我们了解到的理论才能不断得到锤炼和锐化，我们也才可以不断地提升我们的实践智慧。

  学术论文需要有规范的结构。一个标准的论文需要有标题、摘要、关键词、开头、正文、结论和参考文献。标题包括主标题和副标题。主标题直接表明作者的观点，副标题表明文章的论域。现下有一种流行的做法：取三个关键词做主标题，然后通过副标题对讨论范围的限定表明作者的全部意图。在开头部分你要告诉读者，你在这篇论文中将要做什么？在正文部分你要详细地阐明你是怎么做的，而在结论部分，你向读者说明你完成了哪些任务，你的工作有什么价值和意义。这看上去像八股文，有固定的格式。我们在刚开始做学术工作的时候，需要训练自己写这样的"八股文"。在有了最基本的训练之后，我们可以慢慢地发展出自己的语言风格和写作风格，但无论这些风格多么具有个人特色，都不能不顾学术论文写作的应有规范。

论文的开头很重要。真正的论文的开头是要向读者表明你要研究的话题以及为什么这个话题是值得研究的。你需要让你的读者在看完开头之后有继续读下去的欲望。实现这个目标的方法之一就是给读者指出为什么会产生这个问题。这意味着你要告诉读者你为什么要选这个话题。开头有一种复杂的写法，还有一种简单的写法，两种写法都是规范的。复杂的写法是展现学术界就某个问题的争论，将参与争论的人分成不同的派别，指出每个派别的核心观点，并表明你自己的立场和观点。简单的写法是针对学术界新进出现的某种现象（比如很多年无人关注的话题开始变成热点），找到产生这种现象的根源，指出解决问题的关键并提供自己独特的解决方案。至于一篇学位论文的"导言"，因为篇幅很长，就需要提供更多的内容。我们在"导言"里应该可以发现作者研究这个话题的缘起，学术界关于这个话题的典型观点（也就是文献综述），作者自己的观点以及作者为了论证这个观点将会采取的步骤。在"导言"中，我们可以看到这篇学位论文的基本框架以及每一章内容的概述。即使有的读者没有时间通读全文，读完"导言"，她/他就会明白作者提出了什么样的话题以及如何论证这个话题。

很多人认为"导言"很难写，论文开头也很难写。万事开头难，但不能因为难就总也不开头。我们可以把自己初步的看法写下来当作暂时的"导言"或开头，随着文章的进一步展开，我们可能会修订自己的初始想法。这是很正常的。我们可以在论文全部完成后再回来完善"导言"或开头。这个世界上很少有一开始就非常完美的事情，事情一定是在进展的过程中不断完善的。如果没有一个不成熟的开头，你就永远不会有一篇成熟的论文。

文章中间论证的部分将会突出地体现作者的理论功底和文献水平。

论证的部分就像血肉，在论文的骨架搭起来之后，我们需要让这个骨架丰满充实起来。填补血肉就是用推理的方式来论证，这个过程需要前期大量的阅读文献和准备素材。这些素材和文献就像是我们去一个地方旅游之前所做的攻略。你还没到巴黎，但是巴黎有哪些必到的景点、到达这些景点的路线、巴黎有什么特产和美食，这些都应该做到心中有数。攻略做好了，你的巴黎之行就会更有效率，更有收获。但在文章写作的过程中，在给文章充实血肉的时候，我们就不能只依赖文献，没有自己的想法和论证。这就像你某一天真到了巴黎，不去逛卢浮宫，不去攀埃菲尔铁塔，只是在路上拿着攻略说"哦，这是埃菲尔铁塔，那是卢浮宫!"这其实是要求我们在阅读文献的时候，要明确哪些文献是有用的，哪些是没用的，不要被文献束缚住。千万不要为了引用而引用，你引用的东西一定是对你的观点有支撑作用的。有些论文，一段话引用了三四个文献，引用完了不进行说明和论证，让人摸不着头脑，不明白这些文献引用在文中起到了什么作用。即便是著名哲学家说过的话，即便这些话非常有道理，但若和你的观点没有联系，就没必要引用。跟论文主题没关系的语句，即便你感觉写得很棒，你也得删掉。论文就是需要清清楚楚、干干净净的论证。

我们在文中也要注意区分使用直接引用和间接引用的不同情况。不能一个段落里全都是来自一个文献的直接引用，必要的时候可以通过你的概括或者解读将你觉得有价值的别人的观点呈现给读者。这也就是间接引用。请注意，间接引用也是引用，需要标注好"参见某某文献"。我们还要注意区分脚注和尾注。尾注通常是向读者表明直接引文的出处，而脚注则是那些放在文中会干扰读者的思路，不加以解释又有可能让读者弄不明白的内容。我们可以通过脚注介绍相关研究的一些代表人物、观点和文献，也可以通过脚注解释你使用某个术语的特殊含义，还可以通过脚注表明间接引用的出处，等等。

论证的过程中要留意呈现出文章的逻辑结构。我们可以将核心观点的论证分成不同的层面，每个层面之间需要有紧密的联系。段落之间也需要有合适的连接语句，让读者明白为什么论证完一个小的观点接下来要论证另外一个小观点。每一个段落都需要有核心句，向读者表明你在这一段的主要意图。这样做会让那些没有逐字逐句阅读论文的人也能够清晰地看到论文的逻辑走向。有了这样一些技巧，你的论文就不是散乱的，能够让读者跟着你的思路饶有兴趣地读下去。

有时候学生们写到最后发现自己其实并不能得出什么像样的结论，所以他们也就不知道该如何给自己的论文加上一个结尾了。如果说你不会写结尾，可能是你用记叙文的方式写了论文。但如果你以学术论文的方式在开头表明了观点，在文章的中间论证了观点，你的结论就可以或者是对你的工作的价值和意义的一个总结，或者是提供给读者进一步进行相关研究的发展方向。学术论文写作也需要首尾呼应。我们在论文开头承诺了要做什么，就要在论文结尾总结一下这个工作做得好不好，有什么价值和意义。论文的结尾还可以是前瞻性的、探索性的。这是我认为比较好的论文的结尾。当你的论文写完之后，你发现这个论文的话题引发出另外一个有价值的研究话题，它是这个领域未来发展的方向。当然，这是你的判断，是探索性的，因为那话题到底有没有价值你还不知道，但是你给别人提供了线索，也许你真的为丰富人类的智慧贡献了力量。

三 论文的修改

什么样的论文是一篇好的论文呢？对于普通人来说，一篇好的论文绝对不是说你头一天拿到一个题目想了一晚上，第二天就把论文写好了。一篇好的论文，除了有好的题目、好的论证以外，还要有好的修改。好论文是改出来的。

一个老师在朋友圈里抱怨过这样一件事：她晚上12点的时候辛辛苦苦把学生的论文修改、批注完发给学生；在12:20，她接到来自学生的邮件，说他改完了，请老师审阅。一个老师用了好几个小时帮学生修改论文，学生用20分钟就能把关于这篇论文的所有意见都完善好。这说明什么呢？其实是老师和学生对于论文写作的态度是不同的。我自己也有同样的经历：我费了好多功夫给学生的论文提了各种各样的问题，比如，论文的某处为什么要这样写？文中的某个观点不够严谨，是否要重新表述？某个参考文献的版本不够好，是否需要替换？等等。但是有时你会发现，等学生修改后的论文返回给你时，变化不大，原来存在的问题还是放在那里。如果是这样，恐怕没有哪一个老师愿意继续帮学生修改论文了。

我们对于自己写的每一篇论文，都需要持有严谨、认真的态度，需要始终保持对学术研究工作的尊重。这样一些美德体现在我们最后呈现给读者的论文之中。在论文修改时，作者要有读者意识。如果是提交给老师的学期论文，你就假设自己是任课老师，想想你会从哪些方面为学生的论文提出有价值的建议。这个时候你也会意识到，请老师修改论文是占用了老师的宝贵时间，相应地，我们需要珍惜和尊重老师的劳动成果，认真对待老师提出的每一个问题。在提交论文之前，最基础的编辑和修订工作应该是尽可能做好。就像姚大志老师曾经说过的那样，如果一篇论文错字连篇，语句不通，标点乱用，那我就给你改语言；如果一篇论文文字流畅、语言表达准确，那我就帮你看论文结构和观点论证。老师们有一个通病——眼睛里揉不得沙子。正因如此，提交给老师的论文，应该是经过自己多次修缮，尽了自己的全力做到最好的论文。这样的论文肯定不是在截止日期之前赶出来的热乎论文，一定是写完之后修改过，又晾晒了一段时间再修改了的论文。

修改论文的时候要留意不同语言之间在语法结构和使用习惯上的差异。我们在把英文文献翻译成中文的过程中，遇到的最大困难并不是读不懂英文，而是在中文里找不到适当的词语去对应解释英文里呈现的意思。也就是说，在这样的情况下表现出来的，不是我们英文不够好，而是中文有些差。这表明中文和英文这两种语言有着不同的思维方式和语法结构。我们常常在读一些汉译著作时，感觉自己作为中国人认识书里的每一个字，却不能理解这些字连在一起的句子是什么意思。而如果你去找来相应的英文版原著，就会发现作者说得很清楚。为什么会产生这样的状况呢？主要是由于译者太过于遵循英语的语法结构来进行翻译，最后呈现给读者一些非常不符合中文使用习惯的混乱句子。在读了很多这样的文献之后，我们在论文写作时自然会受到这样的文风影响，用中文写出很多符合英文语法结构的句子，让读者读起来很痛苦。这一点是初学时就应该注意的地方。

要想用中文写好学术论文，首先要学好中文，用符合中文语法的句子阐述自己的观点并论证这些观点。要规范使用标点符号，合理地使用表达逻辑的连接词，恰当地确定句子和段落的长短。我特别建议刚开始进行学术写作的同学尽量不要使用复杂句子。不管用中文写作还是用英文写作，能用简单句子把意思表达清楚是最好的。我们看托马斯·阿奎那的《神学大全》，那么大部头的著作，基本都是使用简单句，但他用简单句非常清晰明确地表达了自己的看法和逻辑。所以，如果我们驾驭不了复杂句子表达的多层次含义，不如就用简单句，看着文采可能不那么好，但能够把话说明白。在这个问题上，千万不要像孙正聿老师批评过的那样，"用谁都听不懂的话在讲一个尽人皆知的道理"。论文写作最大的美德，就是把你自己的观点清楚明白地告诉读者，并且把你对这个观点的论证也清楚明白地告诉读者。让人看明白，让人家知道你要说什么，最为重要。

修改论文的时候要有读者意识。我们要知道，并非你觉得你说清楚了就是真说清楚了。你需要站在读者的立场，站在一个外在于自己的立场来审视你的文章，看看是不是把话说清楚了，把逻辑展现清晰了。论文写作有读者意识还表现在你可以真得找一个或几个适合这篇论文的读者来读读你的文章，如果他们觉得读不懂、搞不清的地方，恐怕就是你需要修改的地方。国外很多学者在完成一篇论文或者一本书之后并不急于发表或出版，而是先开个小型的讨论会，听听来自读者的意见，特别是那些与自己观点不同的学者的意见。通过这样的方式，作者不仅可以更加完善自己的论文，还能针对别人的批评和反对意见提出回应，从而拓宽原来的研究视野。

我们还需要认真对待论文的参考文献。这里显示了我们的论文是否规范，也显示了我们是否具有学术道德。学术是一代又一代积累沉淀下来的。因此，任何论文的观点和论据不可能全部都是自己的，借用别人的观点是必要的。但是，引用了别人的思想观点或论据，必须标注清楚。这一方面体现出对他人成果的尊重，另一方面也便于评阅人和读者了解相关论据的来源。学术研究虽然总是在吸收前人已有成果的基础上更上层楼，但也要把握好学术引用的度。如果参考文献太多，大量引用别人的成果，还会有多少观点和内容是属于你自己的呢？抄袭和剽窃涉及学术道德问题，在学术研究的开端处就要时刻提醒自己，不要犯这样的错误。

"双一流学科"建设开始以来，我们采取了一些举措，引导学生学习如何进行学术研究。我们制订了"学术能力提升计划"，请公共外语学院的老师教学生写作正规的英语学术论文，请我们学院的著名学者为学生做相关的学术报告，收集和整理我们学院的学术研究传统，为学生提供发表学术论文的平台等等。做这些事的目的只有一个，就是让学生们"学会学习"。如果学生们的精力都用在如何进行专业学习和写作上，也知道如何进行专业学习和写作，也就没有人会去借用甚至剽窃他人成果了。

（原载《哲学一流学科学术教育提升工程系列之二：哲思群理、修齐治平》，吉林大学出版社2020年版，第208—219页。）

附 录

1. Marxian Humanism: From the Historical Viewpoint

The relationship between Marxian Philosophy and Humanism is a vital problem in Marxist research. Disputes on this topic have never ceased after Marx's death. The intellectual history of interpreting Marx's humanist theory is full of twists, turns, and controversies. The reason for this is twofold. On the one hand, Marx himself produced such a multitudinous body of writing that has confounded those seeking coherence in his work. His ideas on Humanism were mixed with his ideas regarding other issues. And most perplexingly, Marx changed and broadened his scope of philosophical inquiry during his lifetime. Commentators dispute with each other on the questions mainly about (ⅰ) whether there exists a break or shift in Marx's thought; (ⅱ) if so, how many shifts can one identify in Marx's lifetime; and (ⅲ) which period is typical in expressing Marx's views on Humanism. Accordingly, Marx's Humanist theory was interpreted in quite a number of ways. All of them may boil down to the problem of continuity or change in his thought. Diverse interpretations make research on Marx's moral philosophy richer and more colorful, and, at the same time, more intricate and puzzling. In this essay, I begin by illustrating four kinds of interpretations concerning the relationship between Marxian philosophy and Humanism in the history of Marxist research. Then, I argue that the fundamental reason for the controversies among different interpretations is that they hold different ideas regarding Marx's material concept of history, and that it is only from the historical viewpoint (a philosophical viewpoint originated from historical materialism) that Marx's philosophy can be understood in the sense of Humanism. I do so through rereading Marx's literature on Humanism and Historical materialism, and by reconsidering the theoretical logic of Marxian thought. I then conclude that we can arrive at a kind of new Humanism from Marx's thought with the principle of historical viewpoint.

Four Existing Interpretations on Marxian Philosophy and Humanism

The first interpretation comes from Marxist Humanists. They believe that Marxian philosophy is a humanist theory that is shown in his critique on the inhuman conditions that men suffer under capitalist exploitation, as outlined in the *Economic and Philosophic Manuscripts of* 1844 (*EPM*). And they believe that Marxian Humanism has the same character as mainstream humanism in the Kantian and Hegelian sense. Eugene Kamenka, for instance, argues that "Marx's mature writings notoriously eschew any direct consideration of ethical and philosophical questions; it is in the early writings and private drafts that we can find the key to his ethical views and their puzzling place in his mature beliefs"[1]. In Kamenka's view, the distinction between freedom and alienation was the ethical leitmotif of Marx's philosophical and political development, which was consistent over his lifetime. History is the process of transcending alienation constantly, and it is also the process of approaching true freedom (that is, Communism) gradually. Hence, Kamenka proposes that there should be two demerits in Marx's view. One is Marx's prediction of a future society. Kamenka argues that it is right for Marx to insist that socialism be born out of capitalism, but that he is wrong in believing that Communist society is the result of the catastrophic collapse of capitalism. In fact, "Communist society springs from the very ideology fostered by capitalism"[2]. The other demerit is Marx's rejection of morality in his later writings. Kamenka explains that in the *German Ideology* (*GI*), Marx

---

[1] Eugene Kamenka, *The Ethical Foundations of Marxism*, London: Routledge and Kegan, 1962, p. 11.

[2] Eugene Kamenka, *The Ethical Foundations of Marxism*, London: Routledge and Kegan, 1962, p. 8.

proclaims his materialist interpretation of history and rejects philosophy and morality as an ideology, a subordinate guaranteed by the economic foundation of society, which leads to a radical break in the development of his thought. Kamenka believes that, after the break, Marx is not as sapient as he was in his early work, and the servile character of morality in Marx's idea prevents it from operating in the development of human society as a positive element. Hence, Kamenka suggests that we should not pay much attention in thinking about Marx's thought as a whole, that Marx's later theory should not be an organic part of his real contribution to philosophy.

Different from the Marxist Humanists, Scientific Marxists insist that Marx constructs a revolutionary view of social change with the science of history, viz. historical materialism, which paves the way for Marx's later works, especially, the three - volume *Capital* in a thinking mode of Anti - humanism. For example, Louis Althusser believes that the most important character in Marxism as a science is the efficacy of a structure in relation to its elements, and that Humanism is a naive and *unproblematic* conception of language and consciousness. Althusser argues that the real stage - directors, viz. the relations of production, are non - human, objectified structures, but that the Marxist Humanists reduce the social relations into human relations, which makes Humanism unproblematic, meaning nothing but an illusory belief in the autonomy of human beings as thinking subjects. Based on such a principle, Althusser proposes that Marx's entire body of work is not a coherent whole, but contains an epistemological break between the earlier humanistic writings and the later scientific texts. To him, it is obvious that there is a difference in problematic or theoretical framework between the two groups of writings divided by the break. That is, the young Marx propounds an ideological view of humanity's alienation and eventual self - recovery, strongly influenced by Hegel and Feuerbach; while the later Marx discloses a science, a theory of social formations and their structural determination. Althusser asserts that it was with the *GI* that the sudden departure happened. Marx constructed a revolutionary view of social change with the science of history, viz. historical materialism, which paved the way for Marx's later works, especially, the three - volume *Capital*. Despite "its emerging from the ideological and philosophical elements, this science differentiates with them once it came into being" [1]. The science of history can provide objective knowledge and produce proven theoretical results which can be verified by scientific and political practice and are open to methodical rectification. By assigning primacy to Marxist science, Althusser dismisses radically any form of non – scientific thought—subsumed under the concept of "ideology" —including the pre – scientific thought of Marx himself, which is expressed in his early work as "Humanism".

These two opposing understandings have resulted in a stalemate. If one thinks that Marx's contribution to human knowledge is historical materialism, one must admit that Marx is non – moralist; while if one thinks that Marx is a moralist who cares much for the suffering of the proletariat, one has to deny the significance of historical materialism. That is the famous problem of the "two Marxes" where the later Marx is different from the earlier Marx, therefore that Marx's theory of historical materialism is in opposition to his humanist theory.

Here comes the so – called Marxian moral paradox, viz. the antinomy between his theory of human essence in his earlier years and his later viewpoint on historical materialism, the conflict between his moral condemnation of class exploitation in the *EPM* and his judgment that morality should be abjured as an ideology in the *GI* in 1845. Anyone who is about to talk about Marxian Humanism has to find a method of reconciling the aforementioned contradiction and pose his way of reconciling the conflict between humanism and materialism in Marx's thought.

The third interpretation is a moderate one that tries to fit Marx's later theory into his earlier humanist theory by undermining the materialist foundation of historical materialism. Since 1956, some Humanist Marxists, namely several in the former Soviet Union, as members of the Praxis School in Yugoslavia which was flourishing in the 1960s, and the Analytic Marxists whose heyday was the mid of 1970s, have been attempting to reconcile the aforementioned contrasting views and have proposed a possible way of uniting the two stages in Marx's thought.

---

[1] Louis Althusser, *Essays in Self – Criticism*, London: NLB, 1974, pp. 110 – 111.

For example, Svetozar Stojanovic, a member of the Praxis School, proposes that as a kind of Humanism, Marxism is a science based on a philosophical viewpoint of praxis. His attempt to reconcile the principle of freedom and that of determinism is by asserting that the strong "necessity" —a kind of historical Determinism—Marx advances in *A Contribution to the Critique of Political Economy* is untenable. Instead, he reads Marxism into a weaker and more passive "necessity" in predicting historical development, and emphasizes that philosophy on human beings is just the philosophy on the world and its history. ①

George Brenkert also proclaims directly that Marx's moral theory is part of his scientific views, that is, historical materialism is Marx's meta-ethics. Brenkert reinterprets historical materialism by reinstituting its foundation and recomposing the content of the modes of production. Labor capacity is one of the most important elements in the productive power, which includes skill, training, expertise and experience, scientific and technical knowledge. Besides these, Brenkert adds morality and values to the list, because he insists that one's moral structure and valuable judgments function in one's work in similar way to that of the scientific knowledge and training that one receives in preparation for said work. ②

Obviously, the unity of Humanism and historical materialism to the Praxis Members is at a price of giving up the materialist character of Marxism, and Brenkert's reinterpretation on historical materialism somewhat departs from Marx's original aim too. Most of the interpretations belonging to the third kind are unsatisfactory in understanding the relation of Marxian Philosophy and Humanism in light of the following questions: Is Marx a humanist? If so, what kind of humanist theory might his philosophy be?

The fourth kind of interpretations is a moderate one, too. But it is different from the third kind because, on the contrary, it is a method that tries to absorb Marxist Humanism in the sphere of historical materialism. There was a consider-

---

① See Svetozar Stojanovic, "A Tension in Historical Materialism" in *Mihailo Markovic and Gajo Petrovic*, 1979, pp. 63–80.

② Brenkert, G. G., *Marx's Ethics of Freedom*, London: Routledge & Kegan Paul, 1983, p. 36.

able discussion on humanity, Marxist Humanism and human alienation in China after the end of the Cultural Revolution. Given that during the Cultural Revolution, the CCPC placed too much emphasis on the need for people's understanding of collectivism, the Chinese people lost their dignity and value as individuals. The discussion was a kind of reflection and reconsideration on the significance of the Cultural Revolution. In this sense, the discussion was similar to the Marxist research carried out in the Former Soviet Union and Eastern European countries in the 1950s, which was in opposition to Stalin's Unitarianism and Terrorism. The discussion lasted about 6 years, but reached no final consensus. In 1984, Wang Ruoshui published an article titled *A Defense of Humanism* in *Wen Hui Bao*. He proposed that there should be humanist theory in socialist society by arguing that Humanism is not only the ideology of the Bourgeoisie. Also in 1984, Hu Qiaomu published an article titled *On Humanism and the Problem of Alienation*, in which he criticized Wang Ruoshui's idea and insisted that the main duty for Marxists was to oppose Bourgeois Humanism and Human Alienation. After that, the great debate died down gradually.

However, one conclusion left by the discussion is instructive. Some scholars believe that there are two sides in the meaning of Humanism. On the one hand, Humanism is the Ideology of the Bourgeoisie in the sense of World View and Viewpoint of history; on the other hand, it is possible for Humanism to be united with Marxism only as a kind of ethical principle and moral rule. That is, if we regard Marx's early humanist theory only as a kind of ethical principle, it could be compatible with Marx's theory on materialism and also valuable as a contribution to the progress of the socialist society. In this sense, it is called "socialist humanism."

In my view, the disputes regarding the relationship between Marx's philosophy and Humanism, or in other words, on how to understand Marxist Humanism, are due to different positions and thinking modes on Marxian Philosophy and Humanism itself. Therefore, the most important thing for one who seeks to express his viewpoint on Marxist Humanism is to clarify the position in which he understands Humanism and Marx's philosophy. This is an idea that I derived from historical research. After a serious examination of the history of interpreting

1. Marxian Humanism: From the Historical Viewpoint

Marxian Humanism, I realize that only when the originality and revolutionary change in Marxian philosophy is discovered can we find an effective way in interpreting Marx's moral theory.

In the early phase of the history of interpreting Marxian Humanism (1890s – 1930s), both the revisionists (headed by Eduard Bernstein) and orthodox Marxists (headed by Karl Kautsky) realized that historical materialism played a leading role in the thought of Marx; but both of them regarded historical materialismmerely as economic determinism that sees the development of social history as a spontaneously natural process in which economic element plays a key role. Accordingly, although they held different attitudes regarding the absence of the idea of morality in Marx's thought, both of them believed that Marx was a non – moralist, and, therefore, that there is no moral element in Marx's thought. In my analysis, it is because both of the schools read Marx's thought into a kind of positive science, a scientific law that is always valid for interpreting changes in human society, but immiscible with subjective experience that Marx is understood as a social scientist rather than a moral philosopher.

In the following phase (1930s – 1970s), most theorists realized the danger of consolidating Marxism into a rigid doctrine. With some important works written by Marx in his early life being published, a break in Marx's thought was realized and the debate on Marx's moral philosophy was polarized by the Marxist humanists and the scientific Marxists. I think that the fundamental reason for the controversies between the scientific Marxists and Marxist humanists is that they share different concepts of philosophy. For the scientific Marxists, philosophy is a science at the highest level, analyzing the concepts and methods of specific sciences with the tools of formal logic. So what the philosophers are concerned with is the knowledge of the world (that is, epistemology). For these Marxists, this means that the foundation of Marxism is dialectical materialism which is enriched with the methodological and logical progress made by contemporary epistemology. Scientific Marxism privileges the economic works of the mature Marx, Engels, and Lenin, in order to throw light on their scientific nature and their agreement with scientific philosophy. The scientific Marxists make Marxism more scientific by eliminating all its coarse, unacceptable elements, and reconciling it with science, so that it is as rational as possible and in agreement with both common sense and the methodological requirements of contemporary epistemology. However, members of the humanist school think that philosophy should deal above all with man and human action; it is inspired by the tradition of classical German philosophy and other philosophical currents as well as phenomenology and existentialism. So the Marxist humanists pay more attention to Marx's theory of human nature in his early works, because it is in these works, especially in the *EPM*, that Marx elaborates the process of human nature's alienation in capitalist society and its recurrence in communist society. Based on different viewpoints in philosophy, the two schools received only part of Marx's thought, because in their eyes, the humanist tendency in Marx's early works is contradicted with the scientific content in his later works. Therefore, both of them admit that Marx was a partly moral philosopher, that is, that the young Marx was a moralist. Where they differ is merely that the Marxist humanists stick to their preference for Marx as a moralist, while the scientific Marxists appreciate Marx's scientific spirit as expressed in his later writings.

In the third phase (1970s – 1990s), the contemporary Marxists attempted to solve the moral paradox in Marx's thought from different viewpoints. But most of their methods were eclectic. In my view, there is no difference between integrating Marx's later theory into his humanist theory by undermining the materialist foundation of historical materialism and absorbing Marx's early humanist theory into the sphere of historical materialism by regarding Humanism as a kind of ethical theory, because the two methods share the same premise, that is, Marx's early humanist theory and later materialist conception of history are reconcilable. But according to my study, the research in the first and second phases already shows that Marx's early Humanism and later historical materialism are totally different, which can't be put in one sphere. Therefore, the research in the third phase is not a progress but a degradation.

With such a research background, I conclude that the possibility of a successful interpretation of Marxian Humanism relies on a suitable perspective that can reconcile Humanism and historical materialism. More importantly, I find that with the development of research on Marx's contribution to philosophy (especially on his theory of historical materialism), a way of solving the so-called Marx's moral paradox is getting clearer. That is to say, a philosophical viewpoint based on Marx's theory of historical materialism is the key to solving the puzzle between Humanism and historical materialism, and Marx's thought can be considered in the sense of Humanism only when we get a humanist dimension in the logic of historical materialism.

Marx's New Humanism: from the Historical Viewpoint

The aforementioned insight, however, can only be used when the real sense of historical materialism is grasped. Drawing from the flourishing outgrowth of Marxist research in the contemporary Chinese academy, I argue that in Marx's materialist concept of history, there is not only a scientific understanding of social law presented, but also a new kind of viewpoint on philosophy and the world. With the foundation of historical materialism, Marx puts forward a revolutionary understanding of the mode of philosophical thinking in which a humanist dimension is entailed. Both the rereading of Marx's works and the reconstructing of his theoretical logic indicate the same presupposition: Historical materialism, as Marx's new concept of philosophy and world view, is a fresh starting point in the research of Marxian Humanism that illustrates Marx's opposition to traditional materialism and idealism.

By rereading Marx's literature, I argue that in the year 1845 Marx achieved a revolutionary change in philosophical principle and a great turning in examining relations between materialism and Humanism. There is a shift between the *EPM* and the *GI*. This is, however, neither in the sense of a methodological break pointed out by Della Volpe, nor in the sense of an epistemological break argued by Althusser. It is an extraordinary revolution in the development of Marx's understanding of the relationship between Humanism and Materialism. The Marxist humanists did not realize this shift, so they only endorsed Marx's humanist critique in the Manuscripts of 1844. This was done in response to the feeling that the materialistic idea in the *GI* had been developed into a vulgar determinism by the orthodox Marxists. The scientific Marxists had a similar prejudice: they thought that Marx's break was a rupture from Feuerbach's Humanism to Anti-humanism. In my analysis, Marx manages to solve the puzzle between Humanism and Materialism with historical materialism founded in the *GI*. Let me demonstrate with a comparative analysis of the two writings.

In the *EPM*, Marx interprets historical phenomena with the theory of human nature, which in essence does not exceed the boundaries of traditional philosophy. We can read this from the following two aspects.

Firstly, Marx overestimates Feuerbach's viewpoint. Marx believes that Feuerbach's materialism is able to solve the puzzle between humanism and materialism. Marx comments that one of Feuerbach's great achievements is "the establishment of *true materialism* and of *real science*, since Feuerbach also makes the social relationship of 'man to man' the basic principle of the theory"[①]. Then, what is Feuerbach's viewpoint on materialism and humanism? Feuerbach's aim is to build up a new humanism within a materialistic structure in order to overcome the deficiency in the crude materialism of the French mechanists and Hegel's idealist humanism. On the one hand, Feuerbach opposes the Hegelian concept of human essence (namely the theory of self-consciousness) with a naturalist materialism. He remarks that in Hegel's philosophy, self-consciousness is the highest abstraction for the whole mental activity, departing from its products as an independent subject. From a sensualist perspective, Feuerbach emphasizes that man as a natural being is the most sensible and sensitive animal in nature, therefore corporeal sensuousness is the essential difference between man and the animal. Such an idea is greatly similar with the French materialist school. On the other hand, Feuerbach attacks the French materialists as an unconscious idealist conception of human essence. He argues that the essential difference between man and the animal is consciousness, and that "strictly

---

[①] Karl Marx, *Economic and Philosophic Manuscripts of* 1844, Trans. M. Milligan, New York: International Publishers, 1964, p. 172.

1. Marxian Humanism: From the Historical Viewpoint

speaking, consciousness is given only in the case of a being to whom his *species*, *his mode of being* is an object of thought"[①] . Such an idea is similar to Hegel's. Thus, starting from a sensualist and naturalist materialism, Feuerbach reaches an idealist conclusion on human essence. We can see that from one side Feuerbach does not reach a truly materialistic level when understanding man, nature, and the relationship between man and nature; from the other side he can't escape an idealist tendency in his humanist idea.

Secondly, Marx explains social history from the theory of human essence. Marx argues that "conscious life activity distinguishes man immediately from animal life activity. It is just because of this that he is a species being"[②] . According to such a concept of human essence, Man as a species – being shall regard his life as the object of his conscious activity, but alienated labor changes the logic as follows: man, because he is a self – conscious being, makes his life activity, his being, only a means for his existence, which is inhuman and has estranged man from his nature. Private property for Marx is "thus the product, the result, the necessary consequence, of alienated labor, of the external relation of the worker to nature and to himself"[③] . In this sense, Communism is "the *positive* transcendence of *private property*, as *human self – alienation*, and therefore as the real *appropriation of human essence* by and for man"[④] . Since Marx can't unite the materialistic idea based on Naturalistic philosophy and the humanistic idea based on abstract human nature, the antinomy of materialism and humanism which puzzles philosophers preceding Marx for many years can't be solved by Marx, either. But in the *GI*, Marx interprets man and his activity on the basis of human subsistence, which indicates that Marx does not go down the same road as his forerunners, but sets up a new –

[①] Ludwig Feuerbach, *The Fiery Brook: Selected Writings of Ludwig Feuerbach*, Trans. Hanfi, Z, New York: The Anchor Books, 1972, p. 97.

[②] Karl Marx, *Economic and Philosophic Manuscripts of 1844*, Trans. M. Milligan, New York: International Publishers, 1964, p. 113.

[③] Karl Marx, *Economic and Philosophic Manuscripts of 1844*, Trans. M. Milligan, New York: International Publishers, 1964, p. 117.

[④] Karl Marx, *Economic and Philosophic Manuscripts of 1844*, Trans. M. Milligan, New York: International Publishers, 1964, p. 135.

brand of thinking in philosophy. We can also read this from two aspects.

First of all, Feuerbach is one of the major German philosophers criticized by Marx and Engels in the *GI*. Marx and Engels state that Feuerbach "posits 'Man' instead of 'real historical man'"①. Therefore, as far as "Feuerbach is a materialist he does not deal with history, and as far as he considers history he is not a materialist. With him materialism and history diverge completely"②. From this assertion, Marx set up a neo – materialistic theory in the *GI*.

Secondly, in the *GI* Marx explains the appearance of alienation, and the theory of Communism with the starting point of the real life of man. Here, alienation is no longer a theoretic starting point which can be used to interpret other concepts, but a common phenomenon in capitalist society that warrants explanation. Marx reconsiders his early idea on human essence. He admits that it is improper to conceive the individual, [A] s an ideal, under the name "Man," because in this idea, the whole process which we have outlined has been regarded by them as the evolutionary process of "man," so that at every stage "man" was substituted for the individuals existing hitherto and shown as the motive force of history. ③

In Marx's idea, the reason for the whole process of history being conceived as a process of the self – estrangement is that "the average individual of the later age was always foisted on to the earlier stage, and the consciousness of a later age on to the individuals of an earlier"④. Marx develops a mature idea regarding the understanding of human history. In his idea, the conception of history relies on the real process of production, especially the material production of

---

① Karl Marx and Friedrich Engels, *German Ideology*, New York: Prometheus Books, 1998, p. 44.
② Karl Marx and Friedrich Engels, *German Ideology*, New York: Prometheus Books, 1998, p. 47.
③ Karl Marx and Friedrich Engels, *German Ideology*, New York: Prometheus Books, 1998, pp. 97 – 98.
④ Karl Marx and Friedrich Engels, *German Ideology*, New York: Prometheus Books, 1998, p. 98.

1. Marxian Humanism: From the Historical Viewpoint / 301

life itself. ①In such an idea, the theory of *alienation and rehabilitation of man* is abandoned. Marx proposes that there are two practical premises for the abolition of alienation: the great mass of propertyless humanity and an existing world of wealth and culture. ②Both of the conditions presuppose a great development of productive power, which itself implies "the actual empirical existence of men in their *world - historical*, instead of local, being"③ . Therefore, Communism now is "not a *state of affairs* which is to be established, an ideal to which reality [will] have to adjust itself. We call Communism the *real* movement which abolishes the present state of things"④ . From the new starting point, namely, man under the social and historical conditions, Marx built up a set of new philosophical principles. What Marx achieves here is a kind of philosophy on human subsistence, viz. a social materialism which can be only understood explicitly in history. Furthermore, historical materialism is some kind of scientific theory concerning issues of social being and social consciousness, which solve the antinomy of materialism and humanism successfully.

By reconsidering the theoretical logic of Marxian thought, I contend that aside from the ostensibly scientific theory, there is also an important philosophical principle latent in this framework of thinking. Before Marx, most of the materialists and idealists shared the same idea in regard to the conception of history. In their eyes, the final aim of historical change can be found only in the changeable consciousness of human beings. However, Marx tells us that the real basis of history is the material production of human life.

In order to explain why the production of material life is necessary to men, a presupposition is needed. What Marx proposes is "the existence of living hu-

---

① Karl Marx and Friedrich Engels, *German Ideology*, New York: Prometheus Books, 1998, p. 61.
② Karl Marx and Friedrich Engels, *German Ideology*, New York: Prometheus Books, 1998, p. 54.
③ Karl Marx and Friedrich Engels, *German Ideology*, New York: Prometheus Books, 1998, p. 54.
④ Karl Marx and Friedrich Engels, *German Ideology*, New York: Prometheus Books, 1998, p. 57.

man individuals"[1]. In Marx's view, it is the first premise of all human existence and all history. With this premise, Marx develops a new conception of history which is a philosophical foundation for his materialistic interpretation of social history. I shall explicate the premise of historical materialism under two main areas.

First, the premise that "Men must be in a position to live" is the ultimate cause of social history from a philosophical standpoint. In Marx's idea, Men can be distinguished from animals only when they begin to produce their means of subsistence. This is because of men's "physical organization and their consequent relation to the rest of nature"[2]. Marx believes that men are conditioned by their physical organization, and thus have to work with tools in order to live. The necessity of human labor is, therefore, deduced from a prerequisite both in theory and in practice, viz. men's subsistence. From this premise, Marx establishes a material basis for human history, because "by producing their means of subsistence men are indirectly producing their actual material life"[3]. Based on the development of the material production, Marx further concludes that "definite individuals who are productively active in a definite way enter into these definite social and political relations"[4]. The forms of social relations are therefore determined by the production. Hence, Marx enables a materialistic interpretation of social history from this premise.

Second, Marx's premise is also an axiological and humanistic principle in understanding men themselves, which is in opposition to the abstract conception of human nature. In this aspect, Marx achieved a dramatic change in the tradition of German philosophy. He explains human nature and its historicity from the basis of social history, in other words, from the subsistence of human beings,

---

[1] Karl Marx and Friedrich Engels, *German Ideology*, New York: Prometheus Books, 1998, p. 37.

[2] Karl Marx and Friedrich Engels, *German Ideology*, New York: Prometheus Books, 1998, p. 37.

[3] Karl Marx and Friedrich Engels, *German Ideology*, New York: Prometheus Books, 1998, p. 37.

[4] Karl Marx and Friedrich Engels, *German Ideology*, New York: Prometheus Books, 1998, p. 41.

not vice versa. In the *GI*, Marx's major task is to oppose German philosophy, because "the Germans judge everything *sub specie aeterni* [from the standpoint of eternity] in terms of the essence of man"①. In German philosophy, (ⅰ) *the essence of man* is presupposed as an existing thing, a supersensible thing; and (ⅱ) human activity and enjoyment are determined by human essence.

Unlike the German philosophers, Marx proposes a reversed relation: it is the activity of men which conditions their nature. Marx's logic is as follows: (ⅰ) given the fact that "life involves before everything else eating and drinking, housing, clothing and various other things"②, men in essence are to satisfy their subsistent needs: it is the first and most important value for men on the one hand; and, on the other, it is also men's ultimate and eternal value, because the existence of men is the biological premise for men as subjects who make valuable judgments. (ⅱ) From the same premise, Marx insists that the development of consciousness should be merely reflections and echoes of men's real life – process, so it is the material life which determines consciousness, not vice versa. (ⅲ) Based on the premise of men's subsistence, Marx also gets a method to interpret the fundamental cause of the law of social development. In opposition to Max Stirner, Marx argues that "the development of an individual is determined by the development of all the others with whom he is directly or indirectly associated", and that "the history of a single individual cannot possibly be separated from the history of preceding or contemporary individuals, but is determined by this history"③. In this sense, the objectivity of social development comes from two aspects. On the one hand, objectivity comes from the direct interaction of different individuals living in the same society. Each individual has his own will which is different or even in conflict with that of the others. The final result of the interaction of different individuals does

---

① Karl Marx and Friedrich Engels, *German Ideology*, New York: Prometheus Books, 1998, pp. 488 – 489.

② Karl Marx and Friedrich Engels, *German Ideology*, New York: Prometheus Books, 1998, p. 47.

③ Karl Marx and Friedrich Engels, *German Ideology*, New York: Prometheus Books, 1998, p. 463.

not follow any individual will, but satisfies their common interests, viz. their interests of subsistence. The result is objective to an individual because it is an external power that he is not able to change but to come to terms with. On the other hand, objectivity comes also from the indirect association of the later generations with their predecessors. In Marx's view, when men begin to create their own history, they are not free to choose their productive force, because the productive force as the product of previous activity is an existing force that they have to accept, meanwhile, their productive relations as the interrelation of one to one that happens in the process of production, is assuredly determined by the acquired productive force in the beginning, even though with the development of their productive force, there may be a new kind of the productive relation engendered. Hence, every later generation has no choice but to exploit under the circumstance handed by the preceding generation. Within this, the actual performance of the former supplies the latter with a starting point of social activity, but it also conditions the activity of the latter as an objective status. Thus, the relationship of social being and social consciousness is actually the relationship of man to man, both among the contemporaries, and between the successive generations. With such a method, Marx overcomes the obstacles of the old materialism, including Feuerbach's. Marx's conception of history is thus not only about the law of social development, but also about the philosophical principle of human subsistence. The aforementioned two sides rely on each other.

With the above two kinds of justification, historical materialism in Marx's thought is never a result of conflating the theory on history with the theory on materialism. That is to say, Marx's philosophy is neither the sum of dialectical materialism as a world view and historical materialism as a concept of history, which is the position held by orthodox Marxists, nor the mixture of philosophical theory on man and scientific law on history, which is insisted upon by some western Marxists. Rather, it is the dialectical unification of materialism and humanism in history. In this sense, the unification of materialism and humanism in history, which is based on the new kind of thinking, is actually a unification of history's human and scientific dimensions in which the ideality of human values and the reality of man's subsistence fuse together, and the necessity of historical law and the aim of human life are explained by one concept. I call this new concept of philosophy informed by historical materialism the "historical viewpoint. " The historical viewpoint means that Marx starts a fresh way of interpreting relations between man and nature, and between man and man from the perspective of social history. It is a new set of philosophical principles which derives its starting point from the real man and his subsistence.

Firstly, the historical viewpoint illuminates the revolutionary change that Marx achieves in the understanding of man. From the historical viewpoint, man's subsistence takes on its historicity, which concretely is about the condition, process, and sociality of human subsistence in which the essence of man changes with the change of his material foundation in reality. That is, the character of human nature is not definite, ready – made, or eternal. Man in Marx's eye is created and changed with the development of history. Although Marx admits the superiority of the external world to man and the existence of a common character in man, Marx is not too concerned with this aspect. What Marx cares most about is human subsistence and its diversity. In Marx's idea, the relation of spirit and matter can reach its unity only in history. Likewise, only in history can human subsistence and its reality and diversity present themselves. The common character of human beings does not deserve too much attention because of its inability to shed light on man's real life. I therefore emphasize that only in history can the interactions between man and nature, and man and man be understood, Man's natural attributes and social attributes in a single entity, and nature and history which are apart in Feuerbach's philosophy without dichotomy any more.

Secondly, the historical viewpoint is useful in solving the paradoxes in Marx's humanist theory and in understanding its significance. By reexamining the significance and position of historical materialism in Marxian philosophy, we find that it is historical materialism that is key in solving the aforementioned paradoxes. Throughout his life, Marx always paid much attention to the inhuman conditions that man was faced with in his real subsistence, but since Marx changed his concept of philosophy in the *GI*, he reached a totally different level in understanding man and his subsistence. Hence, it is unwise to assert Marxian humanism by denouncing historical materialism as a theoretical degradation in the development of Marxian thought according to the humanist idea expressed in his earlier years, nor is it suitable to highlight the scientificity of historical materialism by eliminating the humanistic dimension in Marx's thought. From the historical viewpoint, Marxian humanism is neo – humanistic in understanding man, which helps to solve the paradox of two Marxes, and suggests that Marx's moral theory is about the theoretical evaluation of the moral condition of particular social institutions.

To sum up, based on the philosophical principle of human subsistence outlined in historical materialism, we can evaluate Marx's theoretical change correctly, explain Marx's moral theory reasonably, and advance the research of contemporary ethics to a higher degree.

(原载 An Insatiable Dialectic: Essays on Critique, Modernity, and Humanism, Cambridge: Cambridge Scholars Publishing, 2013, pp. 140 – 154)

2. A Comparative Study on Confucius's and Chrysippus's Cosmopolitan Theories

A large number of papers and books on cosmopolitanism have been published since 1990, marking a renewed interest in the field among western scholars. When we try to locate the original source of cosmopolitan ideas in human civilization, we find Chrysippus's thought in western philosophy, and Confucius's as its eastern counterpart. In this paper, I offer a comparative analysis of Confucius's and Chrysippus's cosmopolitan theories from the following three perspectives. I begin with the theoretical origins of the two thinkers on cosmopolitanism, which mainly center on the relationship between human beings and nature in their respective natural philosophies, and on the question of how to be a good person from their moral philosophies. Then, I explain the concrete schemes they posit for a cosmopolitan society. Finally, I compare their differing concerns regarding one's attitude to family members or fellow citizens, which constitutes the main source of disagreement between them. In conclusion, I propose that both of their ideas can be located within a continuum of "moral cosmopolitanism." The difference being that Confucius holds to a moderate cosmopolitan idea, while Chrysippus prefers a stricter version of cosmopolitanism.

I

Samuel Scheffler notes that "in recent years, political philosophy has been a resurgence of interest in the idea of cosmopolitanism"[1]. What "resurgence"

---

[1] Samuel Scheffler, "Conceptions of Cosmopolitanism." *Utilitas* 1999. 11. 3, pp. 255 – 276.

means here is not an innovation, but a renewal due to a precedent. The word "cosmopolitan" is derived from the Greek word "*kosmopolitês (cosmopolis)*," yet most of the contemporary cosmopolitan viewpoints are indebted to Kant. It is evident that there are some differences between the modern cosmopolitanism developed by Kant and the brand of ancient cosmopolitanism originating from the Stoics. Currently, the primary meaning of philosophical cosmopolitanism is the idea that "all human beings, regardless of their political affiliation, do (or at least can) belong to a single community, and that this community should be cultivated"①. In the literature of contemporary cosmopolitanism, the universal community of human beings is secular and achievable. Nevertheless, *cosmopolis* in the eyes of the Stoics means something ideal and occurring on a high level (perhaps beyond real-world achievement). The Stoics believe that the polis is a community of human beings living in accordance with the law and that the cosmos is put in perfect order by divine reason.② In this sense, it appears that a mere mortal cannot attain to be cosmopolitan, only those gods and sages who live in agreement with the law can reach such a high standard. Some scholars argue, however, that the Stoics believe that to live as a cosmopolitan, means that one should engage in conventional polities, with the evidence coming from the Stoic fragments.③It is in this sense that ancient cosmopolitanism and modern cosmopolitanism can be dealt with in the same context.

There is little disagreement that the predecessor of cosmopolitanism in present-day western political philosophy is Stoic cosmopolitanism④. At the same time, there exists a potential predecessor in eastern philosophy as well, that

---

① Pauline Kleingeld and Eric Brown, "Cosmopolitanism", in *Stanford Encyclopedia of Philosophy*, 2002. viewed 21 March. 2012, <http://plato.stanford.edu/entries/cosmopolitanism>.

② See Brad Inwood & L. P. Gerson, *The Stoics Reader Selected Writings and Testimonia*, Hackett Publishing House, Inc., 1994. (1994. 16. 20)

③ Martha Nussbaum, "Kant and Stoic Cosmopolitanism." *The Journal of Political Philosophy*, 1997. 5. 1, pp. 1-25; Eric Brown, *Stoic Cosmopolitanism*. Cambridge University Press, 2007.

④ Eric Brown, *Stoic Cosmopolitanism*. Cambridge University Press, 2007; Pauline Kleingeld, "Six Varieties of Cosmopolitanism in Late Eighteenth-Century German.", *Journal of the History of Ideas*, 1999. 60. 3, pp. 505-24; Martha Nussbaum, "Kant and Stoic Cosmopolitanism.", *The Journal of Political Philosophy*, 1997. 5. 1, pp. 1-25; John Sellars, "Stoic Cosmopolitanism and Zeno's Republic.", *History of Political Thought*, 2007. 28. 1, pp. 1-29.

is, Confucius's cosmopolitanism, which was recognized by Liang Qichao (1968) nearly ninety years ago, albeit with few followers.

Reconstructing what the Stoics say in the current epoch presents us with a serious challenge. The reason for this is two-fold: on the one hand, different Stoics (including the three heads of the early Stoic school, namely, Zeno of Citium, Cleanthes, and Chrysippus) might well have shared different ideas. On the other hand, sources for early Stoic philosophy are tragically inadequate. Not even a single complete treatise from any of the Stoics of the third century B. C. has survived intact, and all reconstructions of Stoic doctrine must rely on second - or even third - hand reports or on later Stoic writers, who are not completely trustworthy when it comes to reproducing the original works. In any case, in regard to Stoic cosmopolitanism, Chrysippus might be the most fitting representative. Chrysippus played an important philosophical role in Stoicism, especially after the crushing blows by the Academics, and there is sufficient evidence to show that Chrysippus's cosmopolitanism is more tenable than that of the other Stoics. [1]

In contrast, it is relatively easy to access the ideas of Confucius and the school named after him, not only because there are plenty of works still extant, but because Confucianism is a notable doctrine in the process of Chinese civilization which has exerted a far-reaching influence on Chinese culture. As far as cosmopolitanism is concerned, Confucius is undoubtedly the most important thinker in the early history of China.

My aim in this article is to focus on Confucius's and Chrysippus's cosmopolitan theories and to highlight the similarities and differences between them. This comparative study leads us to the conclusion that cosmopolitan ideas have roots in both western and eastern civilizations. In Sections One and Two, I begin with the theoretical origins of the two thinkers, which, as concerning their natural philosophies, are mainly about the relationship between human beings and nature and, as concerning their moral philosophies, are about how to be a good person. Then, I explain the concrete schemes that they set forth for a

---

[1] Eric Brown, *Stoic Cosmopolitanism*, Cambridge University Press, 2007.

cosmopolitan society in Section Three. In Section Four, I compare their differing concerns regarding one's attitude to family members or fellow citizens, which constitutes the main divergence between them. Finally, I conclude that both of their doctrines can be located within the continuum of "the most common cosmopolitanism—moral cosmopolitanism"[①]. Their divergence lies in Confucius's idea of a moderate cosmopolitanism and in Chrysippus's notion of a strict cosmopolitanism, according to their respective descriptions of what these approaches entail.[②]

II

In general, people in ancient times were more concerned with the relationship between nature and human beings than we are today. Nature in the eyes of ancient people was not merely the natural phenomena that they experienced; it manifested the gods behind the phenomena who create and guide all things in the world. In this sense, the relationship between nature and human beings was actually a relationship between the gods of nature and human beings. In view of this, there are two related aspects regarding the relationship between human beings and nature. One is that human beings are created by nature and remain under the control of nature after their birth; the other concerns what human beings can do to engage with nature. During historical periods, ancient people shared similar life experiences, yet their responses were different. As for Confucius's and Chrysippus's ideas, differences can be observed primarily in two areas.

In the first place, Confucius and Chrysippus each attribute different degrees of agency to the gods. According to the *Shijing* (*Shih - ching*), the oldest

---

[①] Pauline Kleingeld & Eric Brown, "Cosmopolitanism", in *Stanford Encyclopedia of Philosophy*, 2002. viewed 21 March. 2012, < http: //plato. stanford. edu/entries/cosmopolitanism >.

[②] The strict cosmopolitans in the moral sphere claim that one only has the obligation to promote the interests of human beingsas a whole, but has no extra obligation regarding the benefit of his compatriots. The moderate cosmopolitans "acknowledge the cosmopolitan scope of a duty to provide aid, but insist that we also have special duties to compatriots" (Kleingeld and Brown 2002).

poetry anthology in China, it is heaven that gives birth to the multitudes of people and also makes the laws for balancing every faculty and relationship. ①The Confucian tradition portrays Confucius himself as holding the *Shijing* in high esteem and having a deep involvement with it. Considering the close connection between Confucianism and the culture of the early Zhou dynasty, we can say that Confucius has the same idea of heaven as that conveyed by the *Shijing*. Heaven, in Confucius's view, is the ruler and creator of humanity; in other words, heaven is nature. So the relationship between heaven and humanity in Confucius's sense is identical to the relationship between nature and human beings. At the same time, heaven is a moral model that a person should follow in life. Heaven is not only the origin of humanity, but also the origin of moral concepts. However, heaven does not directly reveal its divinity to humanity. It only gives us guidance indirectly by its deeds and by phenomena in the natural world. How so? Confucius tells us in the *Analects*, "What does heaven ever say? Yet there are the four seasons going around and there are the hundred things coming into being"②. With the change of seasons, sunrise and sunset, a natural law is shown to all human beings.

Chrysippus proposes a naturalistic interpretation of god as well. He thinks that god plays a double role in his relation to human beings. First, as the god who is eternal and who creates all things on earth. Second, as the god who has a soul, of which each of our souls is a detached fragment. According to what we have of his writings, Chrysippus believes that nothing that is done by nature is done in vain. He affirms the providential nature of the divine, maintaining that god is beneficial and friendly towards humanity. God has made people for the sake of themselves and one another; and animals for the service of humanity. Other things have been created for humanity and god; people are born to contemplate and imitate the world. ③ We can find a radical form of teleology in Chrysippus's hierarchical arrangement. The providence of god is so great that

---

① James Legge, *The Shih King*, Kessinger Publishing, 2004, p. 138.
② D. C. Lau, *Confucius: The Analects*, Harmondsworth: Penguin Books, 1979, p. 146.
③ See *Stoicorvm Vetervm Fragmenta* (SVF), Vol. II, 1140, 1029, 1152, 1153. The translation is cited from Gould (1971, 156).

this world is the best of all possible worlds. He causes all things to move towards a state of perfection. From such an arrangement we can see that, firstly, god influences men everywhere and at all times; secondly, god makes humanity perfect from the beginning In Chrysippus's natural philosophy, god plays a more practical role than Heaven does in the thought of Confucius.

In the second area of divergence, we see that Confucius and Chrysippus differ as to the role man plays in relation to nature. In Confucius's view, although heaven is the reason for everything, humanity, as the most important link between heaven and all other things, remains the key element. Everyone has the chance to get closer to heaven by pursuing an understanding of heaven and the moral goal shown by heaven, because there are a priori moral principles in the mind of human beings, although these might be obscured by all kinds of desires and interests after one's birth. The method by which we manage the pursuit of these internal values is by getting rid of the desires and interests that would obscure them. Confucius himself reaches that goal at the age of seventy. "The unity of heaven and man" is the highest level that a person can reach. How can one reach such a level? Confucius suggests that at first, a person should try his or her best to comprehend and scrutinize the world, which is full of heaven's wisdom. Having gained understanding of the nature of heaven and realizing that one can not to be separated from heaven, one is united with heaven in one entity. Hence, humanity, in Confucius's sense, is active in its contact with nature and occupies an outstanding position in the world. Humanity is the product of heaven's attributes. The essence of heaven can be realized only by humanity. Without humanity, heaven is aimless, lifeless and powerless.

Following a teleological viewpoint, Chrysippus holds that humanity is arranged in accordance with god. Furthermore, a person's life seems to be degraded because of the vices and suffering that person bears. Therefore, the goal one ought to pursue is that of living in conformity with nature, because god is the cause who determines the existence of things and the ways that things happen: "our natures are parts of the nature of the universe"[1]. To Chrysippus,

---

[1] J. Gould, *The Philosophy of Chrysippus*, Leiden: E. J. Brill, 1971, p. 164.

god is the world itself and a universal diffusion of its soul. ①The most adequate way to think about human moral cultivation is considering nature in general or the way in which the universe is ordered. In fact, one has no choice but to do this. So, humanity plays a less active role in Chrysippus's theory than in that of Confucius.

From the comparison above, we can see that Confucius and Chrysippus emphasize different aspects when thinking about the relationship between human beings and nature, although they arrive at a similar conclusion, which is "the unity of heaven and humanity" for Confucius, and "living in conformity with nature" for Chrysippus. These two conclusions are the most important nexuses between the natural and moral philosophies of the two philosophers. In the next part, I shall compare their ideas regarding being a good person in the practice of life.

III

Since the key element of Confucius's philosophy is humanity, the main problem Confucius needs to solve is how to be a good person in accordance with the revealed ways of Heaven. He provides an answer with a theory of perfect virtue (*ren* 仁) . In the *Analects*, Confucius expounds on the theory of *ren* from three aspects. The first concerns the attitude to *ren*: Confucius states that everyone ought to have a thirst for *ren* and pursue it sincerely. In doing so, one is expected to approach a state of *ren*. Therefore, the most important thing in the pursuit of *ren* is not to rely on the help of others, but to seek *ren* actively by oneself. What Confucius means here is that to be humane is an internal requirement of being human that cannot be done with the assistance of others. It is a kind of responsibility for anyone who wants to be a good person. Secondly, Confucius advocates loving others in a positive respect. Confucius explains that a good person acts to "help others take their stand in so far as he himself wishes to

---

① J. Gould, *The Philosophy of Chrysippus*, Leiden: E. J. Brill, 1971, p. 155.

take his stand; and gets others there in so far as he himself wishes to get there"①. Thirdly, Confucius thinks that it is also important to love others in a "negative" sense. He exhorts, "do not impose on others what you yourself do not desire"②. How is one to love others in real practical life? One of the ways is to overflow with love to all from the bottom of one's heart, which is the authentic reflection of one's internal world. The other is to keep one's attention focused upon oneself, which is to take oneself as the center of thought and action. To sum up, the theory of *ren* concerns not only one's internal cultivation, but also one's practical behavior; it relates not only to the morality of a single person, but also to the general morals in a society.

There is another notion that is as important as *ren* in Confucius's moral philosophy, namely, *li*.③ On the one hand, *li* can be explained in terms of social norms and institutions which legitimize dynastic rule. On the other hand, *li* is a complex of social mores which are mainly about propriety. However, neither of these two concepts constitutes external rules applied to humanity. *Li* and *ren* relate to each other to a great degree. It is *ren* that supplies *li* with a stable and internal foundation, whereas *li* is also a standard that can be used to judge whether one is humane or inhumane, that is, whether or not one is in accordance with *ren*.

Most of all, from the doctrine of *ren* and *li*, we see that Confucius puts more weight on the responsibilities of man, because *ren* and *li* relate to interpersonal relationships and the relationship between individuals and society. The responsibilities concern not only oneself, but also others and society as a whole. Confucius emphasizes that one should be demanding with oneself in taking on such responsibilities throughout the entirety of one's life, and also that the attemptsmade by a person to be perfect are the same as those made by a society to be perfect.

---

① D. C. Lau, *Confucius: The Analects*, Harmondsworth: Penguin Books, 1979, p. 85.
② D. C. Lau, *Confucius: The Analects*, Harmondsworth: Penguin Books, 1979, p. 112.
③ Usually, *li* is translated as "ritual forms" or "rules of propriety" in English. But I do not think it is a suitable term to convey the meaning of *li*. In fact, the form of rituals is only one part of *li*. The concept of *li* has a wider scope than that.

In Chrysippus's moral philosophy, the key words are "the final end of life," "virtue," and "passions." His formula for the final end of life is "to live in accordance with one's experience of the things which occur by nature," because common nature enables its adherents to distinguish between good things and bad things. Here, the meaning of "common nature" is two-fold. First, in Chrysippus's natural philosophy, it signifies the inviolable laws in accordance with which all things exist; second, in his moral philosophy, it signifies the law in obedience to which a person ought to act. In the second meaning, it seems that common nature is a norm that one can choose to disobey. However, if you want to be a good person, you have no choice but to be in conformity with it. Therefore, either as a natural law or as a social norm, common nature is so self-evident that it can exhibit itself whether one is in accordance with it or not.

Following this deterministic idea, Chrysippus shows that the final end of life can equally be described as living in accordance with reason, because reason functions in accordance with the excellence or virtue possessed by god. Also, reason can help us either to arrive at generalizations concerning that which is good or bad, useful or harmful, advantageous or disadvantageous, or to issue commands and prohibitions regarding these matters. However, a passion is a recently formed, false judgment concerning the goodness or badness of some particular thing, inciting an excessive impulse and crushing the soul. In Chrysippus's opinion, it is better to extirpate a passion when it is yet to flare up, for an inflamed passion repels reason and only brings about actions contrary to reason. No therapy can be performed while an agent is suffering a passion. Chrysippus implies here that one should be responsible for the harmful effects of one's passions, although this kind of responsibility does not concern god or other people but only oneself.

In contrast to Confucius's emphasis on the unity of Heaven and man, Chrysippus insists that there is a separation between god and man, and what one can do is to choose to live in conformity with nature and be responsible for one's own actions. This suggests that the fundamental features of Chrysippus's moral philosophy are individualism and rationalism based on the psychological monism and determinism of his natural philosophy.

IV

Let us now turn to the blueprints drawn by these two great thinkers for cosmopolitan society.

Confucius calls cosmopolitan society a "Grand Union" (*datong* 大同). In the *Book of Rites* (*Liji* 礼记), Confucius bemoans the poor state of Lu after his visit there. He points out, "When the Grand course was pursued, a public and common spirit ruled all under the sky"[1]. In Confucius's opinion, the "Grand course" was practiced in the age of the three dynasties before the time in which he lived, namely the dynasties of Xia, Shang and Zhou. Confucius hoped to harmonize his object with the eminent men of those three dynasties. We can understand this idea nowadays in one of two ways: either that there was a Grand Union in the three dynasties, but things changed in the succeeding Spring and Autumn period because of wars and the abandonment of *li*; or that there has never been such a kind of society, and it was only an ideal that Confucius espoused in the name of his ancestors. I prefer the latter view, because in ancient China, it was typical to express an idea that might be unacceptable to one's contemporaries by invoking the name of ancestors.

In Confucius's blueprint, four aspects are described:

– Leaders in such a society are elected because of their talents, virtue and ability;

– Credit, honor and peace are cherished by every member of the society;

– A suitable provision is secured for people who are too old, too young, or too infirm to make a living, so as to enjoy a happy life;

– Both men and women have their proper positions in society.

Therefore, in the Grand union, there is no distinction between family members and others; everyone and everything is put to their best use. Robbers,

---

[1] James Legge, *The Lichi or Book of Rites*, Part I of II, Forgotten Books, 2008, p. 214.

filchers, and rebellious traitors have no way of doing bad deeds and hence the outer door of each house remains open. What a beautiful picture is painted here!

However, in the Spring and Autumn period in which Confucius himself lived, things were vastly different from his vision. He complained that it was a time in which *li* was lost. He called this kind of society "Small Tranquility" (*xiaokang* 小康). In such a society, "the Grand course has fallen into disuse and obscurity", and everyone works for his own family; he loves his own parents and children only; he accumulates articles and exerts his strength for his own advantage; there are boundaries such as ditches and moats between cities; peace is threatened by wars frequently.[①]

Faced with such a reality, Confucius is forced to pursue his ideal more modestly. Most of his speeches on politics are about the society of *xiaokang*. In fact, he aims to reconstruct a society of *datong* by bringing together the society of *xiaokang* with his theories of *ren* and *li*. He believes that a cosmopolitan society can be achieved if everyone in the current society tries their best to be perfect and virtuous under the guidance of *ren* and *li*. Therefore, this kind of cosmopolitan concern is a gradual and progressive one. In other words, it is a *moderate cosmopolitanism* which can be evaluated by different standards in different spheres.

Chrysippus wants to bring about a *cosmopolis* in accord with two principles implied by his natural and moral philosophy. One of the principles is that a person should realize that goodness is the orderly rationality of the cosmos' causal structure and that one has the opportunity to be in harmony with god if one has enough knowledge of goodness and is engaged in the pursuit of god. Unlike Confucius, Chrysippus insists that there are only a few sages who can do so. In other words, one can have a position in such a society only by trying one's best to be a sage. Only a sage can embody the nature of god. The other principle is that there should be good things that have value in themselves such that they possess their goodness in all circumstances. Both of these two principles bring us to the conclusion that to live in agreement with the cosmos is to live as a citizen of the

---

① James Legge, *The Lichi or Book of Rites*, Part I of II, Forgotten Books, 2008, pp. 214 – 215.

cosmos. From this starting point, Chrysippus proposes that we can achieve a cosmopolitan society by living in agreement with divine rationality.

In such a society, there are only gods [in early Stoicism, monotheism was still mixed with traditional polytheism] and sages who are able to live in agreement with nature by means of right reason. Gods and sages are common citizens of the cosmos. Sages share a common good where sharing a good with another means partaking of that good oneself; they agree with and benefit each other, even though they might never meet. [1]Therefore, this is an elite *cosmopolis* and only a qualified being (such as a god or a sage) may take a position in it. In other words, it is *a strictcosmopolitan ideal*.

V

Undoubtedly, the visions of society presented by the grand union and the *cosmopolis* both serve as utopias for us. Still, with their wisdom, Confucius and Chrysippus supply us with ways to achieve such a society.

In Confucius's view, the starting point of the *datong* society is the *xiaokang* society. The development of a society is in the same process with the development of a human being. Since Confucius is primarily concerned with people in society, he pays a great deal of attention to the relationship between individuals, the relationship between individuals and the family, and the relationship between individuals and the nation, from the perspectives of *li* and *ren* in *xiaokang* society.

In the *Great Learning* (*Daxue* 大学), we observe how Confucius lays out ways for dealing with different relationships in society. The justification for this course is twofold and shows how one can realize this ideal. One part of the process is from the top down:

"The ancients who wished to illustrate illustrious virtue throughout the kingdom, first ordered well their own states. Wishing to order well their states,

---

[1] Eric Brown, *Stoic Cosmopolitanism*, Cambridge University Press, 2007, p. 98 – 99.

they first regulated their families. Wishing to regulate their families, they first cultivated their persons. Wishing to cultivate their persons, they first rectified their hearts. Wishing to rectify their hearts, they first sought to be sincere in their thoughts. Wishing to be sincere in their thoughts, they first extended to the utmost their knowledge. Such extension of knowledge lay in the investigation of things"[1].

The other is from the bottom up. In the Confucian view, if one who investigates the world attains complete knowledge, that person would possess sincere thoughts and virtues which would make a high level of self-education possible as well as enabling great contributions to the family, to the state, and even to the entire world. In fact, these two processes are two sides of the same coin. They are concerned with relationships between *ren* and *li* within oneself, between oneself and one's family, between one's family and one's neighbors, and between one's family and one's nation. It is obvious that family plays an important role in what might be understood as a set of concentric circles.

According to Mencius, Confucius attaches a great deal of importance to the political function of families. We can understand the function of families from two aspects. The first aspect is concerned with the family and its members. Every family member should align his actions internally according to *ren* and externallyaccording to *li* within the family so that they can go on to make their contribution to society. The second aspect has to do with the relationship between the family as a whole and the state, in the following sense: one who wants to govern the state has to regulate one's family well first. That is the precondition. In other words, if each individual's family is regulated well, then the state will be governed likewise. Therefore, there is a cause and effect relationship between family and state. Traditional Chinese society is made up of families forming the basic cells of society. Families are the center of all kinds of social groups. The relationships among families dominate the various relationships among human beings. One has a special duty to love and protect one's family members under

---

[1] James Legge, *The Confucian Analects, the Great Learning and the Doctrine of the Mean*, New York: Cosimo, Inc., 2009, pp. 357-358.

the guidance of *ren* and *li*. Moreover, one should put oneself in the place of others, and regard others as equal to one's own family members. Since people are in a developing process ofgrowing perfection, a person's understanding and thinking grows wider and wider, such that the attitude to others becomes better and better over time. That is, in Confucius's view, there is a scalar process in which one can develop one's cosmopolitan thought, extending it from one's self to others, from the close at hand to the distant, and from relatives to strangers. In Confucius's time, there was no kingdom, in fact, because at that time, the preceding Zhou dynasty had already disintegrated. In Confucius's sense, "kingdom" means "all of the earth under the sky" (*tianxia* 天下). The Confucian credo is to treat other people as members of one's own family, so that people all over the world become members of one big family.

In Chrysippus's description, we find two prominent characteristics that distinguish him from his contemporaries. He recommends three forms of careers that one can take in pursuit of the art of living and to help others progress toward virtue. They are: a public career at court, a public career in the administrative service, and a private career in lecturing. Chrysippus does not make any assertion that all citizens should be advisers at court. He even encourages people to work at a faraway court or lecture in a foreign land. In addition, he seems to agree with the Cynic view that conventional fellow – citizenship within a city – state matters little in a *cosmopolis*.[1]

Since Chrysippus believes that the way of a sage is to live in agreement with common nature, people should help each other attain a state of conformity with virtue. People should also seek to do their best to help others where they need it the most, without thinking of whether they are compatriots or not. Simply put, in Chrysippus's philosophy, cosmopolitanism entails a strict commitment. There is no special duty that one should shoulder for one's family members or one's compatriots. There is only the duty that one should shoulder for human beings as a whole, that is, for all the people living in the world.

---

[1] Eric Brown, *Stoic Cosmopolitanism*. Cambridge University Press, 2007, pp. 13 – 14.

Conclusion

As philosophers working early in the history of humanity, both Confucius and Chrysippus realized the need that people all over the world should live in a peaceful and harmonious society. In fact, we owe them a great deal of respect, because, for their respective times, a cosmopolitan viewpoint represented a big step forward amongst their contemporaries, who were mainly influenced by a nationalistic viewpoint. Both of their doctrines on cosmopolitanism can be classified under moral cosmopolitanism within the larger family tree of cosmopolitan ideas. We see this first in their shared idea that a cosmopolitan society can be achieved by the way that its membersfollow the order of nature and reach perfect virtue by cultivating morality. The second piece of evidence for this is that we never find a concrete and systemic scheme of institutions and laws, even though both of them refer to political strategies to some extent. Therefore, we can conclude that the theories of cosmopolitanism by Confucius and Chrysippus reside more in the moral sphere than in the political or economic spheres.

Even within the moral sphere, these two thinkers harbored different ideas in their natural and moral philosophies. I propose here that there is a moderate cosmopolitanism in Confucius's philosophy and a strict one in Chrysippus's thought. The logicof the former is as follows. First, there is an emphasis on humanity as far as the relationship between human beings and heaven is concerned. The way of human beings is united with the way of heaven. Second, on the course to achieve perfection within one's life, one's self – understanding occurs in such a way that self – understanding and understanding of the external world changes with one's understanding of *ren* and *li*, which is the embodiment of the spirit of heaven. Third, since family is the main cell in an agrarian society, dealing with its relationship with other groups is the most important task for a human being, who is first and foremost a member of a family. Therefore, Confucius's method to achieve the Grand Union ideal of society is by persuading people to treat others as members of their own families, and then to make people all over the world live as if they are parts of one big family. Of course, this process cannot be completed in one step; it is a gradual process. One still has the right to give special concern to one's family members, as long as that person is willing to take responsibility for the well-being of the others.

Chrysippus's logic is as follows. Firstly, he asserts that god creates man and that man is perfect from the beginning of his being created, hence the essence of man is to be in agreement with common nature, i. e., god. Secondly, people are not alienated from others. To help those in need and to do so in conformity with nature is to help oneself to be in accordance with virtue as well. Thirdly, gods and sages who have the ability to live in agreement with nature are citizens in the *cosmopolis*. Sages benefit and help each other, not because of the distance between them, but because of the common good they share. Finally, one who hopes to be a cosmopolitan has no special concerntoward one's compatriots. The aim is simply to serve others as best one can. It is in this sense that we interpret Chrysippus's theory as a strict variety of cosmopolitanism.

[原载 *Fronters of Philosophy in China*, 2013, 8 (3)]